丛书主编　柯　洪

全国一级造价工程师职业资格考试十年真题·九套模拟

建设工程技术与计量
（土木建筑工程）
下册　九套模拟

主编　李毅佳

中国建筑工业出版社
中国城市出版社

目　录

上册　十年真题

下册　九套模拟

逆袭卷

模拟题一

一、单项选择题（共 60 题，每题 1 分，每题的备选项中，只有一个最符合题意）

1. 下列关于地质构造，说法正确的是（　　）。

A. 石灰岩中裂隙的面积与岩石总面积的百分比与裂隙发育程度成反比

B. 褶皱构造使岩层产生脆性变形

C. 张性裂隙主要发育在背斜的轴部

D. 千枚岩石分布地区对路基边坡的稳定有利

2. 以下关于地下水的特征，说法正确的是（　　）。

A. 岩溶潜水动态变化很大

B. 潜水自水位较低处向水位较高处渗流

C. 包气带水埋藏浅，分布区和补给区不一致

D. 冰水沉积物中的水，其水位的升降决定水压的传递

3. 对于隧道工程来说，隧道一般从褶曲的（　　）通过是比较有利的。

A. 腋部　　B. 翼部

C. 轴部　　D. 核部

4. 对于边墙部分岩块可能沿某一结构面出现滑动时，应该用（　　）保证围岩整体的稳定性。

A. 锚固桩　　B. 锚杆加固

C. 横向拉索　　D. 喷混凝土

5. 对于坚硬的整体围岩，喷混凝土的作用主要是（　　）。

A. 缩短了开挖与支护的间隔时间　　B. 防止地下水渗入隧道内

C. 防止围岩表面风化　　D. 在结合面上传递各种应力

6. 对于特殊重要的工业、能源、国防、科技和教育等方面新建项目的工程选址，尽量在（　　）建设。

A. 高烈度地区　　B. 低烈度地区

C. 地下水以下　　D. 断层上盘

7. 适合开间进深较小，房间面积小，多层或低层建筑的常用结构形式为（　　）。

A. 木结构　　B. 砖木结构

C. 砖混结构　　D. 钢结构

8. 当建筑物上部结构荷载较大而土质较差时，最经济的基础形式是（　　）。

A. 箱形基础　　B. 无肋式条形基础

C. 柱下十字交叉基础　　D. 井格基础

9. 结构刚度较差或受振动影响的工程应采用（　　）防水材料。

A. 防水混凝土　　B. 防水砂浆

C. 卷材　　D. 铅合金防水卷材

10. 在墙身中设置防潮层，不是为了（　　）。

A. 提高建筑物的耐久性　　B. 保持室内干燥卫生

C. 防止土壤中的水分沿基础墙上升　　D. 提高建筑物的抗震性能

11. 当荷载或梯段跨度较大时，采用（　　）比较经济。

A. 板式楼梯　　B. 梁式楼梯

C. 墙式楼梯　　D. 悬挑式楼梯

12. 相对高级路面而言，中级路面的结构组成减少了（　　）。

A. 磨耗层　　B. 底基层

C. 保护层　　D. 垫层

13. 以下路面基层类型中，适用于高级路面基层的是（　　）。

A. 二灰土　　B. 级配碎石

C. 石灰稳定土　　D. 水泥稳定细粒土

14. 由预应力混凝土构件组成的空心桥墩，应优先考虑采用（　　）。

A. 框架墩　　B. 柔性桥墩

C. 重力式桥墩　　D. 弹性墩

15. 适用于无石料地区且过水面积较大的明涵的是（　　）。

A. 石盖板涵　　B. 钢筋混凝土盖板涵

C. 钢筋混凝土箱涵　　D. 倒虹吸管涵

16. 以下关于地下车站，说法正确的是（　　）。

A. 地下车站宜深，车站层数宜多

B. 高架车站及地面建筑可分期建设

C. 车站间的距离一般在城市中心区和居民稠密地区 0. 5km 为宜

D. 车站平面形式应根据客流实际条件确定

17. 市政干线共同沟应设置于（　　）。

A. 道路中央下方　　B. 人行道下方

C. 非机动车道下方　　D. 分割带下方

18. 以下冷轧带肋钢筋，可以用于非预应力混凝土钢筋的是（　　）。

A. CRB600H　　B. CRB800H

C. CRB650　　D. CRB800

19. 适用于浆锚、喷锚支护、抢修、抗硫酸盐腐蚀、海洋建筑等工程的水泥宜采用（　　）。

A. 铝酸盐水泥　　B. 快硬硫铝酸盐水泥

C. 普通硅酸盐水泥　　D. 矿渣硅酸盐水泥

20. 以下关于石子的颗粒级配，说法错误的是（　　）。

A. 连续级配比间断级配黏聚性较好

B. 连续级配比间断级配水泥用量稍多

C. 泵送混凝土的粗骨料应采用间断级配

D. 连续级配是现浇混凝土中最常用的形式

21. 保持强度不变，掺入（　　）可节约水泥用量。

A. 氯盐早强剂　　B. 硫酸盐早强剂

C. 高效减水剂　　D. 硫铝酸钙膨胀剂

22. 以下关于砖的说法正确的是（　　）。

A. 烟囱可以采用烧结实心砖砌筑

B. 烧结普通砖的标准尺寸为150mm×150mm×150mm

C. 烧结空心砖孔小而多，孔洞垂直于大面受力

D. 烧结多孔砖主要用于八层以下建筑物的承重墙体

23. 能有效吸收太阳的辐射热，产生“冷室效应”的节能装饰型玻璃是（　　）。

A. 真空玻璃　　B. 中空玻璃

C. 镀膜玻璃　　D. 着色玻璃

24. 可作为绝热材料使用的人造木板是（　　）。

A. 胶合板　　B. 纤维板

C. 胶板夹合板　　D. 旋切微薄木

25. 具有低频吸声特性，并有助于声波的扩散的吸声结构应为（　　）。

A. 帘幕吸声结构　　B. 柔性吸声结构

C. 薄板振动吸声结构　　D. 悬挂空间吸声结构

26. 适于基坑侧壁安全等级为一级的深基坑支护基本形式的是（　　）。

A. 水泥土桩墙式　　B. 排桩与桩墙

C. 边坡稳定式　　D. 逆作拱墙式

27. 对于挖、填相邻，地形起伏较大，且工作地段较长的情况，铲运机的开行路线为（　　）。

A. 环形路线　　B. 8 字形路线

C. 三角形路线　　D. 矩形路线

28. 关于土木工程的地基问题，说法错误的是（　　）。

A. 当地基的承载能力不足以支承上部结构的自重及外荷载时，地基就会产生局部剪切破坏

B. 当地基在上部结构的自重及外荷载作用下产生过大的变形时，会影响结构物的正常使用

C. 地基的渗漏量超过容许值时，会发生水量损失以致于产生事故

D. 机器以及车辆的振动荷载一定会引起饱和无黏性土的液化

29. 以下关于填土压实方法，说法正确的是（　　）。

A. 羊足碾适于砂性土

B. 先重碾压，后轻碾压会取得较好的压实效果

C. 振动压实法适宜爆破石渣压实

D. 振动碾比平碾效率要低

30. 可用于现场浇筑双曲线冷却塔的模板形式应为（　　）。

A. 组合模板　　B. 滑升模板

C. 永久模板　　D. 台模

31. 对于净空不高和尺寸不大的薄壳结构吊装中，一般选用（　　）。

A. 大跨度结构高空拼装法施工　　B. 大跨度结构整体吊装法施工

C. 大跨度结构整体顶升法施工　　D. 大跨度结构滑移法施工

32. 地下连续墙施工中采用最多的一种施工接头是（　　）。

A. 接头管接头　　B. 接头箱接头

C. 隔板式接头　　D. 预埋连接钢板接头

33. 关于地面砖铺贴施工，说法错误的是（　　）。

A. 铺贴前严禁浸水湿润，天然石材铺贴前试拼

B. 结合层砂浆宜采用体积比为 1∶2 的干硬性水泥砂浆

C. 铺贴前应在水泥砂浆上刷一道水灰比为 1∶3 的素水泥浆

D. 铺贴后应及时清理表面，24h 后应用 1∶1 水泥砂浆灌缝

34. 以下关于墙面石材铺装施工，说法正确的是（　　）。

A. 采用粘贴法施工时基层应压光

B. 较厚的石材应在背面粘贴玻璃纤维网布

C. 灌注砂浆时应分层进行，插捣应密实

D. 采用湿作业法施工时，固定石材的钢筋网应与主体混凝土连接牢固

35. 路堤填筑时应优先选用的填筑材料为（　　）。

A. 粗砂　　B. 粉性土

C. 重黏土　　D. 亚砂土

36. 下列指标中，不属于混凝土路面配合比设计指标的是（　　）。

A. 工作性　　B. 抗压强度

C. 耐久性　　D. 弯拉强度

37. 悬索桥的主缆索主要承受（　　）。

A. 拉力　　B. 横向水平力

C. 纵向水平力　　D. 主缆索荷载

38. 当两个深浅不同的基坑同时挖土时，操作不正确的是（　　）。

A. 先撑后挖　　B. 先浅后深

C. 分层开挖　　D. 严禁超挖

39. 不利于钻爆法使用的区域是（　　）。

A. 长洞　　B. 地下大洞室

C. 不是圆形的隧洞　　D. 地质条件变化大的地方

40. 在普通水泥砂浆锚杆中，钻孔方向宜尽量（　　）。

A. 与开挖面垂直　　B. 与岩层主要结构面垂直

C. 与岩层主要结构面平行　　D. 与开挖面平行

41. 以下关于工程计量，说法正确的是（　　）。

A. 工程量清单项目中的钢筋工程量应是设计图示钢筋总消耗量

B. “樘”是门窗工程以物理计量单位计量的工程量

C. 消耗量定额和概算定额使用的工程量计算规则一致

D. 工程量是进行投资控制的重要依据

42. 关于计算工程量程序统筹图的说法，正确的是（　　）。

A. “三线一面”中的“一面”是指建筑物标准层建筑面积

B. 统筹图计算程序为先主后次

C. 主要程序线是指分部分项项目上连续计算的线

D. 次要程序线是指在“线”“面”基数上连续计算项目的线

43. 以下关于梁平法施工图分平面注写方式，说法正确的是（　　）。

A. 集中标注表达梁的特殊数值

B. 原位标注表达梁的通用数值

C. 原位标注当中的某项数值不适用于梁的某部位时，将该项数值集中标注

D. 施工时，原位标注优先于集中标注

44. 根据《建筑工程建筑面积计算规范》GB/T 50353 规定，建筑物的建筑面积应按自然层外墙结构外围水平面积之和计算。以下说法正确的是（　　）。

A. 建筑物结构层高为 2.00m 部分，应计算全面积

B. 建筑物结构层高为 1.80m 部分，不计算面积

C. 建筑物结构层高为 1.20m 部分，不计算面积

D. 建筑物结构层高为 2.10m 部分，应计算 1/2 面积

45. 根据《建筑工程建筑面积计算规范》GB/T 50353，场馆看台下的建筑空间，结构净高在 1.20m 以下的部位（　　）。

A. 不应计算建筑面积

B. 按其顶盖投影计算 1/2 面积

C. 计算全面积

D. 按其结构底板水平投影面积计算 1/2 面积

46. 根据《建筑工程建筑面积计算规范》GB/T 50353，有永久性顶盖无围护结构的按其结构底板水平投影面积计算 1/2 面积的是（　　）。

A. 场馆看台　　B. 收费站

C. 车棚　　D. 无围护结构有围护设施的架空走廊

47. 根据《建筑工程建筑面积计算规范》GB/T 50353，有顶盖无围护结构的收费站，其建筑面积应（　　）。

A. 按其顶盖水平投影面积的 1/2 计算　　B. 按其顶盖水平投影面积计算

C. 按柱外围水平面积的 1/2 计算　　D. 按柱外围水平面积计算

48. 根据《房屋建筑与装饰工程工程量计算规范》GB 50854 规定，平整场地工程量计算规则是（　　）。

A. 按建筑物外围面积乘以平均挖土厚度计算

B. 按建筑物外边线外加 2m 以平面面积计算

C. 按建筑物首层面积乘以平均挖土厚度计算

D. 按设计图示尺寸以建筑物首层建筑面积计算

49. 根据《房屋建筑与装饰工程工程量计算规范》GB 50854，地基处理与边坡支护工程中，可用“m”作计量单位的是（ ）。

A. 注浆地基 B. 强夯地基

C. 换填垫层 D. 褥垫层

50. 根据《房屋建筑与装饰工程工程量计算规范》GB 50854，灌注桩后压浆的工程量应（ ）。

A. 按设计图示尺寸以桩长计算 B. 按设计图示以注浆体积计算

C. 按设计图示以注浆“孔”数计算 D. 按设计图示尺寸以体积计算

51. 根据《房屋建筑与装饰工程工程量计算规范》GB 50854，关于灌注桩的工程量，说法正确的是（ ）。

A. 人工挖孔灌注桩中护壁的工程量应单独计算

B. 灌注桩后压浆按设计图示以注浆体积计算

C. 钻孔压浆桩按设计图示尺寸以桩长（不含桩尖）“m”计算

D. 挖孔桩土方按设计图示尺寸（含护壁）截面积乘以挖孔深度以“m^3”计算

52. 根据《房屋建筑与装饰工程工程量计算规范》GB 50854 规定，关于预制混凝土构件中沟盖板工程量，说法正确的是（ ）。

A. 按设计图示尺寸以“座”计算

B. 按设计图示尺寸以体积计算

C. 扣除钢筋所占的体积

D. 项目特征无须描述单件体积

53. 根据《房屋建筑与装饰工程工程量计算规范》GB 50854，关于混凝土及钢筋混凝土工程量，说法正确的是（ ）。

A. 薄壳板的肋按矩形梁单独计算

B. 现浇混凝土圈梁与过梁相连时，应分别列项

C. 梁板式条形基础需扣除构件内钢筋所占体积

D. 整体楼梯水平投影面积扣除平台梁所占面积

54. 根据《房屋建筑与装饰工程工程量计算规范》GB 50854，关于金属结构工程中钢构件工程量，说法不正确的是（ ）。

A. 钢天窗架不扣除孔眼的质量

B. 钢天沟板依附漏斗的型钢并入漏斗工程量内

C. 加工铁件按零星钢构件项目编码列项

D. 零星钢构件的焊条、铆钉、螺栓等需增加质量

55. 根据《房屋建筑与装饰工程工程量计算规范》GB 50854，压型钢板墙板工程量应（ ）。

A. 按设计图示尺寸以体积计算 B. 扣除所有柱垛及孔洞所占面积

C. 按设计图示尺寸以铺挂面积计算 D. 按设计图示尺寸以质量计算

56. 根据《房屋建筑与装饰工程工程量计算规范》GB 50854，以下关于木屋架工程量，说法正确的是（　　）。

A. 屋架中钢拉杆按相关屋架项目编码列项

B. 木屋架按设计图示尺寸以上部屋面斜面积计算

C. 带气楼的屋架包括在清单项目的综合单价中

D. 非标准图设计木屋架项目特征中应描述刨光要求

57. 根据《房屋建筑与装饰工程工程量计算规范》GB 50854 规定，关于门窗工程的工程量计算，说法正确的是（　　）。

A. 金属百叶窗按设计图示尺寸以窗净面积计算

B. 石材门窗套按设计图示尺寸以展开面积计算

C. 塑料窗帘盒按设计图示尺寸以展开面积计算

D. 金属窗帘轨按设计图示尺寸数量计算

58. 根据《房屋建筑与装饰工程工程量计算规范》GB 50854，关于屋面防水的工程量计算，说法正确的是（　　）。

A. 平、斜屋面卷材防水均按设计图示尺寸以水平投影面积计算

B. 屋面女儿墙、伸缩缝等处弯起部分卷材防水不另增加面积

C. 屋面排水管设计未标注尺寸的，以檐口至地面散水上表面垂直距离计算

D. 屋面天沟按设计图示尺寸以长度计算

59. 根据《房屋建筑与装饰工程工程量计算规范》GB 50854，关于碎拼石材零星项目工程量，说法正确的是（　　）。

A. 大于 $0.3m^2$ 的少量分散的楼地面镶贴石材面层按零星项目列项

B. 按设计图示尺寸以面积计算

C. 按设计图示尺寸以体积计算

D. 特征描述中可不描述石材与粘结材料的结合面刷防渗材料的种类

60. 根据《房屋建筑与装饰工程工程量计算规范》GB 50854 ，墙、柱面装饰工程量中，不按照“m^2”计算工程量的是（　　）。

A. 柱面勾缝　　B. 墙面装饰板

C. 拼碎块零星项目　　D. 干挂石材钢骨架

二、多项选择题（共 20 题，每题 2 分。每题的备选项中，有 2 个或 2 个以上符合题意，至少有 1 个错项。错选，本题不得分；少选，所选的每个选项得 0.5 分）

61. 以下矿物硬度数之和不小于 10 的是（　　）。

A. 石英、石膏　　B. 黄玉、方解石

C. 滑石、磷灰石　　D. 长石、萤石

E. 刚玉、金刚石

62. 断层、泥化软弱夹层根据埋深和厚度，可采用（　　）进行抗滑处理。

A. 锚杆　　B. 钢筋拱架

C. 抗滑桩　　D. 预应力锚索

E. 凿毛岩层滑动控制面

63. 以下关于外墙内保温的说法，正确的有（　　）。

A. 大多采用干作业施工　　B. 保温隔热效果好

C. 保温层不易出现裂缝　　D. 耐久性好于外墙外保温

E. 施工方便，造价相对较低

64. 以下关于现浇钢筋混凝土楼板，说法正确的是（　　）。

A. 现场施工是湿作业　　B. 高层建筑中常被采用

C. 施工周期短　　D. 施工工序少

E. 防水、抗震性能好

65. 关于平屋顶排水方式的说法，正确的有（　　）。

A. 暴雨强度较大地区的大型屋面，宜采用虹吸式屋面雨水排水系统

B. 严寒地区应采用内排水

C. 湿陷性黄土地区宜采用有组织排水

D. 多层建筑屋面宜采用有组织外排水

E. 高层建筑屋面采用外排水

66. 桥梁伸缩缝的构造要求（　　）。

A. 在设置伸缩缝处，栏杆与桥面铺装不必断开

B. 车辆驶过时应平顺，无突跳与噪声

C. 要能防止雨水和垃圾泥土渗入阻塞

D. 在平行、垂直于桥梁轴线的两个方向，均能自由伸缩

E. 在平行于桥梁轴线的一个方向能自由伸缩

67. 影响混凝土和易性的主要因素有（　　）。

A. 水泥浆　　B. 湿度

C. 骨料品种与品质　　D. 砂率

E. 温度和时间

68. 以下关于高强混凝土的特点，说法正确的有（　　）。

A. 可减少结构断面

B. 抗渗性优于普通混凝土

C. 能施加更大的预应力

D. 对其施工过程的质量管理水平要求高

E. 高强混凝土的延性比普通混凝土好

69. 花岗石中关于天然放射性核素的放射性比活度和外照射指数的限值，说法正确的有（　　）。

A. A 类产品的产销与使用范围不受限制

B. B 类产品可用于Ⅰ类民用建筑的内饰面

C. B 类产品可用于Ⅰ类民用建筑的外饰面

D. B 类产品不可用于一切建筑物的内饰面

E. C 类产品只可用于一切建筑物的外饰面

70. 可用于 500℃环境下的保温隔热材料有（　　）。

A. 石棉　　B. 矿渣棉
C. 玻璃棉　　D. 泡沫玻璃
E. 陶瓷纤维

71. 以下关于泥浆护壁成孔灌注桩，说法正确的有（　　）。
A. 正循环钻孔灌注桩适用于细粒碎石土及花岗石
B. 反循环钻孔灌注桩适用于砂土及强风化岩石
C. 钻孔扩底灌注桩适用于强风化及中等风化岩石
D. 冲击成孔灌注桩适用于流塑性黏土、碎石土和各种岩层
E. 泥浆护壁成孔灌注桩的桩顶标高至少要比设计标高高出 1.0m

72. 观察题 72 图，以下关于起重机械，说法正确的有（　　）。

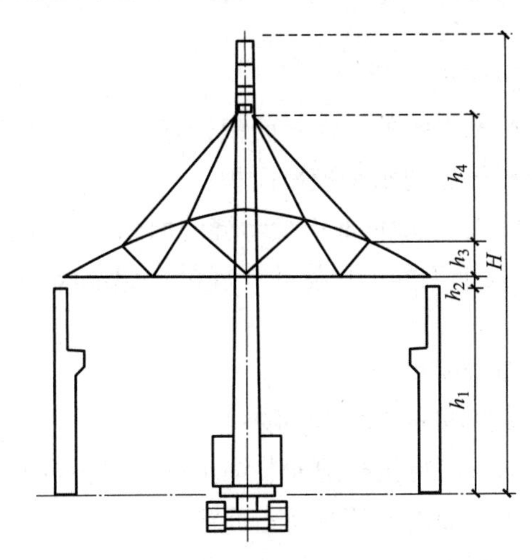

题 72 图　起重机械

A. H 为起重机的起重高度　　B. h_1 为安装支座表面高度
C. h_2 为安装空隙　　D. h_3 为绑扎点至所吊构件底面的距离
E. h_4 为索具高度

73. 以下关于换填法，说法正确的有（　　）。
A. 抛石挤淤法对于软基较浅（1~2m）的泥沼地特别有效
B. 开挖换填法适用于常年积水，片石能沉达底部的泥沼或厚度为 3~4m 的软土
C. 开挖换填法按软土层的分布形态与开挖部位，有全面开挖换填和局部开挖换填
D. 爆破排淤法中先爆后填方法，适用于稠度较大的软土或泥沼
E. 换填法一般适用于地表下 0.5~3.0m 之间的软土处治

74. 以下关于填石路堤施工的填筑方法说法不正确的是（　　）。
A. 倾填法可用于大量以爆破方式挖开填筑的路段
B. 竖向填筑法施工压实的路基稳定性好
C. 碾压法逐层填筑，一并压实
D. 强力夯实法施工中不需铺撒细粒料

E. 在周围有建筑物时，冲击压实法使用受到限制

75. 深基坑支护形式中，属于板桩式的有（　　）。

A. 钢板桩　　B. 钻孔灌注桩

C. 型钢横挡板　　D. 挖孔灌注桩

E. 预制钢筋混凝土桩

76. 工程量计算规范附录包括分部分项工程和可计量的措施项目的（　　）。

A. 项目编码　　B. 项目名称

C. 项目工况　　D. 计量单位

E. 工程量计算规则

77. 根据《建筑工程建筑面积计算规范》GB/T 50353，多层建筑物的建筑面积（　　）。

A. 按各层建筑面积之和计算

B. 应包括悬挑雨篷投影面积

C. 其首层建筑面积应按勒脚的外围水平面积计算

D. 不包括外墙镶贴块料面层的水平投影面积

E. 不计算建筑物内宽度大于 300mm 的变形缝的面积

78. 根据《房屋建筑与装饰工程工程量计算规范》GB 50854，地面防水、防潮工程量计算正确的有（　　）。

A. 地面防水按主墙间净空面积计算

B. 地面防水反边高度≤300mm 算作墙面防水

C. 地面防水搭接及附加层用量按楼地面装饰工程“平面砂浆附加层”项目编码列项

D. 地面防水不扣除凸出地面的构筑物所占面积

E. 地面卷材防水按设计图示尺寸以面积“m^2”计算

79. 根据《房屋建筑与装饰工程工程量计算规范》GB 50854，关于楼地面装饰工程量计算，正确的有（　　）。

A. 菱苦土楼地面按设计图示尺寸以面积计算

B. 自流坪楼地面按设计图示尺寸以体积计算

C. 水泥砂浆踢脚线按延长米计算

D. 塑料板楼梯面层，按设计图示尺寸以楼梯水平投影面积“m^2”计算

E. 水泥砂浆台阶面按设计图示尺寸以展开面积计算

80. 根据《房屋建筑与装饰工程工程量计算规范》GB 50854，关于措施项目工程量计算，正确的有（　　）。

A. 外装饰吊篮按所服务对象的垂直投影面积计算

B. 综合脚手架按搭设的水平投影面积计算

C. 大型机械设备进出场及安拆，按使用机械设备的数量“台次”计算

D. 成井按设计图示尺寸以钻孔深度“m”计算

E. 挑脚手架按所服务对象的垂直投影面积计算

逆袭卷

模拟题二

一、单项选择题（共60题，每题1分，每题的备选项中，只有一个最符合题意）

1. 角闪石作为主要矿物成分常出现于（　　）。

A. 岩浆岩与沉积岩中　　B. 岩浆岩与变质岩中

C. 沉积岩与变质岩中　　D. 火成岩与水成岩中

2. 地层岩性对边坡稳定性的影响很大，稳定程度最高的边坡岩体一般是（　　）。

A. 石英岩　　B. 角砾岩

C. 安山岩　　D. 玄武岩

3. 受气候影响很小的地下水是（　　）。

A. 潜水包气带水　　B. 裂隙水

C. 自流水　　D. 潜水

4. 当构造应力分布不均匀时，岩体中张开性构造裂隙分布不连续不沟通，这种裂隙赋存（　　）。

A. 成岩裂隙水　　B. 风化裂隙水

C. 脉状构造裂隙水　　D. 层状构造裂隙水

5. 当地下水的水力坡度大于临界水力坡度时，施工建筑物基坑底部出现粉细砂堆及许多细小土粒缓慢流动的渗水沟纹，最有可能出现的情况是（　　）。

A. 轻微流砂　　B. 中等流砂

C. 严重流砂　　D. 机械潜蚀

6. 道路选线难以避开地质缺陷，但尽可能使路线（　　）。

A. 岩层倾角小于坡面倾角　　B. 裂隙倾向与边坡倾向一致

C. 与岩层走向接近正交　　D. 与主要裂隙发育方向平行

7. 重型单层厂房常选用的结构体系是（　　）。

A. 刚架结构　　B. 桁架结构

C. 剪力墙结构体系　　D. 筒体结构体系

8. 当地基基础软弱而荷载又很大，相邻基槽距离很小时的一些建筑物，最常采用的基础构造形式为（　　）。

A. 独立基础　　B. 柱下十字交叉基础

C. 筏形基础　　D. 箱形基础

9. 当房屋的开间、进深较大，楼面承受的弯矩较大时，常采用的现浇钢筋混凝土楼板是（　　）。

A. 板式楼板　　B. 梁板式肋形楼板

C. 井字形肋楼板　　D. 无梁楼板

10. 现浇水磨石楼地面与水泥砂浆地面相比，其优点在于（　　）。
A. 造价低　　B. 弹性好
C. 施工简便　　D. 装饰性强

11. 下列关于全预制装配式混凝土结构的特点，正确的是（　　）。
A. 通常采用柔性连接技术　　B. 部分构件在工厂内生产
C. 连接部位是强连接节点　　D. 抗震能力与现浇混凝土相同

12. 以下属于桥梁上部结构的有（　　）。
A. 桥墩　　B. 桥台
C. 桥梁盖梁　　D. 桥面构造

13. 关于道路交通管理设施的说法，正确的有（　　）。
A. 交通辅助标志可以单独使用
B. 标志板在一根支柱上并设时，应按禁令、警告、指示的顺序
C. 竖向排列的交通信号灯常用于路幅较窄的旧城路口
D. 信号灯设在进口端左侧人行道边

14. 小断面常用作排水的涵洞形式是（　　）。
A. 箱涵　　B. 管涵
C. 拱形涵　　D. 盖板涵

15. 适用于三级公路的沥青面层，也可作为沥青混凝土路面的联结层的是（　　）。
A. 沥青混凝土路面　　B. 水泥稳定土路面
C. 沥青贯入式路面　　D. 水泥混凝土路面

16. 贮库的布置不应（　　）。
A. 直接沿铁路干线两侧　　B. 在居住用地之外
C. 在离城 10km 以外的地下　　D. 在对外运输设备的位置

17. 以下市政管线中，可以采用架空架设的是（　　）。
A. 排水管道　　B. 热力管道
C. 燃气线路　　D. 电信线路

18. 用于大面积玻璃幕墙的玻璃，宜选择（　　），以避免受风荷载影响引起振动而自爆。
A. 防碎玻璃　　B. 夹层玻璃
C. 钢丝玻璃　　D. 半钢化玻璃

19. 以下关于饰面石材，说法正确的是（　　）。
A. 花岗石含有白云石，在高温下体积会变小
B. 大理石板中含有石英较多，耐火性差
C. 聚酯型人造石材耐老化性能优于天然花岗石，故多用于室外装饰
D. 用铝酸盐水泥制成的人造石材抗风化性能优于硅酸盐水泥制成的人造石材

20. 混凝土的抗侵蚀性与（　　）无关。
A. 水泥品种　　B. 密实度
C. 骨料集配　　D. 混凝土内部孔隙特征

21. 硅酸盐水泥熟料中前期强度低、后期强度高的是（　　）。

A. 硅酸三钙　　B. 硅酸二钙

C. 铝酸三钙　　D. 铁铝酸四钙

22. 题 22 图是低碳钢受拉时应力—应变图，与（　　）对应的应力称为弹性极限。

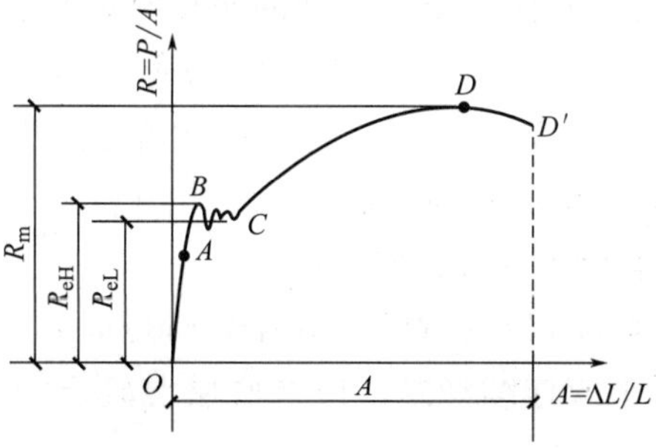

题 22 图　低碳钢受拉应力—应变图

A. *A* 点　　B. *B* 点

C. *C* 点　　D. *D* 点

23. 丙烯酸类密封胶具有良好的粘结性能，可以用于（　　）。

A. 污水厂嵌缝　　B. 桥面接缝

C. 广场接缝　　D. 门窗嵌缝

24. 以下防火堵料中，（　　）主要用于封堵后基本不变的场合。

A. 防火包　　B. 有机防火堵料

C. 无机防火堵料　　D. 可塑性防火堵料

25. 以下多孔状绝热材料中，（　　）广泛应用于外墙内外保温砂浆的轻质骨料。

A. 膨胀蛭石　　B. 膨胀珍珠岩

C. 玻化微珠　　D. 泡沫玻璃

26. 当土方施工机械需进出基坑时，常采用的轻型井点布置是（　　）。

A. 单排布置　　B. 双排布置

C. 环形布置　　D. U 形布置

27. 当基坑降水深度超过 8m 时，宜采用（　　）。

A. 深井井点　　B. 喷射井点

C. 电渗井点　　D. 管井井点

28. 以下关于土石方的填筑与压实，说法正确的是（　　）。

A. 下层宜填筑透水性较小的填料，上层宜填筑透水性较大的填料

B. 不宜采用同类土填筑

C. 有机物含量小于 5%的土不能作填土

D. 填土施工时，人工打夯比平碾机具每层压实遍数要少

29. 重锤夯实的效果与（　　）因素无关。

A. 落距　　B. 夯实遍数

C. 土的含水量　　D. 起重机械

30. 根据桩在土中受力情况，上部结构荷载主要依靠桩端反力支撑的是（　　）。

A. 摩擦桩　　B. 端承摩擦桩

C. 端承桩　　D. 摩擦端承桩

31. 可用于桩径为1.2m、孔深为48m场地的泥浆护壁成孔灌注桩是（　　）。

A. 正循环钻孔灌注桩　　B. 反循环钻孔灌注桩

C. 钻孔扩底灌注桩　　D. 冲击成孔灌注桩

32. 以下关于混凝土浇筑施工方法正确的是（　　）。

A. 有主、次梁的楼板宜顺着主梁方向浇筑

B. 粗骨料最大粒径在40mm以内时可采用内径150mm的泵管

C. 同一施工段的混凝土应连续浇筑，应在底层混凝土完全硬化才可浇筑上一层混凝土

D. 在浇筑与柱和墙连成整体的梁和板时，应在柱和墙浇筑完毕后立即浇筑

33. 有抗渗要求的工程，常采用的水泥类型是（　　）。

A. 硅酸盐水泥　　B. 矿渣硅酸盐水泥

C. 粉煤灰硅酸盐水泥　　D. 火山灰质硅酸盐水泥

34. 在预应力混凝土结构中，混凝土的强度等级不应低于（　　）。

A. C30　　B. C40

C. C50　　D. C60

35. 关于涂膜防水层施工工艺，说法正确的是（　　）。

A. 清理、修理基层→节点部位附加增强处理→涂刷基层处理剂

B. 涂布防水涂料及铺贴胎体增强材料→平面部位浇筑细石混凝土保护层→清理及检查修理

C. 平面部位浇筑细石混凝土保护层→立面部位粘贴聚乙烯泡沫塑料保护层→基坑回填

D. 涂布防水涂料及铺贴胎体增强材料→节点部位附加增强处理→清理及检查修理

36. 桥梁承载结构施工方法中，投入施工设备和施工用钢量相对较少的是（　　）。

A. 转体施工法　　B. 顶推法

C. 移动模架逐孔施工法　　D. 提升与浮运施工

37. 适用于土石方大量集中、地势险要或工期紧迫的路段的爆破装药方法是（　　）。

A. 集中药包　　B. 分散药包

C. 药壶药包　　D. 坑道药包

38. 在我国，地下连续墙不可适用于（　　）。

A. 重要建筑物附近　　B. 熔岩地质

C. 软弱地层　　D. 人工填土地区

39. 适合于多车道公路隧道的沉管隧道施工中，最经济的管段形式是（　　）。

A. 船台上制作的钢壳圆形

B. 船台上制作的八角形管段

C. 干船坞中制作的花篮形管段

D. 干船坞中制作的矩形混凝土管段

40. 以下地下工程的主要通风方式，说法错误的是（　　）。

A. 吸出式是用鼓风机将混浊空气排向洞外　B. 我国大多数工地均采用压入式

C. 压入式风管一般是加强的塑料布　D. 吸出式风管一般由薄钢板卷制而成的

41. 梁箍筋施工图上注写 8@100（4）/150（2），所表达的含义正确的是（　　）。

A. 钢筋直径为 8　B. 箍筋为 HPB500 钢筋

C. 加密区间两肢箍　D. 非加密区四肢箍

42. 《国家建筑标准设计图集》平法施工图中，平法 L 表示（　　）。

A. 悬挑梁　B. 框支梁

C. 非框架梁　D. 托柱转换梁

43. 统筹法计算分部分项工程量，正确的步骤是（　　）。

A. 基础—底层地面—天棚—内外墙—屋面

B. 底层地面—基础—天棚—屋面—内外墙

C. 基础—内外墙—底层地面—天棚—屋面

D. 底层地面—基础—天棚—内外墙—屋面

44. 根据《建筑工程建筑面积计算规范》GB/T 50353，形成建筑空间，结构净高 1m 部位的坡屋顶，其建筑面积（　　）。

A. 不予计算　B. 按 1/2 面积计算

C. 按全面积计算　D. 根据使用性质确定

45. 根据《建筑工程建筑面积计算规范》GB/T 50353，按照建筑面积计算规则，不计算建筑面积的是（　　）。

A. 结构层高在 2. 1m 以下的场馆看台下的建筑空间

B. 不足 2. 2m 高的单层建筑

C. 结构层高不足 2. 2m 的立体仓库

D. 外挑宽度在 2. 1m 以内的无柱雨篷

46. 根据《建筑工程建筑面积计算规范》GB/T 50353，围护结构不垂直于水平面，结构净高为 1. 75m 的楼层部位，其建筑面积应（　　）。

A. 按顶板水平投影面积的 1/2 计算

B. 按顶板水平投影面积计算全面积

C. 按底板外墙外围水平面积的 1/2 计算

D. 按底板外墙外围水平面积计算全面积

47. 根据《建筑工程建筑面积计算规范》GB/T 50353，建筑物室外楼梯梯段部分投影到建筑物范围层数为两层，其建筑面积（　　）。

A. 不计算　B. 按自然层计算

C. 按一层计算　D. 按两层计算

48. 根据《房屋建筑与装饰工程工程量计算规范》GB 50854，则管沟石方工程量（　　）。

A. 按设计图示管底垫层面积乘以挖土深度以体积计算

B. 按设计图示管底垫层面积计算

C. 按设计图示截面积乘以长度以体积计算

D. 无管底垫层按管内径的水平投影面积乘以挖土深度以体积计算

49. 根据《房屋建筑与装饰工程工程量计算规范》GB 50854，地基处理工程量计算正确的是（　）。

A. 换填垫层按设计图示尺寸以面积计算

B. 振冲密实（不填料）按设计图示处理范围乘以处理深度以体积计算

C. 振冲桩（填料）按设计桩截面乘以桩长以体积计算

D. 夯实水泥土桩按设计图示尺寸以体积计算

50. 根据《房屋建筑与装饰工程工程量计算规范》GB 50854，关于基坑与边坡支护工程量，说法正确的是（　　）。

A. 预制钢筋混凝土板桩按设计图示墙中心线长乘以桩长以面积计算

B. 钢板桩按设计图示尺寸以质量计算

C. 型钢桩按设计图示墙中心线长乘以厚度乘以槽深以体积计算

D. 混凝土挡土墙按“砌筑工程”中相关项目列项

51. 根据《房屋建筑与装饰工程工程量计算规范》GB 50854，空心砖墙工程量按（　　）。

A. 扣除空心所占体积

B. 扣除梁头、板头所占的体积

C. 按设计图示尺寸以体积计算

D. 扣除面积>0. 3m^2 的孔洞所占的体积

52. 根据《房屋建筑与装饰工程工程量计算规范》GB 50854，关于砖基础工程量，说法正确的是（　　）。

A. 扣除地梁、构造柱所占体积

B. 扣除基础大放脚 T 形接头处的重叠部分

C. 外墙按外墙净长线计算

D. 内墙按内墙中心线计算

53. 根据《房屋建筑与装饰工程工程量计算规范》GB 50854，关于砌筑工程石基础工程量，说法不正确的是（　　）。

A. 靠墙暖气沟的挑檐不增加

B. 按设计图示尺寸以体积计算

C. 包括附墙垛基础宽出部分体积

D. 扣除基础砂浆防潮层所占体积

54. 根据《房屋建筑与装饰工程工程量计算规范》GB 50854，关于现浇混凝土板工程量，说法正确的是（　　）。

A. 地沟按设计图示尺寸以“m^3”计算

B. 压型钢板混凝土楼板扣除构件内压型钢板所占体积

C. 悬挑板扣除伸出墙外的雨篷及挑檐的体积

D. 檐沟按设计图示以中心线长度“m”计算

55. 根据《房屋建筑与装饰工程工程量计算规范》GB 50854，关于柱保温的工程量计算，下列说法正确的是（　　）。

A. 按柱外围周长乘保温层高度及厚度

B. 按保温层外围周长乘保温层高度及厚度

C. 按保温层中心线展开长度乘保温层高度以面积计算

D. 按柱表面积乘保温层厚度

56. 膜结构屋面工程量计算规则为（　　）。

A. 按照设计图示尺寸，以水平投影面积计算

B. 按照设计图示尺寸，以覆盖所需的水平投影面积计算

C. 按照设计图示尺寸，按照斜面积计算

D. 按照设计图示尺寸，按照净面积计算

57. 根据《房屋建筑与装饰工程工程量计算规范》GB 50854，以下关于钢筋保护层工程量，说法不正确的是（　　）。

A. 混凝土强度等级不大于 C25 时，混凝土保护层厚度应在规范保护层厚度数值中增加 5mm

B. 钢筋混凝土基础中钢筋的混凝土保护层厚度应包含垫层的厚度

C. 对有抗震设防要求的结构构件，箍筋弯钩的弯折角度不应小于 135°

D. 通常情况下混凝土板的钢筋保护层厚度不小于 15mm

58. 根据《房屋建筑与装饰工程工程量计算规范》GB 50854，关于题 58 图工程量描述正确的是（　　）。

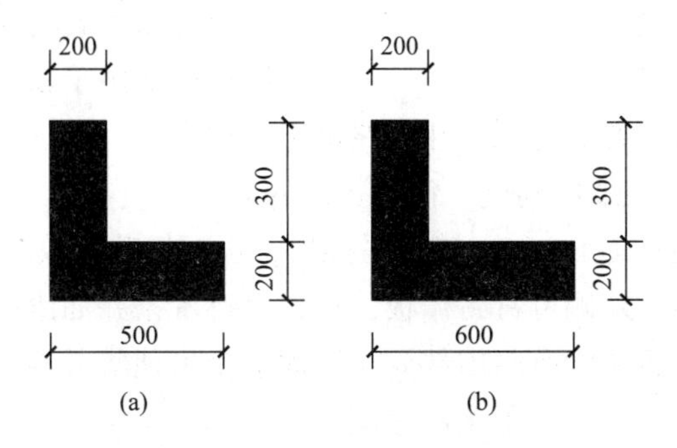

题 58 图　短肢剪力墙与柱

A. （a）按异形柱列项，（b）按剪力墙列项

B. （a）按短肢剪力墙列项，（b）按剪力墙列项

C. （a）按异形柱列项，（b）按短肢剪力墙列项

D. （a）按短肢剪力墙列项，（b）按异形柱列项

59. 根据《房屋建筑与装饰工程工程量计算规范》GB 50854，关于钢吊车梁工程量，说法错误的是（　　）。

A. 不扣除孔眼的质量

B. 焊条、铆钉、螺栓等不另增加质量

C. 按设计图示尺寸以质量计算

D. 制动梁、制动板不并入钢吊车梁工程量内

60. 根据《房屋建筑与装饰工程工程量计算规范》GB 50854，屋面防水及其他工程量

计算正确的是（　　）。

A. 屋面女儿墙的弯起部分不并入屋面工程量内

B. 屋面刚性层扣除房上烟囱所占的面积

C. 屋面防水搭接及附加层用量需另行计算

D. 屋面刚性层当无钢筋时，其钢筋项目特征不必描述

二、多项选择题（共 20 题，每题 2 分。每题的备选项中，有 2 个或 2 个以上符合题意，至少有 1 个错项。错选，本题不得分；少选，所选的每个选项得 0.5 分）

61. 以下土体不属于团聚结构的是（　　）。

A. 砂土　　B. 卵石土

C. 砾石土　　D. 碎石土

E. 黏性土

62. 关于地下水，以下正确的说法有（　　）。

A. 地下水能够软化和溶蚀边坡岩体，导致上覆岩体塌陷

B. 渗入裂隙中结冰的水，促使岩体破坏倾倒

C. 地下水产生静水浮托力，促使岩体下滑或崩倒

D. 地下水产生动水压力，提高岩体稳定性

E. 地下水产生浮托力，使岩体有效重量相对减轻，稳定性下降

63. 关于涵洞工程，以下说法正确的有（　　）。

A. 圆管涵两端仅需设置端墙　　B. 圆管涵在低路堤使用受到限制

C. 拱涵适用于低路堤　　D. 箱涵适用于软土地基

E. 盖板涵在结构形式方面有利于在高路堤上使用

64. 以下关于坡屋面的细部构造，说法正确的是（　　）。

A. 砖挑檐每层砖挑长为 60mm，砖可平挑出，也可把砖斜放

B. 挑出部分的椽条，外侧可钉封檐板，底部可钉木条并油漆

C. 坡屋面的房屋平面形状有凸出部分，屋面上会出现斜天沟

D. 烟囱四周应做泛水，以防雨水的渗漏

E. 坡屋面房屋需在檐口处设檐沟，并布置导流管

65. 以下关于板式楼板，说法不正确的是（　　）。

A. 单向板的长短边比值小于或等于 3

B. 单向板仅长边受力

C. 双向板四边支承、双向受力

D. 悬挑板主要受力钢筋摆在板的下方

E. 悬挑板的端部厚度通常比根部厚度要小些

66. 单层厂房的围护结构包括（　　）。

A. 屋顶　　B. 带牛腿的柱子

C. 地沟　　D. 坡道

E. 支撑

67. 以下关于纤维混凝土的作用，说法正确的是（　　）。

A. 利用纤维束增加塑性裂缝和混凝土的渗透性
B. 对混凝土具有微观补强的作用
C. 增强混凝土的抗磨损能力
D. 增加混凝土的抗破损能力
E. 很好地控制混凝土的非结构性裂缝

68. 以下关于预拌砂浆说法正确的是（　　）。
A. 掺入引气剂可改善砂浆保水性
B. 特种用途的砂浆可采用湿拌的形式生产
C. 普通干混砂浆主要用于地面防水工程
D. 高温干燥的天气要求砂浆稠度要小些
E. 掺合料的使用是为改善砂浆的稠度

69. 以下塑料管材既可以输送冷饮水，也可以输送热饮水的是（　　）。
A. PVC-U 管　B. PVC-C 管
C. PP-R 管　D. PB 管
E. PEX 管

70. 关于保温隔热材料的说法，正确的有（　　）。
A. 岩棉的缺点是吸水性大、弹性小　B. 石棉对人体无害，可用于民用建筑
C. 玻璃棉广泛用于温度较高的热力设备　D. 陶瓷纤维耐高温、热稳定性好
E. 陶瓷纤维导热率低、比热容小

71. 以下关于土石方工程机械化施工，说法正确的有（　　）。
A. 下坡推土法在推土丘时可采用
B. 分批集中、一次推送法可使铲刀的推送数量增大
C. 并列推土法推土机并列台数宜大于 5 台小于 10 台
D. 沟槽推土法在管沟回填且无倒车余地时可采用
E. 斜角推土法可以和分批集中、一次推送法联合运用

72. 防水混凝土在施工中应注意（　　）。
A. 采用预拌混凝土时，坍落度每小时损失不应大于 20mm
B. 应采用人工振捣，并保证振捣密实
C. 防水混凝土应喷水养护，养护时间不少于 14d
D. 喷射混凝土终凝 2h 后应采取蒸汽养护，养护时间不得少于 14d
E. 防水混凝土结构的埋件应按施工方案设置

73. 为使爆破设计断面内的岩体大量抛掷（抛坍）出路基，减少爆破后的清方工作量，可根据地形和路基断面形式，采用（　　）。
A. 抛掷爆破　B. 光面爆破
C. 定向爆破　D. 预裂爆破
E. 松动爆破

74. 以下关于地下连续墙施工清底做法，不正确的有（　　）。
A. 插入钢筋笼之后进行第一次清底

B. 地下连续墙施工清底必须一次完成

C. 清底后槽内泥浆的相对密度应在 1.5g/cm^3 以下

D. 清底多采用沉淀法

E. 以泥浆反循环法进行挖槽施工，可在挖槽后紧接着进行清底工作

75. 关于浅埋暗挖法施工，说法正确的是（　　）。

A. 管超前　　B. 严注浆

C. 长开挖　　D. 强支护

E. 快封闭

76. 以下关于独立基础平法施工图的注写方式，说法正确的是（　　）。

A. 集中标注包括基础形式和编号、截面竖向尺寸、配筋三项必注内容

B. 集中标注 DJ_J01 表示序号 01 的杯口阶形截面独立基础

C. 集中标注基础底板顶部配筋以 T 表示，T 后先注写分布筋，再注写受力筋

D. 原位标注对相同编号的基础，可选择一个或多个进行原位标注

E. 原位标注当平面图形较小时，可将所选定标注的基础按比例适当放大

77. 根据《房屋建筑与装饰工程工程量计算规范》GB 50854，不计算建筑面积的有（　　）。

A. 建筑物内的上料平台　　B. 影院布景的天桥

C. 过街楼底层的开放公共空间　　D. 无围护结构的观光电梯

E. 有顶盖无围护结构的车棚

78. 根据《房屋建筑与装饰工程工程量计算规范》GB 50854，关于土石方工程量计算正确的有（　　）。

A. 平整场地按设计图示尺寸以建筑物首层建筑面积计算

B. 挖一般土方按设计图示尺寸以体积计算

C. 挖基坑土方按设计图示尺寸以管底垫层面积乘以挖土深度按体积计算

D. 冻土开挖按设计图示尺寸开挖面积乘以厚度以体积计算

E. 管沟土方按设计图示基础垫层底面积乘以挖土深度计算

79. 根据《房屋建筑与装饰工程工程量计算规范》GB 50854，现浇混凝土构件工程量计算正确的有（　　）。

A. 现浇混凝土基础垫层按设计图示尺寸以体积计算

B. 现浇混凝土基础梁按设计图示尺寸以体积计算

C. 阳台板按设计图示尺寸以墙外部分体积计算

D. 地沟按设计图示尺寸以体积计算

E. 后浇带工程量按设计图示尺寸以体积计算

80. 根据《房屋建筑与装饰工程工程量计算规范》GB 50854，拆除工程工程量以“m^3”计量的有（　　）。

A. 钢梁拆除　　B. 砖砌体拆除

C. 木构件拆除　　D. 立面块料拆除

E. 栏杆、栏板拆除

逆袭卷

模拟题三

一、单项选择题（共 60 题，每题 1 分，每题的备选项中，只有一个最符合题意）

1. 粒径大于 2mm 的颗粒含量不超过全重 50%，且粒径大于 0.075mm 的颗粒含量超过全重 50%的土的是（　　）。

A. 黏土　　B. 粉土

C. 砂土　　D. 碎石土

2. 地层岩性对边坡稳定影响较大，使边坡最易发生顺坡滑动和上部崩塌的岩层是（　　）。

A. 玄武岩　　B. 石英岩

C. 黏土质页岩　　D. 火山角砾岩

3. 埋藏较深的破碎岩层，如断层破碎带，可以采用的加固方法有（　　）。

A. 挖除　　B. 水泥浆灌浆加固

C. 锚杆加固　　D. 钢筋混凝土格构

4. 以下关于地下水的说法，错误的是（　　）。

A. 地下水会引起崩塌　　B. 地下水使下滑力减小

C. 地下水产生静水压力　　D. 地下水产生浮托力

5. 以下工程选址不容易产生坍塌的是（　　）。

A. 裂隙的主要发育方向与建筑边坡走向平行

B. 当路线与断层走向平行，路基靠近断层破碎带时

C. 路线的走向与岩层的走向垂直

D. 在断层发育地带修建隧道

6. 在水平层状围岩中，层间软硬相间时，顶板要特别警惕（　　）。

A. 下沉弯曲折断　　B. 边墙弯曲

C. 拱顶掉块　　D. 岩体塌方

7. 建筑高度 25.0m 的普通住宅属于（　　）。

A. 单层建筑　　B. 多层建筑

C. 高层建筑　　D. 超高层建筑

8. 以下关于钢框架—支撑结构体系，说法正确的是（　　）。

A. 支撑部分是剪切型结构

B. 钢框架底部层间位移较小，顶部层间位移较大

C. 支撑产生屈曲后会危及建筑物的基本安全

D. 支撑斜杆同时承受竖向和水平荷载

9. 在框架—剪力墙结构体系中，框架与剪力墙布置正确的是（　　）。

A. 框架变形为弯曲型变形　　B. 纵向剪力墙布置在平面形状变化处

C. 横向剪力墙布置在建筑物两端附近　　D. 框架与剪力墙通过楼盖联系在一起

10. 地下水位高，受冰冻影响的建筑物不宜采用的基础类型是（　　）。

A. 砖基础　　B. 混凝土基础

C. 锥形钢筋混凝土基础　　D. 阶梯形钢筋混凝土基础

11. 整体现浇混凝土板上的找平层厚度一般是（　　）。

A. 15~20mm　　B. 20~25mm

C. 25~30mm　　D. 30~35mm

12. 以集散交通的功能为主，兼有服务功能的城镇道路称为（　　）。

A. 快速路　　B. 主干路

C. 次干路　　D. 支路

13. 填土路基宜选用级配较好的（　　）作填料。

A. 风积土　　B. 粗粒土

C. 细粒土　　D. 特殊土

14. 刚架式大跨度悬索桥的桥塔通常采用（　　）。

A. 板式截面　　B. 肋梁式截面

C. 箱形截面　　D. 圆形截面

15. 以下关于涵洞的构造说法不正确的是（　　）。

A. 圆形管涵不采用提高节　　B. 圆管涵比盖板涵的过水能力强

C. 倒虹吸管涵不适用于排洪河沟　　D. 钢筋混凝土箱涵适用于软土地基

16. 具有相同运送能力而使旅客换乘次数最少的地铁路网布置方式是（　　）。

A. 单环式　　B. 多线式

C. 棋盘式　　D. 蛛网式

17. 在我国北方寒冷地区，市政管线埋深可不超过 1.5m 的是（　　）。

A. 给水管道　　B. 排水管道

C. 电力线路　　D. 含水煤气管道

18. 能反映钢材的利用率和结构安全可靠程度的指标是（　　）。

A. 屈服强度　　B. 抗拉强度

C. 强屈比　　D. 伸长率

19. 关于硅酸盐水泥的技术性质，说法不正确的是（　　）。

A. 细度直接影响水泥的活性和强度

B. 颗粒越细，与水反应的表面积越大

C. 颗粒过粗，不利于水泥活性的发挥

D. 颗粒越细，早期强度高，硬化收缩较小

20. 结构混凝土用水泥的主要控制指标不包括（　　）。

A. 硬度　　B. 凝结时间

C. 胶砂强度　　D. 氯离子含量

21. 以下关于混凝土的抗拉强度与抗压强度，说法正确的是（　　）。

A. 混凝土的抗拉强度比抗压强度大得多

B. 混凝土的强度等级增大，抗拉强度和抗压强度也在增加

C. 混凝土的抗拉强度只有抗压强度的 1/30~1/20

D. 混凝土在工作时主要依靠其抗拉强度和抗压强度

22. 在混凝土中掺入适量（　　），可显著提高混凝土的抗渗性。

A. 缓凝剂　　B. 引气剂

C. 减水剂　　D. 早强剂

23. 可用于车站等公共建筑工程的室内柱面的一种理想的室内高级装饰材料是（　　）。

A. 细面花岗石板材　　B. 大理石板材

C. 复合型人造石材　　D. 烧结型人造石材

24. 堤坝防水抗渗工程常用（　　）。

A. 三元乙丙橡胶防水卷材　　B. 聚氯乙烯防水卷材

C. 氯化聚乙烯防水卷材　　D. 氯化聚乙烯-橡胶共混型防水卷材

25. 可作为建筑物墙体的保温隔热和吸声材料的是（　　）。

A. 陶瓷纤维　　B. 石棉

C. 矿渣棉　　D. 玻璃棉

26. 对于城市建设工程而言，投资资金少且适用于混凝土用量不大的工程的商品混凝土搅拌站是（　　）。

A. 固定式混凝土搅拌站　　B. 拆装式混凝土搅拌站

C. 移动式混凝土搅拌站　　D. 固定式混凝土搅拌楼

27. 在地势平坦、土质较坚硬的地方进行铲运机铲土时，可采用（　　）以缩短铲土时间。

A. 侧铲法　　B. 跨铲法

C. 助铲法　　D. 并列法

28. 将各种预先制作好的桩沉至地基内达到所需要的深度，最常采用的施工方法是（　　）。

A. 打入桩　　B. 压入桩

C. 旋入桩　　D. 振入桩

29. 以下关于灌注桩后压浆施工，说法正确的是（　　）。

A. 对于群桩压浆，应先外围后内部

B. 压浆应连续进行，压力遵循由小到大逐级减小的方法

C. 压浆总量已经达到设计值的 70%，且桩顶上抬 3mm 时终止压浆

D. 压浆后的桩保养 15d，方可按规定采用弹性波反射法进行桩基检测

30. 关于填充墙砌体工程施工，说法正确是（　　）。

A. 填充墙与承重主体结构间的空隙部位施工，应在填充墙砌筑前进行

B. 砌筑填充墙时，蒸压加气混凝土砌块的产品龄期不应小于 14d

C. 墙长是层高 2 倍时，宜设置钢筋混凝土构造柱

D. 墙高 3m 时，墙体宜设置与柱连接且沿墙全长贯通的钢筋混凝土水平系梁

31. 关于基坑土石方工程轻型井点布置，说法正确的是（　　）。

A. 当土方施工机械需进出基坑时，可采用 U 形布置

B. 单排布置适用于基坑、槽宽度小于 5m，且降水深度不超过 6m 的情况

C. 双排布置适用于基坑宽度大于 6m 或土质良好的情况

D. 单排布置井点管布置长度应和基坑长度一致

32. 关于推土机施工作业，说法错误的是（　　）。

A. 下坡推土法在回填管沟时可采用

B. 在较硬的土中且切土深度较大时可用分批集中、一次推送法

C. 在较大面积的平整场地施工中，采用两台或三台推土机并列推土

D. 沟槽推土法沿第一次推过的原槽推土，前次推土所形成的土埂能阻止土的散失

33. 用于完成铲土、运土、卸土、填筑、压实的机械是（　　）。

A. 履带式推土机　　B. 铲运机

C. 平地机　　D. 轮胎式推土机

34. 关于一般抹灰的说法 ，正确的是（　　）。

A. 抹灰用的水泥宜为矿渣硅酸盐水泥

B. 抹水泥砂浆，每遍厚度宜为 5~7mm

C. 抹灰用砂子宜选用细砂，砂子使用前应过筛

D. 用水泥砂浆和水泥混合砂浆抹灰时，应待前一抹灰层七八成干后方可抹后一层

35. 关于软土路基施工中，垂直排水固结法施工常用于（　　）。

A. 解决黄土的沉陷问题　　B. 提高人工填土的承载力

C. 解决软土地基的沉降问题　　D. 改善地基的压缩性和强度特征

36. 关于石方爆破作业，错误的顺序是（　　）。

A. 对爆破器材进行检查→试验→选择炮位→清除表土

B. 选择炮位→凿孔→装药→堵塞

C. 堵塞→敷设起爆网路→设置警戒线→起爆

D. 敷设起爆网路→设置警戒线→起爆→清方

37. 以下关于混凝土拱涵施工，说法正确的是（　　）。

A. 拱圈支架未拆除，拱圈中砂浆强度达到设计强度的 100%时，可进行拱顶填土

B. 当拱涵用混凝土预制拱圈安装时，成品达到设计强度的 100%时才允许搬运、安装

C. 采用混凝土砌块拱圈时，砌块应提前制作，宜比封顶时间提前 4 个月

D. 拱座石与拱圈石及拱座石与边墙砌石之间的错缝不得小于 200mm

38. 地下连续墙是以专门的挖槽设备，沿着深基或地下构筑物周边，采用（　　）护壁，按设计开挖沟槽。

A. 砖砌体　　B. 触变泥浆

C. 钢筋混凝土　　D. 人工挖孔桩水泥

39. 为了提高爆破效果，减少爆破的破坏，一个断面上可采用（　　）。

A. 毫秒延迟雷管连续起爆　　B. 毫秒延迟雷管分段起爆

C. 掏槽孔药卷直径大些，连续装药　　D. 周边孔药卷直径小些，间隔装药

40. 喷射混凝土施工对于水平坑道的喷射顺序为（　　）。

A. 先墙后拱、自上而下　　B. 先墙后拱、自下而上

C. 先拱后墙、自上而下　　D. 先拱后墙、自下而上

41. 为了完成工程量清单项目，清单项目组价的基础是（　　）。

A. 项目特征　　B. 项目范围

C. 工作内容　　D. 工程量计算规则

42. 根据《建筑工程建筑面积计算规范》GB/T 50353，关于建筑面积计算说法正确的是（　　）。

A. 设置在建筑物墙体外起装饰作用的幕墙，应按幕墙外边线计算建筑面积

B. 当高低跨内部连通时，其变形缝应计算在低跨面积内

C. 保温隔热层的建筑面积是以保温隔热材料的厚度来计算的，包含抹灰层的厚度

D. 有顶盖无围护结构的车棚应按其顶盖水平投影面积计算建筑面积

43. 根据《建筑工程建筑面积计算规范》GB/T 50353，关于大型体育场看台下部设计利用部位建筑面积计算，说法错误的是（　　）。

A. 结构净高为 3m 的部位应计算全面积

B. 结构净高为 1.7m 的部位应计算 1/2 面积

C. 室内单独设置的有围护设施的悬挑看台，应按看台结构底板水平投影面积计算建筑面积

D. 有顶盖无围护结构的场馆看台应按其顶盖水平投影面积计算面积

44. 根据《建筑工程建筑面积计算规范》GB/T 50353，无围护结构、有围护设施的无顶盖架空走廊，关于建筑面积计算说法正确的是（　　）。

A. 按其围护结构外围水平面积计算全面积

B. 按其围护结构外围水平面积的 1/2 计算全面积

C. 按其结构底板水平投影面积计算

D. 按其结构底板水平投影面积计算 1/2 面积

45. 根据《建筑工程建筑面积计算规范》GB/T 50353，设在建筑物顶部的、有围护结构的楼梯间结构层高为 2.15m，其建筑面积（　　）。

A. 应计算 1/2 面积　　B. 应计算全面积

C. 不计算面积　　D. 并入自然层计算

46. 根据《房屋建筑与装饰工程工程量计算规范》GB 50854，关于土方工程工程量，下列说法正确的是（　　）。

A. 管道结构宽，有管座的按管道外径计算，无管座的按基础外缘计算

B. 挖方出现流砂时，如设计未明确，在编制工程量清单时，其工程数量可为暂估量

C. 沟槽、基坑中土类别不同时，分别按其放坡起点、放坡系数、依不同土类别厚度平均计算

D. 无管沟设计时，直埋管深度应按管底外表面标高至交付施工场地标高的加权平均高度计算

47. 根据《房屋建筑与装饰工程工程量计算规范》GB 50854，若开挖设计长为 6m，宽为 26m，深度为 0.6m 的土方工程，在清单中列项应为（　　）。

A. 平整场地　　B. 挖沟槽土方

C. 挖基坑土方　　D. 挖一般土方

48. 根据《房屋建筑与装饰工程工程量计算规范》GB 50854，关于土方工程量的计算，下面说法不正确的是（　　）。

A. 场地平整按设计图示尺寸以建筑物首层建筑面积计算

B. 挖基坑土方按基础底面积计算

C. 管沟土方按设计图示管底垫层面积乘挖土深度以体积计算

D. 冻土开挖以体积计算

49. 根据《房屋建筑与装饰工程工程量计算规范》GB 50854，关于回填方工程量计算，说法正确的是（　　）。

A. 场地回填按主墙间净面积乘以回填厚度

B. 室内回填按回填面积乘以平均回填厚度

C. 室内回填需扣除间隔墙

D. 基础回填按挖方清单项目工程量减去自然地坪以下埋设的基础体积

50. 根据《房屋建筑与装饰工程工程量计算规范》GB 50854，关于砖砌体工程量计算，说法正确的是（　　）。

A. 防潮层应按“楼地面装饰工程”中相关项目编码列项

B. 多孔砖墙扣除砖墙内加固钢筋所占体积

C. 有钢筋混凝土楼板隔层者算至楼板底

D. 基础与墙身使用不同材料时，材料分界线标高>±300mm 时，以设计室内地面为分界线

51. 根据《房屋建筑与装饰工程工程量计量规范》GB 50854，关于砌墙工程量计算，说法正确的是（　　）。

A. 扣除梁头所占的体积　　B. 扣除垫木所占的体积

C. 扣除暖气槽所占的体积　　D. 扣除门窗走头所占的体积

52. 根据《房屋建筑与装饰工程工程量计算规范》GB 50854，关于现浇混凝土其他构件工程量计算，说法正确的是（　　）。

A. 垫块在清单项目综合单价中考虑，不单独列项计算工程量

B. 台阶按设计图示尺寸以水平投影面积乘以厚度以体积计算

C. 压顶按设计图示尺寸以水平投影面积计算

D. 架空式混凝土台阶，按现浇楼梯计算

53. 根据《房屋建筑与装饰工程工程量计算规范》GB 50854，关于预制混凝土构件工程量计算，说法不正确的是（　　）。

A. 圈梁伸入墙内的梁头并入梁体积内

B. 异形梁扣除构件内钢筋、预埋铁件所占体积

C. 主梁与次梁连接时，次梁长算至主梁侧面

D. 当梁与混凝土墙连接时，梁的长度应计算到混凝土墙的侧面

54. 根据《房屋建筑与装饰工程工程量计算规范》GB 50854，后张法施工预应力混凝土，孔道长度为15.35m，低合金钢筋两端采用螺杆锚具。钢筋工程量计算的每孔钢筋长度为（　　）。

A. 15.00m　　B. 15.20m

C. 15.50m　　D. 15.70m

55. 根据《房屋建筑与装饰工程工程量计算规范》GB 50854，以下关于钢筋工程工程量说法正确的是（　　）。

A. 现浇构件中伸出构件的锚固钢筋按钢筋长度计算

B. 除设计标明的搭接外，其他施工搭接计入综合单价

C. 钢筋工程量与单位理论质量无关

D. 钢绞线采用JM型锚具，孔道长度为19m时，钢筋束长度按20.8m计算

56. 根据《房屋建筑与装饰工程工程量计算规范》GB 50854，关于金属结构工程量计算，说法正确的是（　　）。

A. 钢屋架扣除孔眼的质量　　B. 钢屋架增加焊条质量

C. 钢托架扣除孔眼的质量　　D. 钢托架中螺栓质量不另增加

57. 根据《房屋建筑与装饰工程工程量计算规范》GB 50854，下列关于有设备基础、地沟、间壁墙的水泥砂浆楼地面整体面层工程量计算，正确的是（　　）。

A. 按设计图示尺寸以面积计算，扣除设备基础、地沟所占面积，门洞开口部分不再增加

B. 按内墙净面积计算，设备基础、间壁墙、地沟所占面积不扣除，门洞开口部分不再增加

C. 按设计净面积计算，扣除设备基础、地沟、间壁墙所占面积，门洞开口部分不再增加

D. 按设计图示尺寸面积乘以设计厚度以体积计算

58. 根据《房屋建筑与装饰工程工程量计算规范》GB 50854，关于屋面防水工程量计算，说法正确的是（　　）。

A. 瓦屋面按设计图示尺寸以斜面积计算，扣除房上烟囱面积

B. 瓦屋面小气窗的出檐部分需要计算面积

C. 玻璃钢屋面不扣除屋面面积≤0.3m^2孔洞所占面积

D. 膜结构屋面，按设计图示尺寸以膜布水平投影面积计算

59. 根据《房屋建筑与装饰工程工程量计算规范》GB 50854，关于抹灰工程量说法正确的是（　　）。

A. 墙面装饰抹灰扣除踢脚线与构件交接处的面积

B. 外墙裙抹灰面积按其长度乘以高度计算

C. 无墙裙的内墙高度按墙裙顶至天棚底面计算

D. 外墙抹灰按外墙展开面积计算

60. 根据《房屋建筑与装饰工程工程量计算规范》GB 50854，关于窗台板拆除工程量应（　　）。

A. 按拆除部位的面积计算　　B. 按拆除部位的体积计算

C. 按拆除部位的延长米计算　　D. 按拆除构件的质量计算

二、多项选择题（共 20 题，每题 2 分。每题的备选项中，有 2 个或 2 个以上符合题意，至少有 1 个错项。错选，本题不得分；少选，所选的每个选项得 0.5 分）

61. 以下关于喷出岩和侵入岩，说法正确的是（　　）。

A. 喷出岩比侵入岩强度低　　B. 侵入岩没有喷出岩强度高

C. 喷出岩比侵入岩透水性强　　D. 喷出岩比侵入岩抗风能力差

E. 侵入岩没有比喷出岩抗风能力好

62. 对于影响边坡稳定的的松散土层，常用的措施有（　　）。

A. 沉井　　B. 预制桩

C. 混凝土护面　　D. 地下连续墙

E. 打土钉支护

63. 以下关于工程地质对建筑结构的影响，说法正确的是（　　）。

A. 地基土层松散软弱工程地质可采用片筏基础

B. 岩层破碎工程地质可采用箱形基础

C. 地基土层松散软弱工程地质可采用条形基础

D. 较深松散地层根据地质缺陷程度，加大基础的结构尺寸

E. 较深松散地层有的要采用桩基础加固

64. 以下可采用现浇钢筋混凝土板式楼板的是（　　）。

A. 厨房　　B. 走廊

C. 遮阳　　D. 仓库

E. 贮藏室

65. 观察题 65 图，以下说法正确的是（　　）。

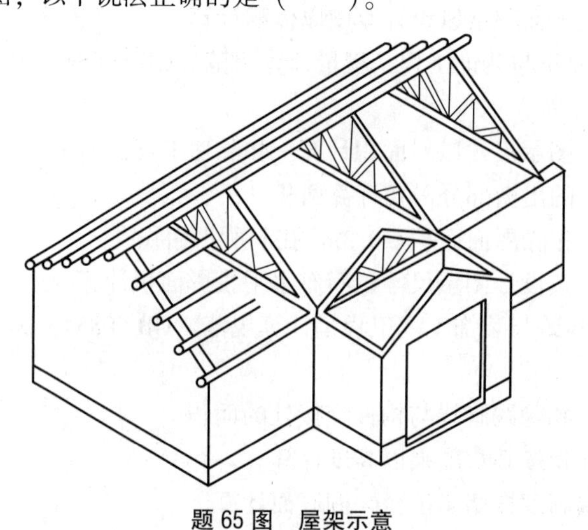

题 65 图　屋架示意

A. 图示承重结构为硬山搁檩
B. 图示承重结构通常屋架搁置在房屋的纵向外墙上
C. 图示承重结构为了防止屋架的倾覆，屋架间要设置支撑
D. 图示承重结构为四坡形屋顶，当跨度较大时，在四坡屋顶的斜屋脊下设斜梁
E. 图示承重结构当凸出部分的跨度比主体跨度小时可采用半屋架

66. 桥梁按主跨结构所用材料划分为（　　）。
A. 圬工桥　　B. 刚架桥
C. 悬索桥　　D. 预应力混凝土桥
E. 钢筋混凝土桥

67. 钢结构常用热轧型钢有（　　）。
A. 工字钢　　B. T 型钢
C. 等边角钢　　D. 碳素结构钢
E. 开口薄壁型钢

68. 能使用引气减水剂的混凝土有（　　）。
A. 贫混凝土　　B. 蒸养混凝土
C. 预应力混凝土　　D. 轻骨料混凝土
E. 泌水严重的混凝土

69. 以下关于沥青混合料的组成结构，说法正确的是（　　）。
A. 悬浮密实结构粗集料的数量较多，细集料的数量较少
B. 悬浮密实结构内摩擦角较小，高温稳定性较好
C. 骨架空隙结构粗集料的数量较少，细集料的数量较多
D. 骨架空隙结构受沥青材料性质的变化影响较小，热稳定性较好
E. 骨架密实结构摩擦角较高，黏聚力较高

70. 地面涂料应满足的基本要求有（　　）。
A. 耐碱性良好　　B. 耐候性良好
C. 耐水性良好　　D. 耐污染性好
E. 耐粉化性良好

71. 关于先张法预应力混凝土施工流程，说法正确的有（　　）。
A. 支底模—预应力钢筋安放—张拉钢筋—支侧模—安装预埋件
B. 支底模—支侧模—张拉钢筋—浇筑混凝土—放张钢筋
C. 支底模—钢筋安放—支侧模—张拉钢筋—浇筑混凝土
D. 超张拉的目的是减少预应力的松弛损失
E. 采取正确的养护制度以减少由于温差引起的预应力损失

72. 关于卷材防水屋面施工，说法正确的有（　　）。
A. 当卷材防水层上有重物覆盖应优先采用满粘法
B. 合成高分子防水卷材采用热熔法施工
C. 立面铺贴卷材时，应采用条粘法
D. 天沟卷材施工时，宜顺天沟方向铺贴

E. 卷材防水层施工时，应先进行细部构造处理

73. 关于路基石方施工，说法正确的有（ ）。

A. 浅孔爆破通常用冲击式钻机

B. 集中药包爆炸后可以使岩石均匀地破碎

C. 药壶药包适用于结构均匀致密的硬土

D. 竖向填筑法逐层填筑，逐层压实

E. 石方爆破后，必须按爆破次数分次清理

74. 关于隧道工程锚杆施工，说法正确的有（ ）。

A. 岩石为倾斜时，锚杆的方向要尽可能与岩层层面垂直相交

B. 粘结砂浆应拌合均匀，一次拌合的砂浆应在初凝前用完

C. 采用树脂药包时，搅拌时间应根据现场湿度决定

D. 安设锚杆前应吹孔，安设完成后应检查风压

E. 若作为永久支护则灌注有膨胀性的砂浆

75. 关于地下连续墙施工，说法正确的有（ ）。

A. 速度快，振动小

B. 开挖基坑需要放坡

C. 制浆及处理系统占用空间少

D. 用触变泥浆保护孔壁和止水，施工安全可靠

E. 可应用在水坝防渗工程

76. 根据《建筑工程建筑面积计算规范》GB/T 50353，应计算 1/2 建筑面积的有（ ）。

A. 结构层高为 2. 15m 的立体车库

B. 窗台与室内楼地面高差为 0. 5m 且结构净高为 2. 05m 的凸窗

C. 有围护设施的室外走廊

D. 装饰性结构构件

E. 主体结构内的阳台

77. 根据《建筑工程建筑面积计算规范》GB/T 50353，不计算建筑面积的是（ ）。

A. 建筑物内的安装箱

B. 建筑物间的架空走廊

C. 建筑物架空层

D. 附属在建筑物外墙的落地橱窗

E. 建筑物以外的地下人防通道

78. 根据《房屋建筑与装饰工程工程量计算规范》GB 50854，关于土方工程量计算与项目列项，说法正确的有（ ）。

A. 桩间挖土扣除桩的体积

B. 土方体积应按挖掘后的夯实体积计算

C. 挖淤泥按设计图示位置、界限以体积计算

D. 冻土开挖按开挖设计图示中心线长度计算

E. 建筑物场地厚度≤±300mm 的挖、填、运、找平，应按平整场地项目编码列项

79. 根据《房屋建筑与装饰工程工程量计算规范》GB 50854，关于混凝土模板及支架（撑）工程量说法正确的是（　　）。

A. 暗梁不用并入墙内工程量计算

B. 化粪池按模板与现浇混凝土构件的接触面积计算

C. 平台梁侧面模板不另计算

D. 楼梯扣除宽度≤500mm 的楼梯井所占面积

E. 现浇钢筋混凝土墙、板单孔面积>0. 3m^2 时应予扣除

80. 根据《房屋建筑与装饰工程工程量计算规范》GB 50854，关于脚手架工程措施项目，说法正确的有（　　）。

A. 当列出了综合脚手架项目时，还需要标明里脚手架项目

B. 突出主体建筑物屋顶的楼梯出口间计入檐口高度

C. 满堂脚手架应按搭设方式、搭设高度、脚手架材质分别列项

D. 脚手架按垂直投影面积计算工程量时，不应扣除门窗洞口所占面积

E. 同一建筑物有不同的檐高时，按建筑物竖向切面分别以不同檐高编列清单项目

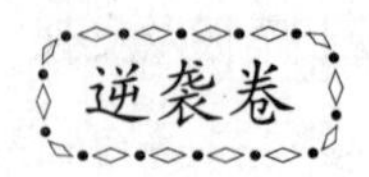

模拟题四

一、单项选择题（共 60 题，每题 1 分，每题的备选项中，只有一个最符合题意）

1. 每种矿物都有自己特有的物理性质，可以作为鉴定风化程度的是（　　）。

A. 矿物的自色　　B. 矿物的光泽

C. 矿物的硬度　　D. 矿物的强度

2. 当岩层出露地表时，常赋存（　　）。

A. 风化裂隙水　　B. 成岩裂隙潜水

C. 层状构造裂隙水　　D. 脉状构造裂隙水

3. 对落水洞宜采用的处理措施是（　　）。

A. 桩基法　　B. 垫层法

C. 充填法　　D. 填夯实法

4. 因下部蠕滑而造成上部岩体崩塌的岩层是（　　）。

A. 厚层坚硬的沉积岩　　B. 安山岩

C. 泥灰岩　　D. 玄武岩

5. 隧道选线经过现代构造运动较为强烈的地段，应尽可能使隧道轴向与现代构造运动较为强烈的地段走向（　　）。

A. 近乎垂直　　B. 交角小些

C. 方向一致　　D. 方向相反

6. 岩层发生强烈的断裂变动对工程建筑的影响主要在于降低了岩石的（　　）。

A. 整体性　　B. 抗渗性

C. 稳定性　　D. 抗冻性

7. 以下关于剪力墙体系，说法正确的是（　　）。

A. 剪力墙承受垂直荷载，不承受水平荷载　　B. 剪力墙适用于大空间的公共建筑

C. 剪力墙结构侧向刚度大　　D. 剪力墙结构自重较轻

8. 悬索结构是比较理想的大跨度结构，其主要承重构件是（　　）。

A. 锚锭　　B. 吊索

C. 受拉的钢索　　D. 加劲梁

9. 砖砌体结构的空旷单层仓库，檐口标高为 6m 时，应设置的圈梁数量为（　　）。

A. 一道　　B. 二道

C. 三道　　D. 四道

10. 以下关于墙的构造柱不可以设置的位置是（　　）。

A. 外墙四角　　B. 错层部位

C. 较大洞口内侧　　D. 横墙与外纵墙交接处

11. 单层厂房屋盖支撑的主要作用是（　　）。

A. 传递屋面板荷载　　B. 传递吊车刹车时产生的冲剪力

C. 传递水平荷载　　D. 传递天窗及托架荷载

12. 行车荷载作用下水泥混凝土路面的力学特性为（　　）。

A. 弯沉变形较大，抗弯拉强度大　　B. 弯沉变形较大，抗弯拉强度小

C. 弯沉变形很小，抗弯拉强度大　　D. 弯沉变形很小，抗弯拉强度小

13. 护肩应采用当地（　　）砌筑。

A. 干砌片石　　B. 不易风化片石

C. 不易风化的开山石料　　D. 级配较好的粗粒土

14. 适用于地基承载力较低、台身较高、跨径较大的梁桥的桥台类型是（　　）。

A. 重力式桥台　　B. 轻型桥台

C. 框架式桥台　　D. 组合式桥台

15. 钢材的焊接，能揭示焊件在受弯表面存在的未熔合、裂纹和夹杂物等问题的试验是（　　）。

A. 冲击试验　　B. 抗拉试验

C. 硬度试验　　D. 冷弯试验

16. 由多条辐射状线路与环形线路组合的地下铁路路网的基本类型是（　　）。

A. 多环式　　B. 多线式

C. 蛛网式　　D. 棋盘式

17. 以下关于城市地下贮库工程布局，说法不正确的是（　　）。

A. 地下贮库应设置在地质条件较好的地区

B. 布置在郊区的大型贮库能多布置一些绿化用地

C. 与城市无多大关系的转运贮库，应布置在城市的上游

D. 有条件的城市应沿江河多布置一些贮库

18. 能提高混凝土抗冻性的外加剂是（　　）。

A. 引气剂　　B. 早强剂

C. 减水剂　　D. 膨胀剂

19. 以下关于碾压混凝土的特点，说法不正确的是（　　）。

A. 用水量少，混凝土的干缩减少　　B. 抵抗变形的能力增加

C. 填充孔隙所需胶结材料比普通混凝土多　　D. 大为减少碾压混凝土的水泥用量

20. 不宜用于蒸压养护的预制混凝土的外加剂是（　　）。

A. 泵送剂　　B. 缓凝剂

C. 普通减水剂　　D. 氯盐早强剂

21. 无法采用湿拌形式生产的预拌砂浆是（　　）。

A. 砌筑砂浆　　B. 抹灰砂浆

C. 防水砂浆　　D. 特种砂浆

22. 以下关于合成树脂，说法正确的是（　　）。

A. 热固性树脂质地脆硬　　B. 热塑性树脂耐热性好

C. 热固性树脂耐热性较差　　D. 热塑性树脂刚度较大

23. 寒冷地区或变形较大的土木建筑防水工程，防水材料应优先选用（　　）。

A. 三元乙丙橡胶防水卷材　　B. 聚氯乙烯防水卷材

C. 氯化聚乙烯-橡胶共混型防水卷材　　D. 沥青复合胎柔性防水卷材

24. 以下关于高强混凝土的特点，说法正确的是（　　）。

A. 高强混凝土的延性比普通混凝土好

B. 普通混凝土抗冻性能优于高强混凝土

C. 高强混凝土的水泥用量大，早期强度发展较慢

D. 混凝土的抗拉强度和抗压强度的比值随着抗压强度的提高而降低

25. 对固体声最有效的隔绝措施，是在房屋的框架和隔墙之间添加（　　）。

A. 钢板　　B. 软木

C. 混凝土　　D. 钢筋混凝土

26. 在土的渗透系数大、地下水量大的土层中，宜优先选用的降水法是（　　）。

A. 单级轻型井点降水　　B. 管井井点降水

C. 电渗井点降水　　D. 深井井点降水

27. 适用于处理飞机跑道中大面积冲填土地基的加固处理方法是（　　）。

A. 换填地基法　　B. 夯实地基法

C. 预压地基法　　D. 振冲地基法

28. 与土形成的高层建筑的复合地基承载力最好的桩是（　　）。

A. 碎石桩　　B. 水泥粉煤灰碎石桩

C. 钢筋混凝土桩　　D. 振冲桩

29. 钢筋混凝土预制桩的制作和堆放应满足以下要求（　　）。

A. 长度较长的桩一般多在工厂预制　　B. 现场预制桩多用间隔法预制

C. 不同规格的桩应分别堆放　　D. 桩堆放时设置的各层垫木应左右对齐

30. 以下沉桩的方式，不适用于砂土的是（　　）。

A. 锤击沉桩　　B. 静力压桩

C. 射水沉桩　　D. 振动沉桩

31. 当桩的规格不同时，打桩顺序宜（　　）。

A. 自外向内　　B. 先大后小

C. 先短后长　　D. 周边向中间

32. 关于射水沉桩法的选择，说法正确的是（　　）。

A. 在砂夹卵石层一般以锤击为主　　B. 在坚硬土层中一般以射水为辅

C. 在粉质黏土中一般以锤击或振动为主　　D. 下沉空心桩一般用多管外射水

33. 套管成孔灌注桩成桩的施工工艺顺序错误的是（　　）。

A. 桩机就位→锤击（振动）沉管→上料

B. 锤击（振动）沉管→上料→边锤击（振动）边拔管，并继续浇筑混凝土

C. 上料→边锤击（振动）边拔管，并继续浇筑混凝土→下钢筋笼，继续浇筑混凝土及拔管

D. 下钢筋笼，继续浇筑混凝土及拔管→边锤击（振动）边拔管，并继续浇筑混凝土→成桩

34. 可以实现混凝土自防水的技术途径有（　　）。

A. 适当提高水灰比　　B. 适当减小灰砂比

C. 适当提高砂率　　D. 适当提高孔隙率

35. 观察先张法生产示意图（题 35 图），以下说法正确的是（　　）。

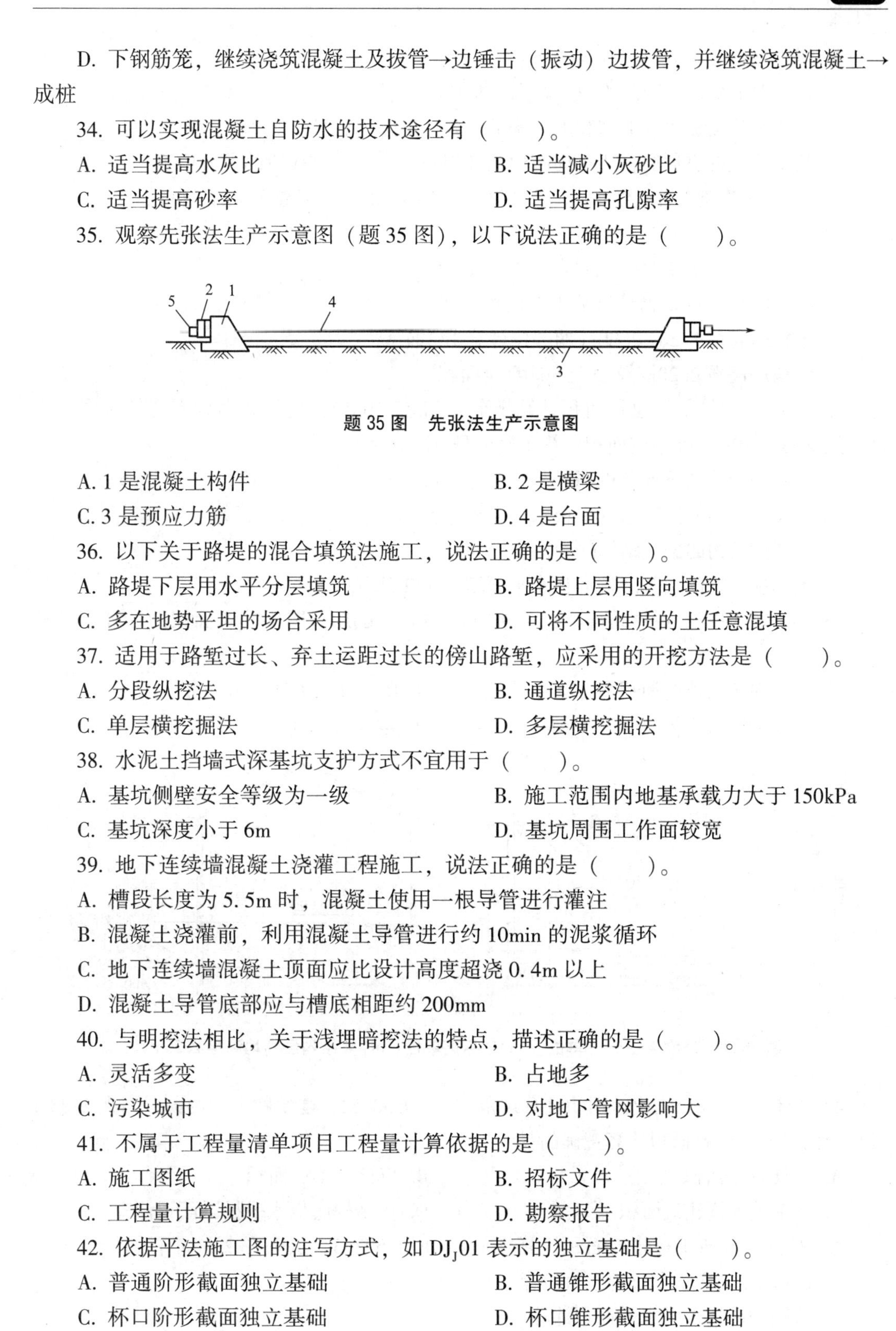

题 35 图　先张法生产示意图

A. 1 是混凝土构件　　B. 2 是横梁

C. 3 是预应力筋　　D. 4 是台面

36. 以下关于路堤的混合填筑法施工，说法正确的是（　　）。

A. 路堤下层用水平分层填筑　　B. 路堤上层用竖向填筑

C. 多在地势平坦的场合采用　　D. 可将不同性质的土任意混填

37. 适用于路堑过长、弃土运距过长的傍山路堑，应采用的开挖方法是（　　）。

A. 分段纵挖法　　B. 通道纵挖法

C. 单层横挖掘法　　D. 多层横挖掘法

38. 水泥土挡墙式深基坑支护方式不宜用于（　　）。

A. 基坑侧壁安全等级为一级　　B. 施工范围内地基承载力大于 150kPa

C. 基坑深度小于 6m　　D. 基坑周围工作面较宽

39. 地下连续墙混凝土浇灌工程施工，说法正确的是（　　）。

A. 槽段长度为 5. 5m 时，混凝土使用一根导管进行灌注

B. 混凝土浇灌前，利用混凝土导管进行约 10min 的泥浆循环

C. 地下连续墙混凝土顶面应比设计高度超浇 0. 4m 以上

D. 混凝土导管底部应与槽底相距约 200mm

40. 与明挖法相比，关于浅埋暗挖法的特点，描述正确的是（　　）。

A. 灵活多变　　B. 占地多

C. 污染城市　　D. 对地下管网影响大

41. 不属于工程量清单项目工程量计算依据的是（　　）。

A. 施工图纸　　B. 招标文件

C. 工程量计算规则　　D. 勘察报告

42. 依据平法施工图的注写方式，如 DJ_J01 表示的独立基础是（　　）。

A. 普通阶形截面独立基础　　B. 普通锥形截面独立基础

C. 杯口阶形截面独立基础　　D. 杯口锥形截面独立基础

43. 以下关于有梁楼盖板平法施工图的注写方式，说法正确的是（　　）。

A. 当轴网向心布置时，径向为 X 向，切向为 Y 向

B. 对于普通楼面，两向均以两跨为一板块

C. 贯通钢筋按板块的下部和上部分部注写，B 代表下部，T 代表上部

D. 板支座上部贯通筋自边线向跨内的伸出长度，注写在线段的上方位置

44. 根据《建筑工程建筑面积计算规范》GB/T 50353，场馆看台下建筑面积的计算，正确的是（　　）。

A. 结构净高超过 2. 00m 的部位计算全面积

B. 结构净高 2. 00m 部位计算 1/2 面积

C. 结构净高在 1. 20~2. 20m 的部位计算 1/2 面积

D. 结构层高在 2. 20m 及以上者计算全面积

45. 根据《建筑工程建筑面积计算规范》GB/T 50353，建筑物内设有局部楼层，局部二层层高 2. 10m，其建筑面积计算正确的是（　　）。

A. 无围护结构的不计算面积

B. 无围护结构的按其结构底板水平面积计算

C. 有围护结构的按其结构底板水平面积计算

D. 无围护结构的按其结构底板水平面积的 1/2 计算

46. 根据《建筑工程建筑面积计算规范》GB/T 50353，图中建筑面积的计算，正确的是（　　）。

A. 单层建筑的建筑面积为 29. 59m²　　B. 阳台建筑面积为 6. 70m²

C. 吊脚架空层建筑面积为 7. 61m²　　D. 建筑面积合计为 63. 41m²

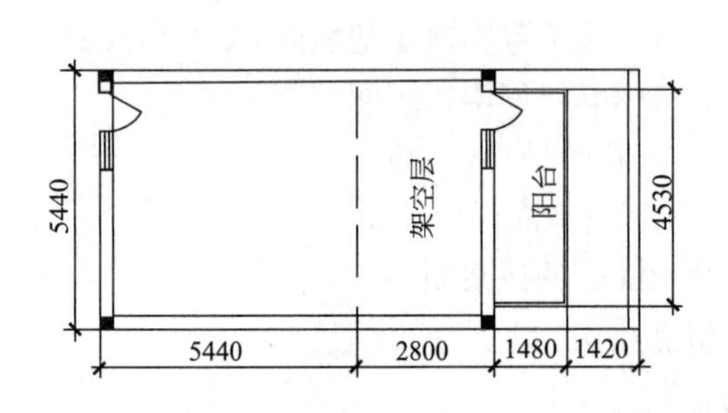

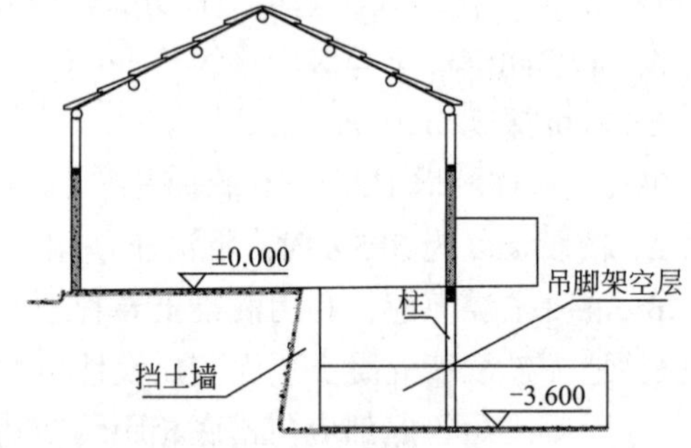

题 46 图　吊脚架空层（单位：mm，标高单位：m）（结构层高均满足 2. 20m）

47. 根据《建筑工程建筑面积计算规范》GB/T 50353，建筑物大厅内的层高在 2. 20m 及以上的走廊，建筑面积计算正确的是（　　）。

A. 应计算全面积　　B. 应计算 1/2 面积

C. 不单独计算建筑面积　　D. 按结构底板水平投影面积计算

48. 根据《建筑工程建筑面积计算规范》GB/T 50353，层高在 2. 30m 有围护结构的舞台灯光控制室建筑面积计算正确的是（　　）。

A. 按围护结构外围水平面积计算

B. 按围护结构外围水平面积的 1/2 计算

C. 按控制室底板水平面积计算

D. 按控制室底板水平面积的 1/2 计算

49. 根据《房屋建筑与装饰工程工程量计算规范》GB 50854，关于土方的项目列项或工程量计算正确的为（　　）。

A. 建筑物场地厚度为 250mm 的挖土应按平整场地项目列项

B. 挖一般土方的工程量通常按开挖虚方体积计算

C. 底长≤3 倍底宽、底面积≤150m^2 为沟槽

D. 流砂，按设计图示位置、界限以面积计算

50. 根据《房屋建筑与装饰工程工程量计算规范》GB 50854，下列关于砖基础工程量计算中的基础与墙身的划分，正确的是（　　）。

A. 以设计室内地坪为界（包括有地下室建筑）

B. 基础与墙身使用材料不同时，以材料界面为界

C. 基础与墙身使用材料不同时，以材料界面另加 300mm 为界

D. 围墙基础应以设计室外地坪为界

51. 根据《房屋建筑与装饰工程工程量计算规范》GB 50854，关于石方的项目列项或工程量计算正确的为（　　）。

A. 挖一般石方开挖范围的水平投影面积计算

B. 基础石方开挖深度无交付施工场地标高时，应按自然地面标高确定

C. 石方体积应按挖掘前的天然密实体积计算

D. 基坑底面积超过 140m^2 的按一般石方列项

52. 根据《房屋建筑与装饰工程工程量计算规范》GB 50854，关于地基处理工程量不以“m^3”计算的是（　　）。

A. 换填垫层　　B. 振冲桩

C. 石灰桩　　D. 注浆地基

53. 根据《房屋建筑与装饰工程工程量计算规范》GB 50854，关于基坑与边坡支护工程量计算正确的为（　　）。

A. 地下连续墙，按设计图示墙中心线长乘以厚度乘以槽深以体积计算

B. 咬合灌注桩按设计图示尺寸以质量计算

C. 型钢桩按设计图示尺寸以桩长计算

D. 喷射混凝土按设计图示尺寸以体积计算

54. 根据《房屋建筑与装饰工程工程量计算规范》GB 50854，关于桩基础的项目列项或工程量计算正确的为（　　）。

A. 钢管桩按设计图示尺寸以桩长计算

B. 打斜桩在工程量清单中不需要单独列项，应在综合单价中考虑

C. 预制钢筋混凝土管桩项目包括了接桩和送桩

D. 打桩的截（凿）桩头，不需要单独列项，应在综合单价中考虑

55. 根据《房屋建筑与装饰工程工程量计算规范》GB 50854，关于砖砌体工程量计算说法正确的为（　　）。

A. 实心砖墙凸出墙面的砖垛不并入墙体体积内计算

B. 屋檐处的实砌部分体积不并入空斗墙体积内计算

C. 空花墙按设计图示尺寸以体积计算时不扣除空洞部分体积

D. 墙面勾缝项目编码列项，实心砖墙项目工作内容中不包括刮缝

56. 根据《房屋建筑与装饰工程工程量计算规范》GB 50854，关于砌块砌体工程量计算正确的为（　　）。

A. 砌块墙按设计图示尺寸以面积计算

B. 砌块砌体中工作内容不包括勾缝

C. 砌块柱需扣除混凝土及钢筋混凝土梁垫所占体积

D. 砌体垂直灰缝宽不大于 30mm 时，采用 C20 细石混凝土灌实

57. 关于混凝土及钢筋混凝土工程量计算，说法正确的是（　　）。

A. 现浇混凝土弧形梁扣除构件内钢筋所占体积

B. 现浇混短肢剪力墙扣除构件内钢筋件所占体积

C. 现浇混凝土薄壳板扣除单个面积≤0.3m^2 的柱所占体积

D. 预制混凝土梁项目特征描述要求与预制混凝土柱相同

58. 根据《房屋建筑与装饰工程工程量计算规范》GB 50854，关于现浇混凝土基础的工程量说法错误的为（　　）。

A. 现浇混凝土基础按设计图示尺寸以体积"m^3"计算

B. 现浇混凝土构造柱嵌接墙体部分并入柱身体积

C. 现浇混凝土矩形梁不扣除构件内钢筋、预埋铁件所占体积

D. 现浇混凝土直形墙不扣除门窗洞口及单个面积>0.3m^2 的孔洞所占体积

59. 根据《房屋建筑与装饰工程工程量计算规范》GB 50854，关于现浇混凝土柱的工程量计算正确的为（　　）。

A. 异形柱各方向上截面高度与厚度之比的最小值为 5 时按异形柱列项

B. 依附柱上的牛腿和升板的柱帽不并入柱身体积计算

C. 框架柱的柱高应自柱基上表面至柱顶高度计算

D. 无梁板的柱高，应自柱基上表面（或楼板上表面）至上一层楼板上表面之间的高度计算

60. 根据《房屋建筑与装饰工程工程量计算规范》GB 50854，关于拆除工程的工程量不能用"m^2"计算的是（　　）。

A. 栏杆拆除　　B. 钢梁拆除

C. 混凝土构件拆除　　D. 平面抹灰层拆除

二、多项选择题（共 20 题，每题 2 分。每题的备选项中，有 2 个或 2 个以上符合题意，至少有 1 个错项。错选，本题不得分；少选，所选的每个选项得 0.5 分）

61. 扭性裂隙一般发生在（　　）。

A. 断层附近　　B. 软弱夹层中

C. 褶曲的翼部　　D. 向斜褶皱的轴部

E. 背斜褶皱的轴部

62. 当基坑底为隔水层且层底作用有承压水时，为保证坑底土层稳定可采用（　　）。

A. 坑底突涌验算
B. 水平封底隔渗
C. 钻孔减压措施
D. 设置坑底排水沟
E. 增加边坡支护结构

63. 以下关于对建筑结构选型和建筑材料选择的影响，说法正确的有（　　）。

A. 因工程地质原因造成的地基承载力问题，要采用框架结构
B. 因工程地质原因造成的地基承载力不均匀性的问题，要采用筒体结构
C. 可以选用钢筋混凝土结构的，要采用钢筋混凝土
D. 可以选用砌体的，要采用混凝土
E. 可以选用砌体的，要采用钢结构

64. 钢结构的特点包括（　　）。

A. 强度高
B. 自重轻
C. 整体刚性好
D. 变形能力弱
E. 抗震性能好

65. 以下关于单层厂房承重结构构造，说法正确的是（　　）。

A. 钢筋混凝土屋面梁构造较稳定、施工复杂
B. 振动较大的厂房宜采用三铰拱屋架
C. 拱形桁架式屋架适用于卷材屋面防水面中的重型厂房
D. 大型仓库采用有檩方案比较合适
E. 钢木屋架的下弦受力状况好，适用跨度为 18~21m

66. 级配砾石可用于（　　）。

A. 一级公路底基层
B. 一级公路基层
C. 二级公路底基层
D. 三级公路基层
E. 四级公路基层

67. 以下关于热轧光圆钢筋，说法正确的有（　　）。

A. 强度较高
B. 塑性不好
C. 容易焊接
D. 不易弯折成形
E. 可作为冷加工的原料

68. 热处理钢筋强度高，用材省，锚固性好，预应力稳定，可用于（　　）。

A. 预应力钢筋混凝土轨枕
B. 非预应力混凝土结构
C. 预应力混凝土板
D. 吊车梁
E. 配筋砌体

69. 以下关于硅酸盐水泥及普通硅酸盐水泥的技术性质，说法正确的是（　　）。

A. 水泥颗粒越细，与水反应的表面积越大
B. 水泥颗粒越细，水化速度快
C. 水泥颗粒越细，早期强度低
D. 水泥颗粒越细，硬化收缩较大
E. 水泥颗粒越细，粉磨时能耗小

70. 影响混凝土抗冻性的重要因素有（ ）。

A. 水灰比　　B. 混凝土的密实度

C. 砂率　　D. 孔隙的构造特征

E. 水泥品种

71. 土方开挖的降水深度约 16m，土体渗透系数 0.005m/d，可采用的降水方式有（ ）。

A. 单级轻型井点　　B. 多级轻型井点

C. 电渗井点　　D. 喷射井点

E. 深井井点

72. 路基石方爆破开挖时起爆作业说法正确的有（ ）。

A. 导爆线可使几个药室同时起爆

B. 导爆线主要用于深孔爆破，不可用于药室爆破

C. 中小型爆破可用雷管从炮孔的内部引入炮孔的药室使炸药爆炸

D. 塑料导爆管起爆具有抗杂电、操作简单的优点

E. 导爆线有逐渐取代导火索和塑料导爆管的趋势

73. 山岭隧道常使用的隧道施工方法有（ ）。

A. 钻爆法　　B. 明挖法

C. 沉管法　　D. 盾构法

E. 掘进法

74. 根据《建筑工程建筑面积计算规范》GB/T 50353，关于建筑面积计算正确的为（ ）。

A. 形成建筑空间的坡屋顶，结构净高为 1.7m 应计算 1/2 面积

B. 有顶盖无围护结构的场馆看台应按其顶盖水平投影计算建筑面积

C. 出入口外墙外侧坡道有顶盖的部位，应按其外墙结构外围水平面积计算

D. 建筑物架空层及坡地建筑物吊脚架空层，应按其顶板水平投影计算建筑面积

E. 大厅内设置的走廊应按走廊结构底板水平投影面积计算建筑面积

75. 根据《建筑工程建筑面积计算规范》GB/T 50353，关于建筑面积计算正确的为（ ）。

A. 挑出宽度超过 2.1m 的空调室外机搁板不计算

B. 有顶盖无围护结构的收费站应按其顶盖水平投影面积的 1/2 计算建筑面积

C. 骑楼底层开放空间按骑楼底板水平面积计算建筑面积

D. 露台及装饰性结构构件不计算建筑面积

E. 以幕墙作为围护结构的建筑物，应按幕墙外边线计算建筑面积

76. 根据《建筑工程建筑面积计算规范》GB/T 50353，以下关于石方工程说法正确的是（ ）。

A. 挖沟槽石方按开挖范围的水平投影面积计算

B. 挖一般石方以石方长度计算

C. 石方体积应按挖掘后的天然密实体积计算

D. 管沟石方按设计图示以管道中心线长度计算

E. 挖石方应按自然地面测量标高至设计地坪标高的平均厚度确定

77. 根据《房屋建筑与装饰工程工程量计算规范》GB 50854，关于混凝土模板及支架工程量计算正确的为（　　）。

A. 檐沟按设计图示尺寸以面积计算

B. 悬挑板按图示外挑部分尺寸的水平投影面积计算

C. 现浇钢筋混凝土墙、板单孔面积≤0.3m^2 的孔洞不予扣除

D. 附墙柱不并入墙内工程量计算

E. 墙、板相互连接的重叠部分不计算模板面积

78. 根据《房屋建筑与装饰工程工程量计算规范》GB 50854，关于混凝土及钢筋混凝土工程量计算正确的为（　　）。

A. 独立基础按设计图示尺寸以体积计算

B. 弧形梁按设计图示尺寸以长度计算

C. 栏板需扣除孔洞所占体积

D. 悬挑板按设计图示尺寸以墙外部分体积计算

E. 室外地坪按设计图示尺寸以面积计算

79. 根据《房屋建筑与装饰工程工程量计算规范》GB 50854，关于金属结构工程量计算正确的为（　　）。

A. 隔离层平面防腐的壁龛的开口部分不增加面积

B. 垛突出部分按展开面积不并入墙面积

C. 砌筑沥青浸渍砖，按设计图示尺寸以体积计算

D. 防腐涂料按设计图示尺寸以面积计算

E. 隔离层按设计图示尺寸以面积计算

80. 根据《房屋建筑与装饰工程工程量计算规范》GB 50854，关于混凝土模板及支架（撑）工程量计算正确的为（　　）。

A. 按现浇混凝土基础模板与现浇混凝土构件的接触面积计算

B. 现浇钢筋混凝土墙单孔面积>0.3m^2 时不予扣除

C. 按暗柱并入墙内工程量计算

D. 检查井按模板与现浇混凝土构件的接触面积计算

E. 雨篷挑出墙外的悬臂梁及板边不另计算

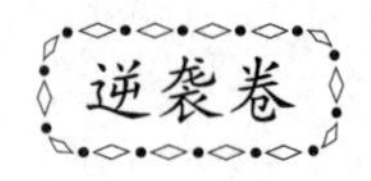

模拟题五

一、单项选择题（共60题，每题1分，每题的备选项中，只有一个最符合题意）

1. 某基岩被3组杂乱裂隙切割成碎石状，多数为张开裂隙，间距0.05~0.1m，一般均有填充物，此基岩的裂隙发育程度为（　　）。

A. 裂隙不发育　　B. 裂隙较发育

C. 裂隙发育　　D. 裂隙很发育

2. 以下关于地下水的特征，说法正确的是（　　）。

A. 包气带水季节性变化不大

B. 风化裂隙水无承压性，多属潜水

C. 潜水分水岭形成在山脊地带潜水位的最高处

D. 岩溶的发育对地下工程建设有利

3. 当地下水的动水压力大于土粒的浮容重或地下水的水力坡度大于临界水力坡度时，就会产生（　　）。

A. 轻微流砂　　B. 机械潜蚀

C. 化学潜蚀　　D. 物理潜蚀

4. 若必须在褶皱岩层地段修建地下工程，可以将地下工程放在（　　）。

A. 断层破碎带上方　　B. 背斜核部

C. 褶皱的两侧　　D. 向斜核部

5. 为了防止锚杆之间的碎块塌落，可采用（　　）来配合。

A. 锚碇块　　B. 锚固桩

C. 横向拉索　　D. 喷层和钢丝网

6. 工程地质是研究建设工程地基以及一定影响区域的（　　）。

A. 土层性质　　B. 砂层性质

C. 岩层性质　　D. 地层性质

7. 以下关于砖混结构的建筑物，说法正确的是（　　）。

A. 建筑物的柱采用钢筋混凝土结构　　B. 建筑物的梁采用砌块砌筑

C. 适合开间进深较大的建筑物　　D. 适合房间面积小的低层建筑物

8. 下列结构体系中，仅承受轴向压力的是（　　）。

A. 拱式结构体系　　B. 桁架结构体系

C. 框架结构体系　　D. 框架-剪力墙结构体系

9. 平屋面的涂膜防水构造有正置式和倒置式之分，所谓倒置式是指（　　）。

A. 防水层在下面，保温隔热层在上面　B. 隔热保温层在找平层之上

C. 保温隔热层在下面，防水层在上面　D. 基层处理剂在找平层之下

10. 房屋中跨度较小的房间，通常采用现浇钢筋混凝土（　　）。

A. 井字形肋楼板　　B. 梁板式肋形楼板

C. 板式楼板　　D. 无梁楼板

11. 下列坡屋顶屋面在挂瓦条上直接铺瓦，不需屋面板的是（　　）。

A. 波形瓦屋面　　B. 小青瓦屋面

C. 冷摊瓦屋面　　D. 平瓦屋面

12. 四级公路的次高级路面的面层不宜采用（　　）。

A. 半整齐石块　　B. 沥青混凝土

C. 沥青表面处治　　D. 沥青贯入式

13. 当桥梁跨径为 15m 时，简支板桥一般采用（　　）。

A. 钢筋混凝土实心板桥　　B. 钢筋混凝土空心倾斜预制板桥

C. 预应力混凝土空心预制板桥　　D. 预应力混凝土实心倾斜预制板桥

14. 观察桥台的示意图（题 14 图），属于的类型是（　　）。

A. U 形桥台　　B. 埋置式桥台

C. 八字式桥台　　D. 耳墙式桥台

锥体坡面线

题 14 图　桥台示意

15. 在常用的涵洞洞口建筑形式中，泄水能力较强的是（　　）。

A. 端墙式　　B. 八字式

C. 井口式　　D. 正洞口式

16. 以大城市中心职能疏解为目的的地下综合体类型属于（　　）。

A. 车站型　　B. 站前广场型

C. 副都心型　　D. 中心广场型

17. 根据市政管线工程的布置方式与布置原则，人行道可以用于铺设（　　）。

A. 电缆　　B. 热力管网

C. 煤气管　　D. 污水管道

18. 下列关于钢材化学成分，说法正确的是（　　）。

A. 钢材主要化学成分是碳　　B. 磷可提高钢的耐磨性

C. 氧能提高钢材的焊接性能　　D. 硫使钢材的冷脆性增大

19. 在石油沥青中，能提高碳酸盐类岩石的黏附性的组分是（　　）。

A. 油分　　B. 树脂

C. 沥青质　　D. 沥青碳

20. 高强混凝土组成材料应选用质量稳定的（　　）进行制备。

A. 硅酸盐水泥　　B. 铝酸盐水泥

C. 铁铝酸盐水泥　　D. 氟铝酸盐水泥

21. 广州出现了连续 7 日 40℃的高温天气，为了保障施工现场使用的混凝土的性能效果良好，需要的添加剂是（　　）。

A. 糖蜜　　B. 硫酸盐

C. 三乙醇胺　　D. 松香热聚物

22. 主要用于非承重的围护墙的砌块是（　　）。

A. 粉煤灰砌块　　B. 蒸压加气混凝土砌块

C. 普通混凝土小型空心砌块　　D. 轻骨料混凝土小型空心砌块

23. 与耐火粗细集料可制成耐高温的耐热混凝土，应采用（　　）。

A. 硫铝酸盐水泥　　B. 矾土水泥

C. 硅酸盐水泥　　D. 普通硅酸盐水泥

24. 以下防水涂料不属于合成高分子防水涂料的是（　　）。

A. 聚氨酯防水涂料　　B. 橡胶改性防水涂料

C. 丙烯酸酯防水涂料　　D. 环氧树脂防水涂料

25. 可用于砌筑墙体或冷库隔热的材料是（　　）。

A. 膨胀蛭石　　B. 玻化微珠

C. 泡沫玻璃　　D. 膨胀珍珠岩

26. 采用明排水法开挖基坑，在基坑开挖过程中设置的集水坑应设置在题 26 图（　　）上。

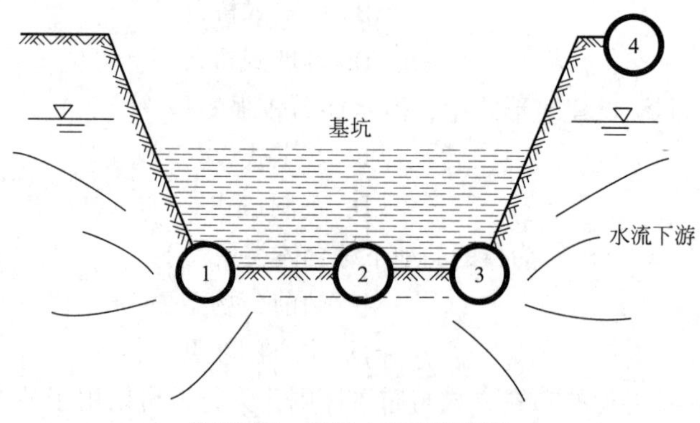

题 26 图　明排水法开挖基坑

A. 1　　B. 2

C. 3　　D. 4

27. 某建筑物设计基础底面以下有 1.5m 厚的淤泥质土需要换填加固，回填材料应优先采用（　　）。

A. 灰土　　B. 黄土

C. 砂砾石　　D. 粉煤灰

28. 以下塑料管材中无毒且难燃的是（　　）。

A. PVC-U 管　　B. PP-R 管

C. PB 管　　D. PVC-U 管

29. 以下关于有粘结后张法孔道敷设式施工，说法正确的是（　　）。

A. 钢管抽芯法可留设曲线孔道

B. 胶管抽芯法浇筑混凝土后可不抽出

C. 在曲线孔道的曲线波峰部位可设置兼作泌水管的排气管

D. 端部的预埋锚垫板应平行于孔道中心线

30. 钢结构喷涂不宜选用膨胀型防火涂料保护的是（　　）。

A. 室外钢结构
B. 室外隐蔽构件
C. 半室外钢结构
D. 设计耐火极限大于1.50h 的构件

31. 单斗反铲挖掘机的作业特点是（　　）。
A. 前进向下，自重切土
B. 后退向下，自重切土
C. 后退向下，强制切土
D. 直上直下，自重切土

32. 板柱框架结构的楼板采用升板法施工，相对于其他施工方法，其优点是（　　）。
A. 用钢量小，造价较低
B. 高空作业多，施工较为安全
C. 柱网布置灵活，设计结构多样
D. 提升设备简单，不用大型机械

33. 适用于软土地区的桩基础工程，可采用（　　）。
A. 锤击沉桩施工
B. 静力压桩施工
C. 射水沉桩施工
D. 振动沉桩施工

34. 选作路堤填料时应慎重采用的土体类型是（　　）。
A. 粗砂
B. 亚砂土
C. 黏性土
D. 亚黏土

35. 能迅速地转移工作地点且不适合在泥泞的地面上工作的起重机是（　　）。
A. 履带式起重机
B. 汽车起重机
C. 轮胎起重机
D. 塔式起重机

36. 适用于量大而集中的石方施工，常采用的装药形式为（　　）。
A. 集中药包
B. 分散药包
C. 药壶药包
D. 坑道药包

37. 关于桥梁墩台施工的说法，正确的是（　　）。
A. 简易活动脚手架适宜于25m 以下的砌石墩台施工
B. 当墩台高度超过30m 时宜采用固定模板施工
C. 墩台混凝土适宜采用强度等级较高的普通水泥
D. 6m 以下的墩台可采用悬吊脚手架施工

38. 以下关于导墙施工，说法正确的是（　　）。
A. 导墙宜采用钢筋结构
B. 导墙属于永久结构
C. 导墙可作为测量的基准
D. 导墙无法存蓄泥浆

39. 以下关于槽段内混凝土浇灌施工方法正确的是（　　）。
A. 混凝土浇灌可允许中断45min
B. 混凝土搅拌好之后，以1.5h 内浇筑完毕
C. 夏天施工必须在搅拌好之后1.5h 内尽快浇完
D. 多导管浇灌使混凝土面波状峰谷高差不得大于350mm

40. 以下关于建筑工程深基坑工程施工，说法不正确的是（　　）。
A. 当采用放坡挖土时，宜设置多级平台分层开挖
B. 整个土方开挖顺序必须与支护结构的设计工况严格一致
C. 同一基坑内当深浅不同时，土方开挖宜先从深基坑处开始
D. 遵循开槽支撑、先撑后挖、分层开挖、严禁超挖的原则

41. 消耗量定额的核心内容是（　　）。

A. 文字说明　　B. 工程量计算规则

C. 定额项目表　　D. 附录

42. 根据《国家建筑标准设计图集》16G101，现浇混凝土板式楼梯平法施工图的注写方式不属于楼梯剖面图注写内容的是（　　）。

A. 梯板集中标注　　B. 楼层结构标高

C. 板竖向尺寸　　D. 楼梯的上下方向梯

43. 根据《房屋建筑与装饰工程工程量计算规范》GB 50854，当题43图 h 为0.4m时，其建筑面积计算说法正确的是（　　）。

A. 按彩钢板外围水平面积计算

B. 按彩钢板外围水平面积的1/2计算

C. 按下部砌体外围水平面积计算

D. 按下部砌体外围水平面积的1/2计算

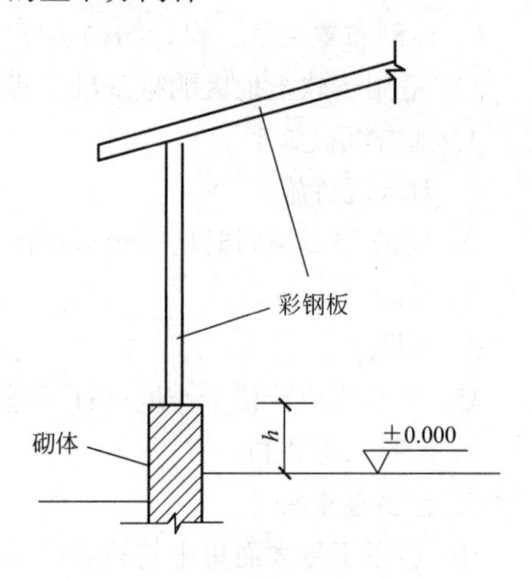

题43图

44. 根据《房屋建筑与装饰工程工程量计算规范》GB 50854，观查场馆看台示意图（题44图），其中 h_1 为5.75m，h_2 为2.00m，h_3 为1.3m，关于场馆看台下的建筑空间 B，关于其建筑面积计算说法正确的是（　　）。

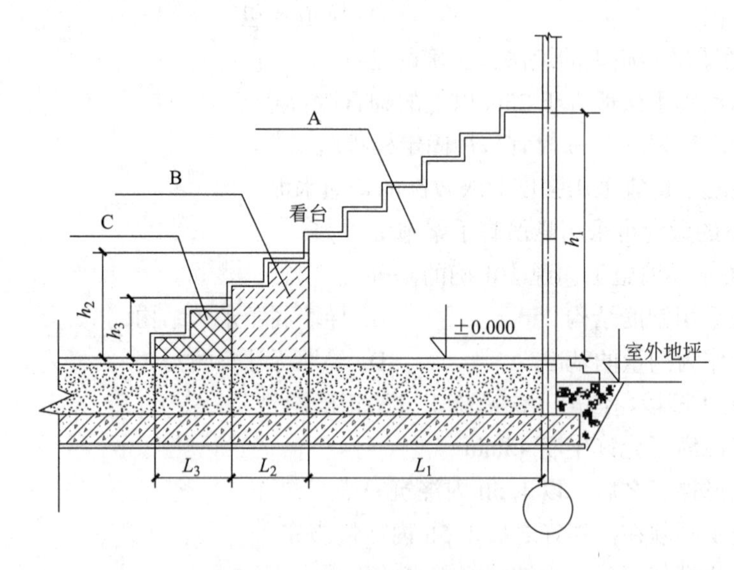

题44图　场馆看台示意图

A. 计算全面积　　B. 不计算建筑面积

C. 计算1/2面积　　D. 计算1/4面积

45. 根据《建筑工程建筑面积计算规范》GB/T 50353，关于架空走廊建筑面积，说法正确的是（　　）。

A. 有围护结构且有顶盖，按顶盖投影计算全面积

B. 无围护结构、有围护设施且有顶盖，计算全面积

C. 有顶盖有围护结构的，按围护结构外围水平面积计算

D. 无围护结构的，不计算面积

46. 根据《建筑工程建筑面积计算规范》GB/T 50353，结构层高在 2.10m 的地下室应（　　）。

A. 按其结构外围水平面积计算全面积　B. 按其结构外围水平面积计算 1/2 面积

C. 不计算全面积　D. 按底板计算面积

47. 根据《建筑工程建筑面积计算规范》GB/T 50353，有顶盖无围护结构的加油站，其建筑面积应（　　）。

A. 按其顶盖水平投影面积的 1/2 计算　B. 按其顶盖水平投影面积计算

C. 按柱外围水平面积的 1/2 计算　D. 按柱外围水平面积计算

48. 根据《建筑工程建筑面积计算规范》GB/T 50353，题 48 图中飘窗应（　　）。

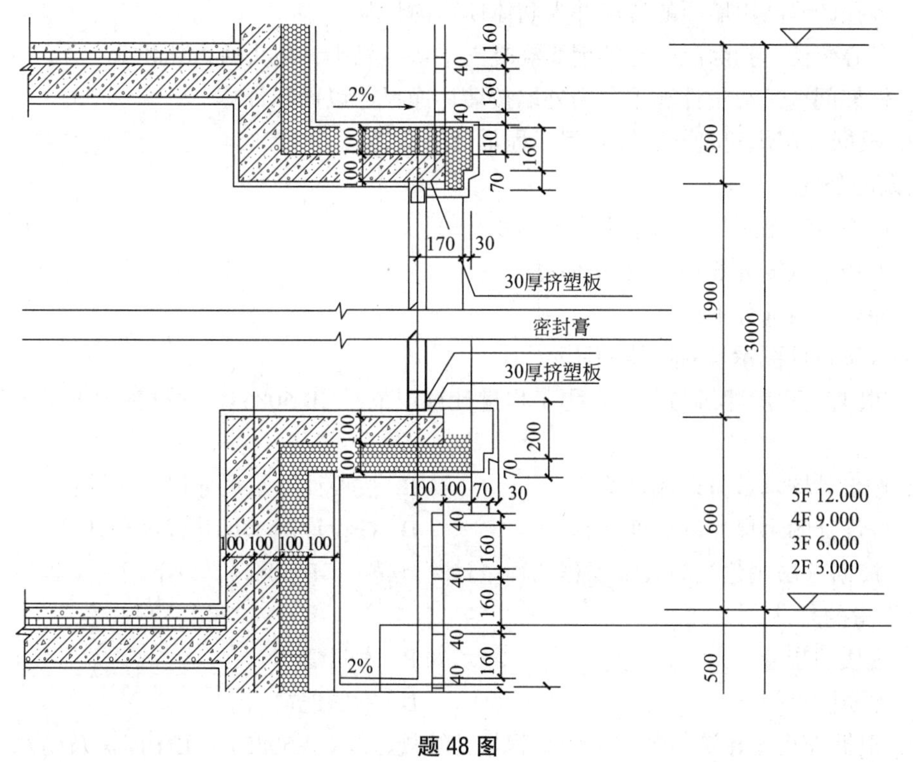

题 48 图

A. 不计算建筑面积

B. 按其底板投影面积计算建筑面积

C. 按围护结构外围水平面积计算建筑面积

D. 按围护结构外围水平面积的 1/2 计算建筑面积

49. 根据《房屋建筑与装饰工程工程量计算规范》GB 50854，下列工程量计算的说法中正确的是（　　）。

A. 混凝土桩只能按根数计算

B. 高压喷射注浆以面积计算

C. 地下连续墙按体积计算

D. 锚杆支护按支护土体体积计算

50. 根据《房屋建筑与装饰工程工程量计算规范》GB 50854，振冲桩工程量按（　　）计算。

A. 设计图示尺寸以桩径

B. 设计图示尺寸以钻孔深度

C. 设计图示尺寸以桩长

D. 设计图示处理范围以面积

51. 根据《房屋建筑与装饰工程工程量计算规范》GB 50854，计算围墙砖基础工程量时，其基础与砖墙的界限划分应为（　　）。

A. 以室外地坪为界

B. 以不同材料界面为界

C. 以围墙内地坪为界

D. 以室内地坪以上 300mm 为界

52. 根据《房屋建筑与装饰工程工程量计算规范》GB 50854，关于砖砌体工程量，说法正确的是（　　）。

A. 砖基础应扣除基础大放脚 T 形接头处的重叠部分

B. 多孔砖墙凸出墙面的砖垛并入墙体体积内计算

C. 实心砖柱不扣除混凝土及钢筋混凝土梁垫、梁头、板头所占体积

D. 框架间墙工程量计算不分内外墙按墙体净尺寸以面积计算

53. 根据《房屋建筑与装饰工程工程量计算规范》GB 50854，关于直形楼梯工程量，说法错误的是（　　）。

A. 可按设计图示尺寸以水平投影面积计算

B. 不扣除宽度为 650mm 的楼梯井

C. 伸入墙内部分不计算

D. 可按设计图示尺寸以体积计算

54. 根据《房屋建筑与装饰工程工程量计算规范》GB 50854，木构件中木梁工程量应（　　）。

A. 按设计图示数量以榀计算

B. 按设计图示尺寸以体积计算

C. 按设计图示尺寸以长度计算

D. 按设计图示尺寸以面积计算

55. 根据《房屋建筑与装饰工程工程量计算规范》GB 50854，以下门窗工程不以面积计算工程量的是（　　）。

A. 木质门带套

B. 木门框

C. 木质防火门

D. 木质连窗门

56. 根据《房屋建筑与装饰工程工程量计算规范》GB 50854，关于屋面及防水工程工程量，说法正确的是（　　）。

A. 瓦屋面在木基层上铺瓦，项目特征需描述粘结层砂浆的配合比

B. 型材屋面的金属檩条不包含在综合单价内计算

C. 地面防水搭接及附加层用量单独列项计算工程量

D. 屋面刚性层设置钢筋，钢筋计入综合单价，不另编码列项

57. 根据《房屋建筑与装饰工程工程量计算规范》GB 50854，关于整体面层及找平层工程量，说法正确的是（　　）。

A. 地面做法中垫层无须单独列项计算

B. 找平层综合在地面清单项目中需在综合单价中考虑

C. 混凝土垫层按砌筑工程中垫层项目编码列项

D. 找平层属于水泥砂浆楼地面的工作内容需要单独列项

58. 根据《房屋建筑与装饰工程工程量计算规范》GB 50854，屋面防水工程量的计算，正确的是（　　）。

A. 斜屋面卷材防水按设计图示尺寸以水平投影面积计算

B. 屋面的天窗弯起部分卷材防水不另增加面积

C. 屋面排水管按设计图示尺寸以长度计算

D. 屋面檐沟按设计图示尺寸以长度计算

59. 根据《房屋建筑与装饰工程工程量计算规范》GB 50854，关于油漆工程量可按照“m^2”计量的是（　　）。

A. 顺水板油漆　　B. 窗帘盒油漆

C. 抹灰线条油漆　　D. 零星木装修油漆

60. 根据《房屋建筑与装饰工程工程量计算规范》GB 50854，下列关于木构件工程量清单项目计算，说法正确的有（　　）。

A. 以“m”作为计量单位时，可不描述构件的规格尺寸

B. 项目特征描述中可不说明构件表面的附着物种类

C. 以“m^2”作为计量单位时，应描述构件的厚度

D. 以“m^3”作为计量单位时，必须描述构件的规格尺寸

二、多项选择题（共 20 题，每题 2 分。每题的备选项中，有 2 个或 2 个以上符合题意，至少有 1 个错项。错选，本题不得分；少选，所选的每个选项得 0.5 分）

61. 下盘沿断层面相对上升，这类断层大多是（　　）。

A. 受到水平方向强烈张应力形成的　　B. 受到水平方向强烈挤压力形成的

C. 受到强烈垂直作用力形成的　　D. 断层线与拉应力作用方向基本平行

E. 断层线与褶皱轴的方向基本一致

62. 以下关于地层岩性对边坡稳定性的影响，说法正确的是（　　）。

A. 石英岩构成的边坡一般稳定程度是较低

B. 火山角砾岩尤其是柱状节理发育时，不易形成直立边坡

C. 含有黏土质页岩的沉积岩边坡最易发生顺层滑动

D. 片岩的岩性较软弱且易风化

E. 残积层地区的下伏基岩面常常是一个逆倾向河谷的斜坡面

63. 以下关于工业建筑工程的分类，说法正确的是（　　）。

A. 一般重型单层厂房多采用空间结构形式

B. 刚架结构型常见的形式有网架结构等

C. 刚架结构型是目前单层厂房中应用最普遍的结构形式

D. 刚架结构型柱与基础的连接可为铰接或者刚接

E. 空间结构型发挥了建筑材料的强度潜力，提高了结构的稳定性

64. 下列门中，门的最小宽度限制不小于 900mm 的是（　　）。

A. 厨房门　　B. 卧室门

C. 普通教室门　　D. 办公室门

E. 住宅入户门

65. 为了防止屋面防水层出现龟裂现象，构造上应采取（　　）。

A. 设找平层　　B. 在找平层表面做隔汽层

C. 在防水层下保温层内设排汽通道　　D. 在防水层上设分格缝

E. 在保温层内部加吸水材料

66. 沥青路面中间层、下面层应根据（　　）选择适当的沥青结构。

A. 路基强度　　B. 公路等级

C. 表面层透水性　　D. 气候条件

E. 沥青层厚度

67. 以下关于扣件式钢管脚手架，说法正确的是（　　）。

A. 可用大跨度建筑内部的满堂脚手架　　B. 装拆方便，杆配件数量少

C. 一次性费用不高，可重复利用　　D. 搭设灵活，搭设高度大

E. 属于门式脚手架的典型应用

68. 可改善混凝土耐久性的外加剂有（　　）。

A. 引气剂　　B. 防冻剂

C. 阻锈剂　　D. 缓凝剂

E. 速凝剂

69. 钢材主要化学成分中，属于有害的元素是（　　）。

A. 碳　　B. 硅

C. 磷　　D. 硫

E. 氧

70. 以下关于沥青混合料特点，说法正确的是（　　）。

A. 它是一种黏弹塑性材料　　B. 修筑路面需设置接缝

C. 能及时开放交通　　D. 不可再生利用

E. 有良好的力学性能

71. 关于轻骨料混凝土，下列说法正确的有（　　）。

A. 很大程度上受轻骨料性能的制约

B. 与同强度等级的普通混凝土相比，耐久性明显改善

C. 弹性模量比普通混凝土低

D. 强度等级划分的方法同普通混凝土

E. 在抗压强度相同的条件下，其干表观密度比普通混凝土高

72. 卷材防水屋面施工时，卷材铺贴正确的有（　　）。

A. 平行屋脊的搭接缝应逆流水方向

B. 同一层相邻两幅卷材短边搭接缝错开不应小于 500mm

C. 上下层卷材长边搭接缝应错开，且不应小于幅宽的 1/3

D. 叠层铺贴的各层卷材，在天沟与屋面的交接处，应采用叉接法搭接

E. 搭接缝宜留在沟底，不宜留在屋面与天沟侧面

73. 关于热拌沥青混合料路面施工，说法正确的是（　　）。

A. 初压应采用钢轮压路机静压 1~2 遍

B. 在超高路段和坡道上由高处向低处碾压

C. 终压应紧接在复压后进行，宜选用双轮钢筒式压路机

D. 密级配沥青混凝土混合料复压宜优先采用重型轮胎压路机进行碾压

E. 为防止沥青混合料粘轮，对压路机钢轮可涂刷柴油

74. 关于移动模架逐孔施工的特点，说法正确的是（　　）。

A. 需设置地面支架

B. 一套模架可多次周转使用

C. 自动化程度高

D. 移动模架设备投资大

E. 有良好的施工环境

75. 关于普通水泥砂浆锚杆施工特点，说法正确的是（　　）。

A. 砂浆强度等级不低于 M30

B. 杆体材料宜用 HRB335 钢筋

C. 孔钻好后用高压水将孔眼冲洗干净

D. 粘结砂浆应拌合均匀随拌随用

E. 一次拌合的砂浆应在初凝前用完

76. 以下关于统筹法计算工程量的方法中，说法不正确的是（　　）。

A. 当基础断面不同，在计算基础工程量时，就应分层计算

B. 各楼层的建筑面积或砌体砂浆强度等级不同时，就应分段计算

C. 基础深度不同的内外墙基础、宽度不同的散水等工程可采取补加计算法

D. 各层楼面除每层盥洗间为水磨石面层外，其余均为水泥砂浆面层，可采取补减计算法

E. 在特殊工程上，不能完全用“线”或“面”的一个数作为基数，必须结合实际灵活计算

77. 根据《建筑工程建筑面积计算规范》GB/T 50353，不计算建筑面积的有（　　）。

A. 骑楼

B. 布景的挑台

C. 与室内相通的变形缝

D. 建筑物内的操作平台

E. 窗台与室内地面高差在 0.6m 的凸窗

78. 根据《房屋建筑与装饰工程工程量计算规范》GB 50854，关于建筑面积的计算，以下说法正确的是（　　）。

A. 屋面上部的楼梯间等如有围护结构则按围护结构外围水平面积计算

B. 有围护结构的门斗按围护结构外围水平面积计算建筑面积

C. 挑出墙外 1.5m 以上有柱的走廊按其顶盖投影面积的一半计算建筑面积

D. 阳台按其水平投影面积的一半计算建筑面积

E. 穿过建筑物的通道不论其高度如何均不计算建筑面积

79. 根据《房屋建筑与装饰工程工程量计算规范》GB 50854，以下关于门窗工程工程量，说法正确的是（　　）。

A. 门锁安装按设计图示数量计算

B. 防火卷帘门按设计图示洞口尺寸以面积计算

C. 木纱窗以“樘”计量，按设计图示数量计算

D. 金属飘窗按设计图示尺寸以框外围展开面积计算

E. 金属防火窗按设计图示尺寸以框外围展开面积计算

80. 根据《房屋建筑与装饰工程工程量计算规范》GB 50854，以下关于垂直运输工程量，说法正确的是（　　）。

A. 按建筑面积计算

B. 按垂直运输距离计算

C. 按施工工期日历天数计算

D. 垂直运输设备基础编码列项计算工程量

E. 安拆按大型机械设备进出场不单独编码列项计算工程量

黑白卷

模拟题六

一、单项选择题（共60题，每题1分，每题的备选项中，只有一个最符合题意）

1. 对于道路选线，避免路线与主要裂隙发育方向平行，尤其是（　　）。

A. 裂隙倾向与边坡倾向一致的　　B. 裂隙倾向与边坡倾向正交的

C. 处于顺向坡上方　　D. 处于顺向坡下方

2. 下列关于地震的说法，正确的是（　　）。

A. 地震波先传达到震中　　B. 面波的传播速度最快

C. 纵波振幅大　　D. 横波周期短

3. 压力分布不均且水量变化大的裂隙水是（　　）。

A. 成岩裂隙水　　B. 风化裂隙水

C. 脉状构造裂隙水　　D. 层状构造裂隙水

4. 在大型工程中，能有效提高围岩自身的承载力和稳定性，常用喷混凝土再配合（　　）进行加固。

A. 木锚杆　　B. 预应力锚杆

C. 楔缝式金属锚杆　　D. 钢丝绳砂浆锚杆

5. 为了防止大气降水向岩体中渗透，一般是在滑坡体外围布置（　　）加以处理。

A. 排水沟　　B. 急流槽

C. 截水沟槽　　D. 支挡建筑物

6. 地基工程地质为土层松散软弱情况，可以采用的基础形式是（　　）。

A. 独立基础　　B. 片筏基础

C. 条形基础　　D. 桩基础

7. 工业建筑按工业建筑用途分类，属于生产辅助厂房的是（　　）。

A. 变电所　　B. 工具车间

C. 热处理车间　　D. 金属材料库

8. 高层建筑优先使用的结构体系是（　　）。

A. 混合结构系统　　B. 钢筋混凝土墙承重系统

C. 框架结构体系　　D. 钢结构体系

9. 主要适用于东、西向的窗口的建筑遮阳方式是（　　）。

A. 水平遮阳　　B. 垂直遮阳

C. 综合遮阳　　D. 挡板遮阳

10. 关于砖墙墙体防潮层设置的说法，正确的是（　　）。

A. 室内地面均为实铺时，外墙防潮层设在室内地坪以上

B. 墙体两侧地坪不等高时，其防潮层应分别设置在每侧地表下

C. 室内采用架空木地板时，外墙防潮层设在室外地坪以下

D. 细石混凝土基础的砖墙墙体不需设置水平和垂直防潮层

11. 当柱间需要通行、需设置设备或柱距较大，采用交叉式支撑有困难时，可采用（ ）进行施工。

A. 柱式支撑　　B. 梁式支撑

C. 门架式支撑　　D. 附着式支撑

12. 坚硬岩石地段陡山坡上的半填半挖路基，当填方不大，但边坡伸出较远不易修筑时，可设置（ ）。

A. 填土路基　　B. 填石路基

C. 护肩路基　　D. 护脚路基

13. 交通标志应设置在驾驶人员易于见到的位置，一般安设在（ ）。

A. 车辆行进方向道路的左侧　　B. 车辆行进方向道路的右侧

C. 车行道下方　　D. 隔离带上方

14. 以下关于柔性排架桩墩的桥梁，说法正确的是（ ）。

A. 可用于墩台高度 12m 的桥梁

B. 可用于跨径在 20m 的大型桥梁上

C. 在桥梁中墩上可设置活动支座

D. 桥梁桩墩高度大于 5.0m 可采用单排架墩

15. 在要求通过较大的排洪量、地质条件较差、路堤高度较小的设涵处，常采用（ ）。

A. 拱涵　　B. 盖板涵

C. 波纹管管涵　　D. 倒虹吸管涵

16. -30m 至-10m 深度空间内可建设的地下工程是（ ）。

A. 文娱空间　　B. 危险品仓库

C. 城市通信设施　　D. 高速地下交通轨道

17. 依据设计地下工程管网常规做法，建筑物与红线之间的地带用于（ ）。

A. 敷设自来水　　B. 敷设热力管网

C. 敷设电缆　　D. 敷设煤气管

18. 对热轧钢筋进行冷加工，以下关于冷轧带肋钢筋，说法错误的是（ ）。

A. 节约钢材，质量稳定　　B. 塑性降低，强屈比变大

C. 克服了冷拉钢筋握裹力低的缺点　　D. 用低碳钢热轧盘圆条直接冷轧形成

19. 适用于交通干道抢修等工程的水泥宜采用（ ）。

A. 铝酸盐水泥　　B. 快硬硫铝酸盐水泥

C. 普通硅酸盐水泥　　D. 矿渣硅酸盐水泥

20. 以下关于建筑石油沥青的要求，说法正确的是（ ）。

A. 针入度较大　　B. 软化点较高

C. 延伸度较大　　D. 塑性较大

21. 用来评定沥青混合料的低温脆化的试验方法是（ ）。

A. 弯拉破坏试验　　B. 低温收缩试验
C. 低频疲劳试验　　D. 抗压破坏实验

22. 主要用于六层以下建筑物的承重墙体的砌筑材料是（　　）。
A. 烧结空心砖　　B. 烧结多孔砖
C. 蒸压加气混凝土小砌块　　D. 轻骨料混凝土小砌块

23. 据控制室内环境污染的不同要求，下列不属于Ⅰ类民用建筑工程的是（　　）。
A. 学校教室　　B. 医院病房
C. 体育馆　　D. 幼儿园

24. 单面镀膜玻璃在安装时，应将膜层面向（　　）。
A. 室内　　B. 室外
C. 室内或室外　　D. 室内和室外

25. 可用于金属材料嵌缝，并且与混凝土有良好粘结性的密封材料是（　　）。
A. 沥青嵌缝油膏　　B. 聚氨酯类密封膏
C. 丙烯酸类密封胶　　D. 聚氯乙烯接缝膏

26. 井点系统的安装顺序错误的是（　　）。
A. 挖井点沟槽→铺设集水总管
B. 冲孔→灌填砂滤料→沉设井点管
C. 弯联管将井点管与集水总管连接→安装抽水设备
D. 安装抽水设备→试抽

27. 场地填筑的填料为爆破石渣、碎石类土、杂填土时，宜采用的压实机械为（　　）。
A. 平碾　　B. 羊足碾
C. 振动碾　　D. 气胎碾

28. 适用于加固深 1～4m 厚的软弱土，还可用作结构的辅助防渗层的回填材料是（　　）。
A. 砂地基　　B. 砂石地基
C. 灰土地基　　D. 粉煤灰地基

29. 地基土土质为可塑性黏土且桩径为 0.4m 的桩，优先选用的沉桩方法是（　　）。
A. 锤击沉桩　　B. 挖孔埋桩
C. 射水沉桩　　D. 振动沉桩

30. 多立杆式脚手架，当立杆的基础不在同一高度上时，说法正确的是（　　）。
A. 靠边坡上方的立杆轴线到边坡的距离不应小于 400mm
B. 必须将高处的纵向扫地杆向低处延长两跨与立杆固定
C. 高低差不应大于 1200mm
D. 可以不设置纵向扫地杆

31. 在混凝土小型空心砌块砌体工程中，小砌块施工中正确的是（　　）。
A. 小砌块砌体每日砌筑高度宜控制在 1.8m
B. 单排孔小砌块的搭接长度应为块体长度的 1/3

C. 将生产时的底面朝上反砌于墙上

D. 砂浆饱满度按净面积计算不得低于 80%

32. 采用涂膜防水屋面施工时，以下施工方法错误的是（　　）。

A. 铺设胎体增强材料时，屋面坡度小于 15%时，可平行屋脊铺设

B. 采用二层胎体增强材料时，上下层可以垂直铺设

C. 二层胎体增强材料胎体长边搭接宽度不应小于 50mm

D. 胎体增强材料搭接缝间距不应小于幅宽的 1/3

33. 采取防火构造措施后，可适用于建筑高度在 100m 以下的住宅建筑和 50m 以下的非幕墙建筑的外墙外保温系统是（　　）。

A. 聚苯板薄抹灰外墙外保温系统

B. 胶粉聚苯颗粒复合型外墙外保温系统

C. 聚苯板钢丝网架现浇混凝土外墙外保温系统

D. 聚苯板现浇混凝土外墙外保温系统

34. 浮雕涂饰工程面层涂饰时，溶剂型涂料应选用的施工方法是（　　）。

A. 喷涂法　　B. 刷漆法

C. 滚涂法　　D. 粘贴法

35. 以下关于山区填石路堤，说法正确的是（　　）。

A. 倾填法施工中填方和挖方作业面形成台阶状

B. 分层压实法主要用于高速公路、一级公路

C. 冲击压实法有效解决了大块石填筑地基厚层施工的夯实难题

D. 强力夯实法在周围有建筑物时使用受到限制

36. 整体式墩台施工中所采用的施工脚手架，做法错误的是（　　）。

A. 施工脚手架应平行墩台搭设，主要用以堆放材料

B. 轻型脚手架有适用于 6m 以下墩台的固定式轻型脚手架

C. 适用于 25m 以下墩台的简易活动脚手架

D. 较高的墩台可用悬吊脚手架

37. 就地灌筑的混凝土拱圈，灌注顺序为（　　）。

A. 由拱脚向拱顶同时对称进行　　B. 由拱脚向拱顶两边依次进行

C. 由拱顶向拱脚同时对称进行　　D. 由拱顶向拱脚两边依次进行

38. 下列深基坑支护形式，适于基坑侧壁安全等级一、二、三级的是（　　）。

A. 水泥土挡墙式　　B. 逆作挡墙式

C. 边坡稳定式　　D. 排桩与板墙式

39. 海底隧道工程使用吸出式进行通风时，最适宜的风管是（　　）。

A. 薄钢管　　B. PVC 管

C. 塑料布管　　D. PPR 管

40. 围岩是软弱破碎带时的地下工程，宜采用的开挖方法是（　　）。

A. 带盾构的 TBM 掘进法　　B. 独臂钻法

C. 天井钻法　　D. 全断面掘进机法

41. 项目编码的十二位数字都有各自的含义，五、六位数字代表（　　）。

A. 附录分类顺序码　　B. 分部工程顺序码

C. 清单项目名称顺序码　　D. 分项工程项目名称顺序

42.《国家建筑标准设计图集》16G101 平法施工图中，楼层框架扁梁的标注代号为（　　）。

A. KL　　B. KBL

C. LKBL　　D. LKJBL

43. 以下关于单位工程计算顺序，说法正确的是（　　）。

A. 先平面→再立面→再剖面　　B. 先立面→再平面→再剖面

C. 先剖面→再立面→再平面　　D. 先立面→再剖面→再平面

44. 根据《建筑工程建筑面积计算规范》GB/T 50353，观察题 44 图形成建筑空间的坡屋顶，应计算 1/2 面积的是（　　）。

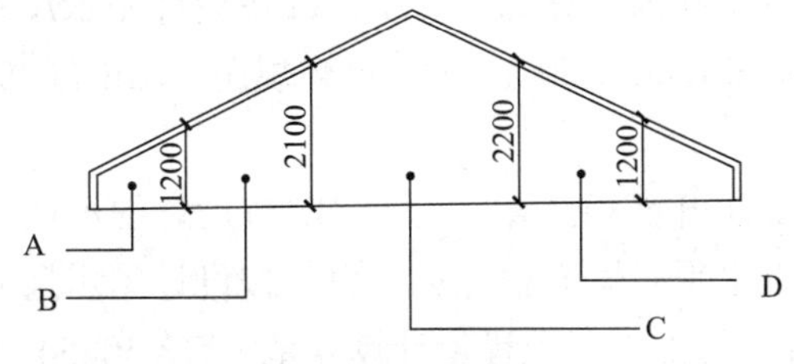

题 44 图　坡屋顶

A. A　　B. B

C. C　　D. D

45. 根据《建筑工程建筑面积计算规范》GB/T 50353，对建设单位自行增加的顶盖，其建筑面积应（　　）。

A. 不计算建筑面积

B. 按顶盖投影面积计算面积

C. 按外墙结构外围水平面积计算面积

D. 按外墙结构外围水平面积的 1/2 计算面积

46. 根据《建筑工程建筑面积计算规范》GB/T 50353，以下关于立体仓库建筑面积，说法错误的是（　　）。

A. 有围护结构的立体仓库，应按其围护结构外围水平面积计算建筑面积

B. 无围护结构、有围护设施的立体仓库，应按其结构底板水平投影面积计算建筑面积

C. 有结构层的立体仓库应按其结构层面积分别计算

D. 当立体仓库结构层高为 2.1m 时，应计算全面积

47. 根据《建筑工程建筑面积计算规范》GB/T 50353，有围护设施的檐廊，其建筑面积应（　　）。

A. 按其结构底板水平投影面积计算 1/2 面积

B. 按其围护设施外围水平面积计算 1/2 面积

C. 按其结构底板水平投影面积计算面积

D. 按其围护设施外围水平面积计算面积

48. 根据《房屋建筑与装饰工程工程量计算规范》GB 50854，以下关于石方工程工程量，说法正确的是（　　）。

A. 挖沟槽石方按设计图示尺寸以沟槽中心线长度计算

B. 有管沟设计时，直埋管深度应按管底外表面标高至交付施工场地标高的平均高度计算

C. 挖石平均深度以沟垫层底面标高至交付施工场地标高计算

D. 石方体积应按挖掘前的天然密实体积计算

49. 根据《房屋建筑与装饰工程工程量计算规范》GB 50854，基坑支护的锚索工程量应（　　）。

A. 按设计图示尺寸以支护体体积计算　　B. 按设计图示尺寸以支护面积计算

C. 按设计图示尺寸以钻孔深度计算　　D. 按设计图示尺寸以质量计算

50. 根据《房屋建筑与装饰工程工程量计算规范》GB 50854，石护坡的工程量应（　　）。

A. 按设计图示尺寸以展开面积计算　　B. 按设计图示尺寸以斜面积计算

C. 按设计图示尺寸以水平投影面积计算　　D. 按设计图示尺寸以体积计算

51. 根据《房屋建筑与装饰工程工程量计算规范》GB 50854，关于预制混凝土构件中沟盖板工程量，说法正确的是（　　）。

A. 按设计图示尺寸以“座”计算　　B. 按设计图示尺寸以体积计算

C. 扣除钢筋所占的体积　　D. 项目特征无须描述单件体积

52. 根据《房屋建筑与装饰工程工程量计算规范》GB 50854，以下金属制品工程量按长度计算的是（　　）。

A. 成品栅栏　　B. 成品雨篷

C. 后浇带金属网　　D. 成品空调金属百叶护栏

53. 根据《房屋建筑与装饰工程工程量计算规范》GB 50854，以下关于木窗工程量，说法不正确的是（　　）。

A. 木橱窗按设计图示数量计算

B. 木飘窗按设计图示数量计算

C. 木纱窗按框的外围尺寸以面积计算

D. 木质窗按设计图示尺寸以框外围展开面积计算

54. 根据《房屋建筑与装饰工程工程量计算规范》GB 50854，以下关于保温、隔热工程工程量，说法正确的是（　　）。

A. 保温隔热天棚柱帽应单独列项

B. 保温柱不扣除面积>0.3m^2梁所占面积

C. 保温柱适用于与墙、天棚相连的独立柱

D. 保温隔热楼地面扣除面积>0.3m^2柱所占面积

55. 根据《房屋建筑与装饰工程工程量计算规范》GB 50854，水泥砂浆零星项目的工

程量应（　　）。

A. 按设计图示尺寸以面积计算　　B. 按设计图示尺寸以体积计算

C. 按设计图示尺寸以长度计算　　D. 按设计图示数量计算

56. 根据《房屋建筑与装饰工程工程量计算规范》GB 50854，干挂石材钢骨架的工程量应（　　）。

A. 按设计图示尺寸以质量计算　　B. 按设计图示尺寸以体积计算

C. 按设计图示尺寸以长度计算　　D. 按设计图示数量计算

57. 根据《房屋建筑与装饰工程工程量计算规范》GB 50854，灯槽的工程量应（　　）。

A. 按设计图示数量计算　　B. 按设计图示尺寸以长度计算

C. 按设计图示尺寸以体积计算　　D. 按设计图示尺寸以框外围面积计算

58. 根据《房屋建筑与装饰工程工程量计算规范》GB 50854，墙面抹灰按设计图示尺寸以面积计，但应扣除（　　）。

A. 踢脚线　　B. 门窗洞口

C. 构件与墙交界面　　D. 挂镜线

59. 根据《房屋建筑与装饰工程工程量计算规范》GB 50854，关于施工排水工程量，说法正确的是（　　）。

A. 按排水日历天数“昼夜”计算　　B. 按排水体积“m^3”计算

C. 按排水深度“m”计算　　D. 按排水面积“m^2”计算

60. 根据《房屋建筑与装饰工程工程量计算规范》GB 50854，关于混凝土及钢筋混凝土构件拆除工程量，说法正确的是（　　）。

A. 混凝土构件拆除按拆除构件的体积计算

B. 以“m^3”作为计量单位时，需描述构件的规格尺寸

C. 以“m^2”作为计量单位时，可不描述构件的厚度

D. 以“m”作为计量单位时，必须描述构件的规格尺寸

二、多项选择题（共20题，每题2分。每题的备选项中，有2个或2个以上符合题意，至少有1个错项。错选，本题不得分；少选，所选的每个选项得0.5分）

61. 以下关于岩体结构特征，说法正确的是（　　）。

A. 整体块状结构延展性差

B. 层状结构承载能力较强

C. 层状结构沿层面方向的抗剪强度比垂直层面方向要高

D. 碎裂结构岩体中节理、裂隙发育

E. 散体结构岩体节理、裂隙不发育

62. 对塌陷或浅埋溶洞可采用（　　）进行处理。

A. 充填法　　B. 桩基法

C. 注浆法　　D. 垫层法

E. 挖填夯实法

63. 以下关于框架结构特点，说法正确的是（　　）。

A. 承受竖向荷载，不承受水平荷载
B. 建筑平面布置灵活
C. 侧向刚度大
D. 不会产生较大的侧移
E. 建筑立面处理比较方便

64. 以下关于砖墙的防潮层的特点，说法正确的是（　　）。
A. 当室内地面均为实铺时，外墙墙身防潮层在室内地坪以下 60mm 处
B. 当建筑物墙体两侧地坪不等高时，在每侧地表下 60mm 处，防潮层应分别设置
C. 当室内地面采用架空木地板时，外墙防潮层应设在室外地坪以上
D. 墙身中设置防潮层的目的是提高建筑物的适用性
E. 在墙身中设置防潮层的作用是防止土壤中的水分沿基础墙上升

65. 与有檩钢屋架相比，关于无檩钢屋架的特点，说法正确的是（　　）。
A. 钢屋架构件多
B. 钢屋架安装效率高
C. 整体性好
D. 屋面构造简单
E. 对地震抵御能力强

66. 机动车交通道路照明的评价指标有（　　）。
A. 环境比
B. 眩光限制
C. 垂直照度
D. 路面最小照度
E. 路面平均亮度

67. 以下关于石油沥青，说法正确的是（　　）。
A. 伸长度反映石油沥青抵抗剪切变形的能力
B. 当温度升高时，则黏滞性随之增大
C. 延度愈大，塑性愈好
D. 油分含量较少时，则黏滞性较大
E. 针入度值越小，表明黏度越小

68. 以下砌筑材料主要用于非结构承重的是（　　）。
A. 烧结多孔砖
B. 烧结矩形条孔砖
C. 蒸压加气混凝土砌块
D. 轻骨料混凝土小型空心砌块
E. 普通混凝土小型空心砌块

69. 常用于内墙涂料的是（　　）。
A. 多彩涂料
B. 聚醋酸乙烯乳液涂料
C. 合成树脂乳液砂壁状涂料
D. 苯乙烯-丙烯酸酯乳液涂料
E. 醋酸乙烯-丙烯酸酯有光乳液涂料

70. 基坑支护中，板式支护结构由（　　）系统组成。
A. 挡墙系统
B. 截水沟
C. 挡水土坝
D. 支撑（或拉锚）系统
E. 排水沟

71. 以下关于钻孔压浆桩特点，说法正确的有（　　）。
A. 振动小，噪声低
B. 可解决断桩、缩颈等问题
C. 施工速度快、工期短
D. 单桩承载力较低

E. 地面上水泥浆流失较少

72. 在选择清方机械时应考虑的技术经济条件有（　　）。

A. 工程单价

B. 工期所要求的生产能力

C. 爆破岩石的块度的大小

D. 机械设备进入工地的运输条件

E. 场内道路条件

73. 以下关于桥梁上部结构的转体施工特点，说法正确的有（　　）。

A. 可以利用地形，方便预制构件

B. 高空作业繁多，但施工工序简单

C. 节省木材，节省施工用料

D. 施工设备少，装置复杂

E. 施工期间不断航，不影响桥下交通

74. 以下关于边坡稳定式适用条件，说法正确的有（　　）。

A. 基坑侧壁安全等级宜为二、三级非软土场地

B. 土钉墙基坑深度不宜大于 18m

C. 喷锚支护适用于流砂等土层的基坑

D. 当地下水位高于基坑底面时，应采取降水措施

E. 喷锚支护基坑，开挖深度不大于 12m

75. 以下关于气动夯管锤说法正确的是（　　）。

A. 铺管几乎适应除岩层以外的所有地层

B. 使地表容易产生隆起或沉降现象

C. 铺管适合较短长度的管道铺设

D. 铺管要求管道材料必须是钢管

E. 施工条件要求简单，施工进度快

76. 根据《建筑工程建筑面积计算规范》GB/T 50353，以 1/2 面积计算建筑面积的是（　　）。

A. 结构净高在 1. 10m 的场馆看台下的建筑空间

B. 结构净高在 1. 80m 的有围护设施的檐廊

C. 建筑物内的结构净高为 1. 20m 的操作平台

D. 结构净高为 2. 20m 的有顶盖的采光井

E. 依附于建筑物的室外钢楼梯

77. 根据《建筑工程建筑面积计算规范》GB/T 50353，不计算建筑面积的是（　　）。

A. 室外爬梯

B. 露天游泳池

C. 建筑物内的管道层

D. 主体结构外的空调室外机搁板

E. 建筑物内安装箱和罐体的平台

78. 根据《房屋建筑与装饰工程工程量计算规范》GB 50854，以下关于地基处理工程量，说法正确的是（　　）。

A. 桩类型不可直接用标准图代号

B. 预制钢筋混凝土管桩项目以成品桩编制，不包括成品桩购置费

C. 打试验桩应按相应项目单独列项，并应在项目特征中注明试验桩

D. 送桩不需要单独列项，应在综合单价中考虑

E. 桩身完整性检测费用应单独计算

79. 根据《房屋建筑与装饰工程工程量计算规范》GB 50854，以下关于木屋架工程量，说法正确的是（　　）。

A. 屋架的跨度以上、下弦中心线两交点之间的距离计算

B. 带气楼的屋架按相关屋架项目编码列项

C. 以“榀”计量，按标准图设计的应注明标准图代号

D. 屋架中钢拉杆应包括在清单项目的综合单价内

E. 钢夹板不包括在清单项目的综合单价内

80. 根据《房屋建筑与装饰工程工程量计算规范》GB 50854，关于混凝土模板及支架工程量，说法正确的是（　　）。

A. 原槽浇灌的混凝土基础计算模板工程量

B. 现浇混凝土板支撑高度为 3m 时，项目特征应描述支撑高度

C. 采用清水模板时，应在特征中注明

D. 有梁板计算模板与支架，不另计算脚手架的工程量

E. 墙、板相互连接的重叠部分不计算模板面积

黑白卷

模拟题七

一、单项选择题（共 60 题，每题 1 分，每题的备选项中，只有一个最符合题意）

1. 裂隙宽度为 2mm 属于（　　）。

A. 密闭裂隙　　B. 微张裂隙

C. 张开裂隙　　D. 宽张裂隙

2. 不影响岩石孔隙度大小的因素是（　　）。

A. 岩石的结构　　B. 岩石的构造

C. 外力的影响　　D. 含水量

3. 以下地下水中不属于包气带水的是（　　）。

A. 土壤水　　B. 沼泽水

C. 海滨砂丘水　　D. 不透水透镜体上的上层滞水

4. 如果基础位于节理裂隙发育的岩石地基上，则按地下水位的（　　）计算浮托力。

A. 25%　　B. 50%

C. 75%　　D. 100%

5. 边坡易直接发生崩塌的岩层是（　　）。

A. 泥灰岩　　B. 安山岩

C. 泥岩　　D. 页岩

6. 当隧道轴线与断层走向平行时，应尽量避免与断层（　　）接触。

A. 正断层　　B. 逆断层

C. 破碎带　　D. 断层泥

7. 适用于生产设备及产品较轻，可沿垂直方向组织生产的厂房是（　　）。

A. 单层厂房　　B. 多层厂房

C. 混合层数厂房　　D. 多层厂房、混合层数厂房

8. 在设计中，以确保基础底面不产生拉应力，最大限度地节约基础材料，应尽量使（　　）。

A. 基础大放脚大于基础材料的刚性角

B. 宽高比大于刚性角的正切值

C. 基础大放脚与基础材料的刚性角相一致

D. 基础大放脚与基础材料的刚性角之和为 90°

9. 在制作宽度为 400mm 的洞口上部的过梁中，最为广泛采用的材料是（　　）。

A. 木材　　B. 型钢

C. 砖　　D. 钢筋混凝土

10. 以下关于阳台排水处理经济合理的施工方法是（　　）。

A. 阳台地面应低于室内地面 20mm

B. 阳台板的内侧设挡水边坎

C. 在阳台至少 3 处埋设泄水管将雨水排出

D. 泄水管可采用镀锌钢管，管口外伸 80mm

11. 以下关于涂膜防水屋面倒置式施工方法，符合要求的是（　　）。

A. 防水层在下面，保温隔热层在上面　　B. 保温隔热层在下面，防水层在上面

C. 找平层在下面，基层处理剂在上面　　D. 基层处理剂在上面，防水层在下面

12. 城市道路中必须设置中央隔离带的是（　　）。

A. 两幅快速路　　B. 三幅主干路

C. 单幅次干路　　D. 单幅支路

13. 一般公路，其路肩横坡应满足的要求是（　　）。

A. 路肩横坡度可比路面横坡度减小 1.0%

B. 路肩横坡应采用内倾横坡

C. 路肩横坡与路面横坡坡度应一致

D. 路肩横坡度可比路面横坡度加大 1.0%

14. 以下关于简单体系拱桥，说法正确的是（　　）。

A. 拱桥的传力结构与主拱形成整体，共同承受荷载

B. 桥上的全部荷载由主拱单独承受

C. 基础是桥跨结构的主要承重构件

D. 拱的水平推力由系杆承受

15. 当路基顶面高程低于横穿沟渠的水面高程时，也可设置的涵洞是（　　）。

A. 半压力式涵洞　　B. 无压力式涵洞

C. 倒虹吸管涵　　D. 以上都可以

16. 关于半地下道路的特点，错误的是（　　）。

A. 有利于减少噪声和排放的废气　　B. 能得到充足的日照和上部的开敞空间

C. 造价介于全地下道路与地面道路之间　　D. 排水、除雪方便

17. 依据市政管线工程的布置方式，用于敷设自来水管道的区域是（　　）。

A. 人行道　　B. 分车带

C. 在街道内两侧　　D. 建筑物与红线之间的地带

18. 可作为普通钢筋混凝土用钢筋，也可作为预应力混凝土用钢筋使用的钢筋是（　　）。

A. CRB550　　B. CRB800

C. CRB680H　　D. CRB800H

19. 判定硅酸盐水泥是否废弃的技术指标是（　　）。

A. 初凝时间　　B. 水化热

C. 水泥强度　　D. 水泥细度

20. 能够耐酸、耐碱的改性石油沥青制品是（　　）。

A. SBS 改性沥青　　B. 丁基橡胶改性沥青

C. 聚乙烯改性沥青　　D. 滑石粉填充料改性沥青

21. 以下关于沥青混合料骨架空隙结构，说法正确的是（　　）。

A. 内摩擦角较小　　B. 黏聚力较低

C. 热稳定性较差　　D. 沥青与矿料的空隙率小

22. 与普通混凝土小型空心砌块相比，轻骨料混凝土小型空心砌块特点，说法正确的是（　　）。

A. 密度较大　　B. 热工性能较好

C. 干缩值较小　　D. 不容易产生裂缝

23. 人造饰面石材多种多样，其中仿花岗石瓷砖属于（　　）。

A. 聚酯型人造石材　　B. 烧结型人造石材

C. 水泥型人造石材　　D. 复合型人造石材

24. 木材和木制品使用时避免变形或开裂而应控制的含水率指标是（　　）。

A. 饱和含水率　　B. 平衡含水率

C. 纤维饱和点　　D. 绝干状态含水率

25. 可用于砌筑墙体或冷库隔热的材料是（　　）。

A. 膨胀蛭石　　B. 玻化微珠

C. 泡沫玻璃　　D. 膨胀珍珠岩

26. 以下关于横撑式支撑，说法正确的是（　　）。

A. 开挖较宽的沟槽，多用横撑式土壁支撑

B. 间断式水平挡土板支撑适宜开挖湿度大的黏性土

C. 垂直挡土板式支撑适宜开挖湿度小的黏性土

D. 用垂直挡土板式支撑，其挖土深度不限

27. 不宜用重型碾压机械直接滚压，否则土层有强烈起伏现象的土是（　　）。

A. 砂土　　B. 松土

C. 黏性土　　D. 砂性土

28. CFG 桩褥垫层材料不宜选用（　　）。

A. 碎石　　B. 卵石

C. 粗砂　　D. 级配砂石

29. 关于灌注桩后压浆的施工流程，错误的是（　　）。

A. 管阀制作→灌注桩施工→压浆设备选型

B. 桩身压浆管连接安装→打开排气阀并开泵放气调试→关闭排气阀压清水开塞

C. 按设计水灰比拌制水泥浆液→关闭排气阀压清水开塞→水泥浆经过滤至储浆桶

D. 水泥浆经过滤至储浆桶→待压浆管道通畅后压注水泥浆液→桩检测

30. 关于砖砌体的转角处和交接处施工方法，说法正确的是（　　）。

A. 应同时砌筑，严禁无可靠措施的内外墙分砌施工

B. 普通砖砌体斜槎水平投影长度不应小于高度的 1/2

C. 多孔砖砌体的斜槎长高比不应小于 1/3

D. 斜槎高度应超过一步脚手架的高度

31. 关于多立杆式脚手架立杆施工，说法正确的是（　　）。
A. 立杆各层各步接头可采用搭接
B. 立杆上两根相邻立杆的接头设置在同步内
C. 立杆端部扣件盖板的边缘至杆端距离不应小于 150mm
D. 立杆各接头中心至主节点的距离不宜大于步距的 1/3
32. 关于屋面防水的基本要求，说法错误的是（　　）。
A. 当采用材料找坡时，宜采用质量轻、吸水率低和有一定强度的材料
B. 水泥终凝前完成收水后应二次压光，并应及时取出分格条
C. 排汽孔应作防水处理，在保温层下也可铺设带支点的塑料板
D. 涂膜防水层的上下层胎体增强材料需相互垂直铺设
33. 以下关于倒置式屋面保温层，说法错误的是（　　）。
A. 保温层应覆盖变形缝挡墙的两侧
B. 低女儿墙和山墙的保温层应铺到压顶下
C. 高女儿墙和山墙内侧的保温层应铺到顶部
D. 屋面设施基座与结构层相连时，保温层应包裹基座的下部
34. 种植屋面不可采用的绝热材料是（　　）。
A. 硬泡聚氨酯板
B. 散状绝热料板
C. 酚醛硬泡保温板
D. 挤塑聚苯乙烯泡沫塑料保温板
35. 适用于施工期限不紧迫、材料来源充足、运距不远的软土路基的施工方法是（　　）。
A. 砂垫层
B. 反压护道
C. 土工布处置
D. 土工格栅处置
36. 墩台混凝土施工所用的水泥优先选用（　　）。
A. 普通水泥
B. 矿渣水泥
C. 铝酸盐水泥
D. 粉煤灰水泥
37. 钢筋混凝土圆涵施工浇捣管座需要在管道接缝（　　）就进行护管。
A. 硬化前
B. 刚刚开始硬化时
C. 基本硬化后
D. 完全硬化后
38. 以下关于复合土钉墙支护特点，说法错误的是（　　）。
A. 机动灵活
B. 兼备截水
C. 施工时需要降水
D. 支护能力强
39. 关于混凝土拱涵拱圈施工，说法不正确的是（　　）。
A. 在拱顶处开始砌筑，向拱脚方向进行
B. 两端及上下游均需对称施工
C. 小跨度石拱涵多采用块石砌筑
D. 全拱一次灌完，不能中途间歇
40. 以下关于沉井的不排水下沉法，说法不正确的是（　　）。
A. 适用于土层中有较厚的粉砂土

B. 适用于有产生流砂的可能性土层

C. 下沉中要使井外水面高出井内水面 1~2m

D. 适用于地下水丰富的土层

41. 项目编码中，一、二位为专业工程代码，其中 04 代表（　　）。

A. 矿山工程　　B. 市政工程

C. 爆破工程　　D. 装饰工程

42. 根据工程量计算规范，工程计量时每一项目汇总的有效位数应遵守的规定，正确的是（　　）。

A. 以“kg”为单位，应保留小数点后三位数字

B. 以“t”为单位，第三位小数四舍五入

C. 以“m^2”为单位，应保留小数点后三位数字

D. 以“个、件、根、组、系统”为单位，应取整数

43. 如图所示，以下关于现浇混凝土板式楼梯平法施工图的注写方式，说法正确的是（　　）。

A. 1800/12 表示踏步段总高度/踏步级数　　B. ϕ12@150 表示上部纵筋

C. Fϕ8@250 表示下部纵筋　　D. ϕ10@200 表示梯板分布筋

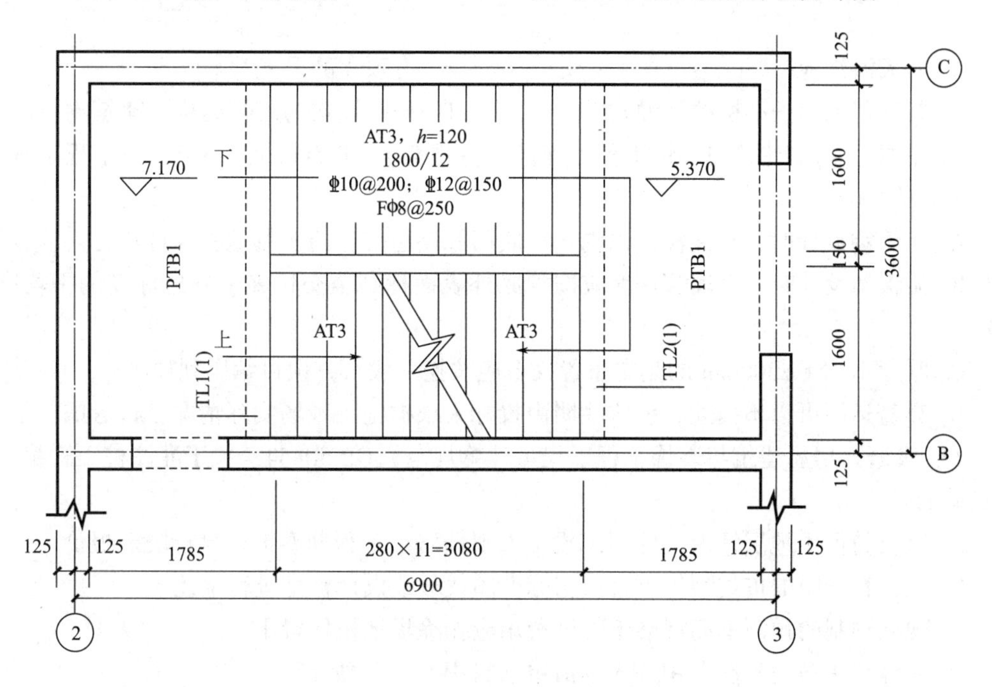

题 43 图　某标高段 AT 型楼梯平面图

44. 根据《建筑工程建筑面积计算规范》GB/T 50353，以下关于场馆看台下的建筑空间建筑面积，说法错误的是（　　）。

A. 场馆看台下的建筑空间采用净高的尺寸划定建筑面积的计算范围

B. 室内单独设置的有围护设施的悬挑看台，按看台板的结构底板水平投影计算建筑

面积

C. 场馆的看台上部空间按顶盖计算建筑面积的范围应是看台部分的水平投影面积

D. 无顶盖的看台不计算建筑面积

45. 根据《建筑工程建筑面积计算规范》GB/T 50353，关于立体车库中的升降设备的建筑面积应（　　）。

A. 按其围护结构外围水平面积计算建筑面积

B. 按底板水平投影面积计算建筑面积

C. 按其结构层面积计算建筑面积

D. 不计算建筑面积

46. 根据《建筑工程建筑面积计算规范》GB/T 50353，建筑面积按照全面积计算的是（　　）。

A. 窗台与室内楼地面高差在 0.3m 且结构净高在 2.20m 的凸窗

B. 有围护设施的檐廊

C. 设在建筑物顶部的、有围护结构的且结构层高为 2.1m 的水箱间

D. 在主体结构内的阳台

47. 根据《建筑工程建筑面积计算规范》GB/T 50353，不计算建筑面积的是（　　）。

A. 露天游泳池　　B. 有顶盖的采光井

C. 有顶盖无围护结构的加油站　　D. 以幕墙作为围护结构的建筑物

48. 根据《房屋建筑与装饰工程工程量计算规范》GB 50854，关于石方工程工程量，说法不正确的是（　　）。

A. 有管沟设计时，平均深度以沟垫层底面标高至交付施工场地标高计算

B. 无管沟设计时，直埋管深度应按管底外表面标高至交付施工场地标高的平均高度计算

C. 厚度不小于±300mm 的竖向布置挖石应按挖一般石方项目编码列项

D. 弃渣运距可以不描述，但应注明由投标人根据施工现场实际情况自行考虑

49. 根据《房屋建筑与装饰工程工程量计算规范》GB 50854，关于灌注桩工程量，说法正确的是（　　）。

A. 项目特征中地层情况应注明由投标人根据岩土工程勘察报告自行决定报价

B. 项目特征中的桩类型等可直接用标准图代号或设计桩型进行描述

C. 现场预制的预制钢筋混凝土管桩费用应扣除场地租赁费用

D. 灌注桩承载力检测费用并入本清单项目中，不单独计算

50. 根据《房屋建筑与装饰工程工程量计算规范》GB 50854，砌块柱工程量应（　　）。

A. 按设计图示尺寸以柱长计算　　B. 按设计图示尺寸以面积计算

C. 按设计图示尺寸以体积计算　　D. 按设计图示数量计算

51. 根据《房屋建筑与装饰工程工程量计算规范》GB 50854，关于现浇混凝土梁工程量，说法正确的是（　　）。

A. 按设计图示尺寸以面积计算　　B. 扣除构件内钢筋所占体积

C. 不扣除预埋铁件所占体积　　D. 伸入墙内的梁头不并入梁体积内

52. 根据《房屋建筑与装饰工程工程量计算规范》GB 50854，钢网架工程量应（　　）。

A. 按设计图示数量计算　　B. 按设计图示尺寸以质量计算

C. 按设计图示尺寸以面积计算　　D. 按设计图示接触边以长度计算

53. 根据《房屋建筑与装饰工程工程量计算规范》GB 50854，以下关于木结构工程量，说法不正确的是（　　）。

A. 木檩条按设计图示尺寸以体积计算

B. 木楼梯不计算伸入墙内部分

C. 屋架的跨度以上、下弦中心线两交点之间的距离计算

D. 木楼梯的栏杆应按木结构工程中的相关项目编码列项

54. 根据《房屋建筑与装饰工程工程量计算规范》GB 50854，装饰装修工程中门窗套工程量的计算，不正确的是（　　）。

A. 按设计图示尺寸以长度计算　　B. 按设计图示尺寸以投影面积计算

C. 按设计图示尺寸以展开面积计算　　D. 按设计图示数量计算

55. 根据《房屋建筑与装饰工程工程量计算规范》GB 50854，以下关于防腐工程工程量，说法错误的是（　　）。

A. 砌筑沥青浸渍砖按设计图示尺寸以面积计算

B. 门、窗、洞口侧壁按展开面积并入墙面积内

C. 壁龛的开口部分不增加面积

D. 保温柱按设计图示尺寸以面积“m^2”计算

56. 根据《房屋建筑与装饰工程工程量计算规范》GB 50854，以下关于楼地面装饰工程量，说法错误的是（　　）。

A. 垫层不需要单独列项计算

B. 木质踢脚线可按延长米计算

C. 侧面镶贴块料面层应按零星项目列项

D. 水泥砂浆楼地面按设计图示尺寸以面积计算

57. 根据《房屋建筑与装饰工程工程量计算规范》GB 50854，外墙抹灰工程量应（　　）。

A. 按外墙垂直投影面积计算　　B. 按主墙间净长乘以高度计算

C. 按外墙净长乘以高度计算　　D. 按设计图示以面积计算

58. 根据《房屋建筑与装饰工程工程量计算规范》GB 50854，以下关于天棚吊顶工程量，说法正确的是（　　）。

A. 藻井式天棚面积展开计算

B. 扣除间壁墙所占面积

C. 送风口和回风口无须单独列项计算工程量

D. 吊顶龙骨安装无须单独列项计算工程量

59. 根据《房屋建筑与装饰工程工程量计算规范》GB 50854，单独木线油漆工程量应（　　）。

A. 按设计图示尺寸以质量计算　　B. 按设计图示尺寸以长度计算

C. 按设计图示尺寸以体积计算　　D. 按设计展开面积计算

60. 根据《房屋建筑与装饰工程工程量计算规范》GB 50854，木构件拆除工程量不应（　　）。

A. 按拆除构件的体积计算　　B. 按拆除面积计算

C. 按拆除数量计算　　D. 按拆除延长米计算

二、多项选择题（共 20 题，每题 2 分。每题的备选项中，有 2 个或 2 个以上符合题意，至少有 1 个错项。错选，本题不得分；少选，所选的每个选项得 0.5 分）

61. 以下关于软土的工程性质，说法正确的是（　　）。

A. 高含水量　　B. 高孔隙性

C. 高渗透性　　D. 高压缩性

E. 高抗剪强度

62. 以下关于不稳定边坡锚固措施，说法正确的是（　　）。

A. 上端一般用混凝土墩、混凝土梁或配合以挡墙将其固定

B. 锚固桩适用于中厚层或深层的滑坡体

C. 在滑坡体的中、下部开挖竖井或大口径钻孔

D. 锚杆一般垂直于滑动方向布置一排或两排

E. 锚固桩深度一般要求滑动面以下桩长占全桩长的 1/4~1/3

63. 以下关于绿色建筑与节能建筑，说法正确的是（　　）。

A. 先进行绿色建筑评价，再进行建筑工程竣工验收

B. 绿色建筑评价指标体系统一设置加分项

C. 绿色建筑总得分 65 分为一星级

D. 零能耗建筑完全依靠太阳能或者其他可再生能源

E. 绿色建筑的预评价在建筑工程施工图设计完成之前完成

64. 与内保温墙体比较，有关外保温墙体特点的说法正确的是（　　）。

A. 外墙外保温系统易产生热桥

B. 外保温对提高室内温度的稳定性有利

C. 外保温墙体能有效地减少温度波动对墙体的破坏

D. 外保温墙体构造可用于旧建筑外墙的节能改造

E. 外保温有利于加快施工进度

65. 以下关于菱苦土地面特点，说法正确的是（　　）。

A. 不耐水　　B. 易于清洁

C. 耐高温　　D. 热工性能好

E. 无弹性

66. 以下关于桥面纵横坡，说法正确的是（　　）。

A. 桥上纵坡机动车道不宜大于 5%

B. 非机动车道不宜大于2.5%
C. 桥头引道机动车道纵坡不宜大于5%
D. 高架桥桥面应设不小于0.3%的纵坡
E. 桥面的横坡，一般采用1.5%~3.0%

67. 以下关于钢材化学成分描述正确的是（　　）。
A. 碳随着含量的加大可降低抗大气腐蚀能力
B. 硅随着含量的加大可降低钢材的强度
C. 磷随着含量的加大可使塑性显著提升
D. 氮随着含量的加大可使其焊接性能变好
E. 钛随着含量的加大可显著提高钢的强度

68. 以下关于混凝土早强剂特点，说法正确的是（　　）。
A. 对混凝土后期强度无显著影响
B. 多用于抢修混凝土工程
C. 可用于蒸养有早强要求的混凝土工程
D. 环境温度低于-5℃时可以使用早强剂
E. 宜用于大体积混凝土

69. 以下关于夹丝玻璃，说法正确是（　　）。
A. 遭受到冲击而破坏时，碎片会飞散
B. 当遭遇火灾时，可防止火焰蔓延
C. 能起到防盗、防抢的安全作用
D. 可用于水下工程等安全性能高的场所
E. 夹丝玻璃可以切割，但断口处金属丝作防锈处理

70. 以下关于正铲挖掘机的挖土特点，说法正确是（　　）。
A. 后退向下，强制切土
B. 能开挖停机面以内的Ⅰ~Ⅵ级土
C. 适宜在有地下水的地区工作
D. 可正向挖土、侧向卸土
E. 可正向挖土、后方卸土

71. 砌筑砂浆使用水泥应符合的规定是（　　）。
A. 快硬硅酸盐水泥最迟半个月复查试验，并按复验结果使用
B. 散装水泥不超过500t为一批，每批抽样不少于一次
C. 建筑生石灰粉可以替代石灰膏配制水泥石灰砂浆
D. 水泥砂浆和水泥混合砂浆机械搅拌时间不得少于120s
E. 同一验收批砂浆试块强度平均值应大于或等于设计强度等级值的1.10倍

72. 以下关于保温层施工，说法正确的是（　　）。
A. 当设计有隔汽层时，先施工保温层，然后再施工隔汽层
B. 块状材料保温层施工时，相邻板块应错缝拼接
C. 屋面坡度较大时，宜采用机械固定法施工
D. 泡沫混凝土应分层浇筑，一次浇筑厚度不宜超过200mm
E. 干铺的保温材料可在5℃下施工

73. 关于石灰粉煤灰稳定碎石混合料基层施工的说法，错误的是（　　）。

A. 可用薄层贴补的方法进行找平

B. 施工期的最低气温应在5℃以上

C. 混合料每层最大压实厚度为200mm

D. 混合料可采用沥青乳液进行护养

E. 采用厂拌方式拌制

74. 以下关于悬臂浇筑施工特点，说法正确的是（　　）。

A. 悬臂浇筑施工复杂

B. 结构整体性好

C. 施工中不可调整位置

D. 常在跨径大于100m的桥梁上选用

E. 桥梁上下部结构不可平行作业

75. 以下关于地下连续墙泥浆护壁施工方法，合理的是（　　）。

A. 泥浆要与地下水、砂和混凝土接触后直接使用

B. 一般情况下泥浆搅拌后应静置24h后使用

C. 泥浆反循环比正循环施工法出渣率高

D. 反循环排渣法对于较深的槽段效果更为显著

E. 泥浆的作用以护壁为主

76. 根据《建筑工程建筑面积计算规范》GB/T 50353，属于建筑面积中的辅助面积的是（　　）。

A. 走道面积

B. 墙体所占面积

C. 柱所占面积

D. 厨房占面积

E. 会议室所占面积

77. 根据《建筑工程建筑面积计算规范》GB/T 50353，应按1/2计算建筑面积的项目有（　　）。

A. 建筑物内的设备管道层

B. 屋顶有围护结构的水箱间

C. 层高不足2.20m的建筑物大厅回廊

D. 建筑门厅内结构层高不足2.20m的走廊

E. 结构层高不足2.20m的立体仓库

78. 根据《房屋建筑与装饰工程工程量计算规范》GB 50854，以下关于楼（地）面防水、防潮工程量，说法正确的是（　　）。

A. 楼面砂浆防水按主墙间净空面积计算

B. 地面防水反边高度为350mm时，算作地面防水

C. 地面变形缝按设计图示尺寸以长度计算

D. 地面防水需扣除凸出地面的构筑物面积

E. 楼面防水搭接及附加层用量需另行计算

79. 根据《房屋建筑与装饰工程工程量计算规范》GB 50854，关于拆除工程量按“m^2”计算的有（　　）。

A. 屋面拆除

B. 铲除油漆涂料裱糊面

C. 钢梁拆除　　D. 砖砌体拆除

E. 墙柱面龙骨及饰面拆除

80. 根据《房屋建筑与装饰工程工程量计算规范》GB 50854，关于综合脚手架，说法正确的有（　　）。

A. 整体提升架包括 2m 高的防护架体设施

B. 突出主体建筑物屋顶的电梯机房计入檐口高度

C. 满堂脚手架高度在 3. 6~5. 2m 时计算基本层

D. 脚手架按垂直投影面积计算工程量时扣除空圈等所占面积

E. 当列出了综合脚手架项目时，不得再列出单项脚手架项目

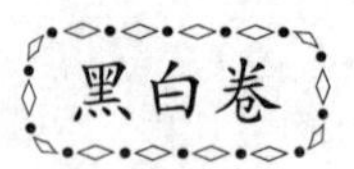

模拟题八

一、单项选择题（共60题，每题1分，每题的备选项中，只有一个最符合题意）

1. 以下矿物不可被钢刀刻画的是（　　）。

A. 石英　　B. 萤石

C. 磷灰石　　D. 方解石

2. 以下关于岩石的物理力学性质，说法正确的是（　　）。

A. 组成岩石的矿物比重大，则岩石的重度就小

B. 岩石的孔隙性小，则岩石的重度就小

C. 重度小说明岩石的结构致密

D. 孔隙性小，稳定性较高

3. 水位升降决定于地表水的渗入和地下蒸发，并在某些地方决定于水压的传递的地下水是（　　）。

A. 土壤水　　B. 沼泽水

C. 自流盆地中的水　　D. 包气带水

4. 对于裂隙发育影响地基承载能力可采用的加固施工方法是（　　）。

A. 灌浆　　B. 衬砌

C. 打桩　　D. 振冲置换

5. 工程地基防止轻微流砂的施工措施是（　　）。

A. 设置反滤层　　B. 改良土的性质

C. 减小地下水流速　　D. 人工降低地下水位

6. 以下直接影响工程造价的是（　　）。

A. 勘察资料的准确性　　B. 对特殊不良工程地质问题认识不足

C. 选择工程地质条件有利的路线　　D. 施工技术条件

7. 住宅所产生的能量超过其自身运行所需要能量的节能建筑是（　　）。

A. 被动式建筑　　B. 主动式建筑

C. 零能耗建筑　　D. 产能型建筑

8. 以下关于油毡防潮层特点，说法正确的是（　　）。

A. 有一定的韧性、延伸性、防潮性能差　　B. 增加了上下砖砌体之间的粘结力

C. 降低了砖砌体的整体性　　D. 宜用于有抗震要求的建筑中

9. 为了使密肋填充块楼板的整体性更好，填充块与肋采用的连接方式是（　　）。

A. 焊接　　B. 铆接

C. 咬接　　D. 刚接

10. 正置式和倒置式坡屋顶的保温层施工，都能采用的保温材料是（　　）。

A. 泡沫玻璃　　B. 挤塑聚苯板

C. 膨胀聚苯板　　D. 憎水性珍珠岩板

11. 当柱较高，自重较重，因受吊装设备的限制，为减轻柱重量时一般采用钢-钢筋混凝土组合柱，其组合形式为（　　）。

A. 上柱为钢柱，下柱为钢筋混凝土单肢管柱

B. 上柱为钢筋混凝土单肢管柱，下柱为钢柱

C. 上柱为钢柱，下柱为钢筋混凝土双肢柱

D. 上柱为钢筋混凝土双肢柱，下柱为钢柱

12. 水泥混凝土路面次干路的设计使用年限是（　　）。

A. 10 年　　B. 15 年

C. 20 年　　D. 30 年

13. 以下关于路面结构层次的铺设施工合理的是（　　）。

A. 底基层之上铺设垫层　　B. 底基层比垫层的每边宽出 0.25m

C. 可在面层上直接用砂土材料铺保护层　　D. 耐磨性差的面层用石砾铺成磨耗层

14. 构造为静定结构，其各跨独立受力的桥梁是（　　）。

A. 悬索桥　　B. 连续梁桥

C. 简支梁桥　　D. 斜拉桥

15. 适用于石料丰富且过水流量较小的小型涵洞的是（　　）。

A. 箱涵　　B. 拱涵

C. 圆管涵　　D. 石盖板涵

16. 城市具有几条方向各异或客流量大的街道，可设置的地下铁路路网的基本类型是（　　）。

A. 单线式　　B. 单环式

C. 多线式　　D. 棋盘式

17. 对小城市的贮库布置，起决定作用的是（　　）。

A. 对外运输设备的位置　　B. 市内供应线的长短

C. 对环境是否污染　　D. 满足货物的进出方便

18. 宜作为构造钢筋使用的冷加工钢筋是（　　）。

A. 冷拉热轧钢筋　　B. 冷轧带肋钢筋

C. 冷拔低碳钢丝　　D. 热处理钢筋

19. 以下关于石油沥青的组分，说法正确的是（　　）。

A. 地沥青质溶于酒精　　B. 树脂分子量比油分大

C. 沥青脂胶中绝大部分属于酸性树脂　　D. 蜡增加石油沥青的粘结性

20. 一般只适用于干燥环境中，而不宜用于潮湿环境的胶凝材料是（　　）。

A. 石灰　　B. 普通硅酸盐水泥

C. 粉煤灰硅酸盐水泥　　D. 火山灰质硅酸盐水泥

21. 沥青路面的抗滑性能与集料因素无关的是（　　）。

A. 表面结构　　B. 级配组成

C. 沥青用量
D. 摊铺工艺

22. 可用于低层建筑的承重墙的砌块是（　　）。
A. 普通混凝土小型空心砌块
B. 轻骨料混凝土小型空心砌块
C. 加气混凝土砌块
D. 烧结黏土小型空心砌块

23. 以下特别适宜做大型公共建筑大厅地面的饰面石材是（　　）。
A. 镜面花岗石板材
B. 大理石板材
C. 聚酯型人造石材
D. 光面花岗石板材

24. 特别适用于薄壁小口径压力管道的塑料管材是（　　）。
A. PVC-U 管
B. PVC-C 管
C. PP-R 管
D. PB 管

25. 适用于有强烈太阳辐射地区的建筑物防水卷材是（　　）。
A. SBS 改性沥青防水卷材
B. APP 改性沥青防水卷材
C. 沥青复合胎柔性防水卷材
D. 氯化聚乙烯-橡胶共混型防水卷材

26. 具有防渗和挡土双重功能的基坑支护结构是（　　）。
A. 横撑式支撑结构
B. 重力式支护结构
C. 悬臂式支护结构
D. 支撑式支护结构

27. 边坡坡面上如有局部渗出地下水时，应在渗水处设置（　　），防止土粒流失。
A. 防水层
B. 渗水层
C. 过滤层
D. 导流管

28. 适用于“围海造地”地基加固处理的方法是（　　）。
A. 重锤夯实法
B. 强夯法
C. 振动水冲法
D. 多重管法

29. 不可以用于淤泥质土的地基加固处理方法是（　　）。
A. 换填地基法
B. 预压地基法
C. 柱锤冲扩桩法
D. 深层搅拌桩地基法

30. 关于升板结构及其施工特点，说法不正确的是（　　）。
A. 设计结构单一
B. 节约大量模板
C. 高空作业减少
D. 节省施工用钢

31. 以下关于脚手架的拆除施工方法正确的是（　　）。
A. 拆除作业可上下同时作业
B. 同层杆件和构配件必须按先内后外的顺序拆除
C. 先将连墙件整层拆除后再拆脚手架
D. 加固杆件在拆卸至该部位杆件时再拆除

32. 卷材防水层完工需要制作保护层，以下关于保护层，说法错误的是（　　）。
A. 顶板的细石混凝土保护层与防水层之间宜设置隔离层
B. 机械回填时不宜小于 70mm，人工回填时不宜小于 50mm
C. 底板的细石混凝土保护层厚度不应小于 70mm
D. 侧墙宜采用软质保护材料或铺抹 20mm 厚 1：2.5 水泥砂浆

33. 关于种植平屋面的基本构造层次，说法正确的是（　　）。

A. 绝热层放在找平层之上　　B. 普通防水层放在耐根穿刺防水层之上

C. 保护层放在排水层之上　　D. 种植土层放在过滤层之上

34. 在玻璃幕墙施工过程中，一般不能直接将玻璃坐落在金属框上，须在金属框内垫上一层（　　）。

A. 海绵　　B. 橡胶垫

C. 泡沫材料　　D. 土工布

35. 能开挖停机面以内的Ⅳ级土的挖掘机是（　　）。

A. 止铲挖掘机　　B. 反铲挖掘机

C. 拉铲挖掘机　　D. 抓铲挖掘机

36. 桥梁墩台基础施工时，在砂夹卵石层，优先采用的主要沉桩方法为（　　）。

A. 锤击压桩　　B. 射水沉桩

C. 振动沉桩　　D. 静力压桩

37. 钢筋混凝土圆涵施工中，中小型涵管可采用（　　）。

A. 外壁边线排管　　B. 柔性排管

C. 混凝土排管　　D. 中心线法排管

38. 以下关于深基坑支护施工逆作拱墙式，说法不正确的是（　　）。

A. 结构截面小　　B. 可减少埋深

C. 底部需嵌固　　D. 费用低

39. 采用钻爆法施工进行隧道开挖时，装药数量排序正确的是（　　）。

A. 掏槽孔>周边孔>中间塌落孔　　B. 周边孔>掏槽孔>中间塌落孔

C. 掏槽孔>中间塌落孔>周边孔　　D. 周边孔>中间塌落孔>掏槽孔

40. 适宜于开挖软岩，不适宜于开挖地下水较多的地层的掘进机是（　　）。

A. 独臂钻　　B. 天井钻

C. 带盾构的 TBM　　D. 全断面掘进机

41. 建设工程工程量清单中工作内容描述的主要作用是（　　）。

A. 反映清单项目的工艺流程　　B. 反映清单项目需要的作业

C. 反映清单项目的质量标准　　D. 反映清单项目的资源需求

42. 在我国现行的 16G101 系列平法标准图集中，楼层屋面框架梁的标注代号为（　　）。

A. WML　　B. KJL

C. WKL　　D. LWL

43. 以下不属于云计量技术对工程造价管理的主要作用的是（　　）。

A. 降低劳动强度　　B. 保证计量质量

C. 显著提高计算的效率，降低成本　　D. 减少对本地资源的需求

44. 根据《建筑工程建筑面积计算规范》GB/T 50353，建筑物的建筑面积应按自然层外墙结构外围水平面积之和计算。以下说法正确的是（　　）。

A. 建筑物高度为 2.10m 部分，应计算全面积

B. 建筑物高度为 1. 50m 部分，不计算面积

C. 建筑物高度为 1. 00m 部分，不计算面积

D. 建筑物高度为 2. 00m 部分，应计算 1/2 面积

45. 根据《建筑工程建筑面积计算规范》GB/T 50353，建筑物内的电梯井，其建筑面积计算说法正确的是（　　）。

A. 不计算建筑面积

B. 按自然层计算建筑面积

C. 按管道井图示结构内边线面积计算

D. 按管道井净空面积的 1/2 乘以层数计算

46. 根据《建筑工程建筑面积计算规范》GB/T 50353，阳台建筑面积应按其结构底板水平投影面积计算 1/2 面积的是（　　）。

A. 阳台在剪力墙包围之内

B. 阳台相对两侧仅一侧为剪力墙

C. 阳台处剪力墙与框架混合时，角柱为受力结构，根基落地

D. 框架结构阳台在柱梁体系之内

47. 根据《建筑工程建筑面积计算规范》GB/T 50353，关于大型体育场看台下的建筑空间的建筑面积计算，说法正确的是（　　）。

A. 结构层高<2. 10m，不计算建筑面积

B. 结构层高>2. 10m，计算 1/2 面积

C. 1. 20m≤结构净高<2. 10m 时，计算 1/2 面积

D. 结构层高≥1. 20m 计算全面积

48. 根据《房屋建筑与装饰工程工程量计算规范》GB 50854，厚度>±300mm 的竖向布置挖石或山坡凿石应按（　　）编码列项。

A. 挖基坑石方项目　　B. 挖沟槽石方项目

C. 挖一般石方项目　　D. 山坡凿石项目

49. 根据《房屋建筑与装饰工程工程量计算规范》GB 50854，挖一般土方项目特征不包括（　　）。

A. 土壤类别　　B. 弃土运距

C. 取土运距　　D. 挖土深度

50. 以下关于项目特征中土壤开挖方法，说法正确的是（　　）。

A. 一、二类砂土主要用镐、条锄，少许用锹开挖

B. 一、二类软塑红黏土机械需部分刨松方能铲挖满载者

C. 三类强盐渍土机械能全部直接铲挖满载者

D. 四类杂填土全部用镐、条锄挖掘，少许用撬棍挖掘

51. 根据《房屋建筑与装饰工程工程量计算规范》GB 50854，构造柱工程量计算规则中应（　　）。

A. 应自柱基上表面（或楼板上表面）至上一层楼板上表面之间的高度计算

B. 按全高计算（与砖墙嵌接部分的体积并入柱身体积计算）

C. 应自柱基上表面至柱顶高度计算

D. 应自柱基上表面（或楼板上表面）至柱帽下表面之间的高度计算

52. 根据《房屋建筑与装饰工程工程量计算规范》GB 50854，钢筋工程中钢筋笼的工程量（　　）。

A. 不单独计算沟盖板　　B. 按设计图示以数量计算

C. 按设计图示面积乘以单位理论质量计算　　D. 按设计图示尺寸以“片”计算

53. 根据《房屋建筑与装饰工程工程量计算规范》GB 50854，钢质花饰大门工程量应（　　）。

A. 按框截面及外围展开面积　　B. 按门框、扇外围以面积计算

C. 按设计图示洞口尺寸以面积计算　　D. 按设计图示门框或扇以面积计算

54. 根据《房屋建筑与装饰工程工程量计算规范》GB 50854，有关保温、隔热工程量计算，说法不正确的是（　　）。

A. 与天棚相连的梁并入天棚工程量

B. 门窗洞口侧壁以及与墙相连的柱，并入保温墙体工程量

C. 保温隔热屋面扣除面积>0.3m^2孔洞及占位面积

D. 梁保温工程量按设计图示尺寸以梁的中心线长度计算

55. 根据《房屋建筑与装饰工程工程量计算规范》GB 50854，预制混凝土工程量按平板项目编码列项的是（　　）。

A. 双T形板　　B. 大型屋面板

C. 不带肋的雨篷板　　D. 带反挑檐的遮阳板

56. 根据《房屋建筑与装饰工程工程量计算规范》GB 50854，关于楼梯梯面装饰工程量计算的说法，正确的是（　　）。

A. 按设计图示尺寸以楼梯（不含楼梯井）水平投影面积计算

B. 按设计图示尺寸以楼梯梯段斜面积计算

C. 楼梯与楼地面连接时，算至梯口梁外侧边沿

D. 无梯口梁者，算至最上一层踏步边沿加300mm

57. 根据《房屋建筑与装饰工程工程量计算规范》GB 50854，关于装饰装修工程量计算的说法，正确的是（　　）。

A. 石材墙面按图示尺寸面积计算

B. 墙面装饰抹灰工程量应扣除踢脚线所占面积

C. 干挂石材钢骨架按设计图示尺寸以质量计算

D. 装饰板墙面按设计图示面积计算，不扣除门窗洞口所占面积

58. 根据《房屋建筑与装饰工程工程量计算规范》GB 50854，关于天棚抹灰工程量计算，说法正确的是（　　）。

A. 带梁天棚，梁两侧抹灰面积不计算

B. 板式楼梯底面抹灰按水平投影面积计算

C. 锯齿形楼梯底板抹灰按展开面积计算

D. 间壁墙、附墙柱所占面积应予扣除

59. 根据《房屋建筑与装饰工程工程量计算规范》GB 50854，关于油漆、涂料、裱糊工程量计算，说法正确的是（　　）。

A. 扶手油漆单独列项计算工程量

B. 抹灰面油漆，按设计图示尺寸以长度计算

C. 织锦缎裱糊，按设计图示尺寸以面积计算

D. 线条刷涂料按设计展开面积计算

60. 根据《房屋建筑与装饰工程工程量计算规范》GB 50854，关于拆除工程以“m”计算工程量的是（　　）。

A. 铲除涂料面

B. 防水层拆除

C. 立面块料拆除

D. 平面抹灰层拆除

二、多项选择题（共20题，每题2分。每题的备选项中，有2个或2个以上符合题意，至少有1个错项。错选，本题不得分；少选，所选的每个选项得0.5分）

61. 以下关于震级与地震烈度的关系，说法正确的是（　　）。

A. 震级越高，地震烈度就越高

B. 震源越浅，距震中越远

C. 一次地震只有一个震级

D. 一次地震形成多个不同的地震烈度区

E. 震中周围地区的破坏程度，随距震中距离的加大而逐渐减小

62. 以下关于围岩的工程地质分析，说法正确的是（　　）。

A. 脆性破裂，经常产生于高膨胀应力地区

B. 块体滑移常以结构面交汇切割组合成不同形状的块体塌落形式出现

C. 岩层的弯曲折断是层状围岩变形失稳的主要形式

D. 碎裂结构岩体在压力和振动力作用下容易松动、解脱

E. 新近堆积的土体，在重力的作用下常产生弹性变形

63. 以下关于网架结构体系，说法正确的是（　　）。

A. 是静定的空间结构

B. 曲面网架采用较多

C. 平板网架受力合理

D. 平板网架整体性能差

E. 网架结构体系杆件类型较少

64. 一般处于侵蚀介质中的工程可采用的地下室防水做法有（　　）。

A. 涂料防水

B. 防水砂浆

C. 膨润土防水

D. 防水板防水

E. 耐腐蚀的防水混凝土

65. 以下关于单层厂房的钢筋混凝土柱，说法正确的是（　　）。

A. 钢筋混凝土柱在单层厂房中的柱施工中采用较多

B. 矩形柱在大、中型厂房内采用较为广泛

C. 工字形柱与截面尺寸相同的矩形柱相比，承载力基本相同

D. 斜腹杆双肢柱受力性能和刚度不如平腹杆双肢柱

E. 钢筋混凝土管柱与墙的连接不如矩形柱方便

66. 以下关于沉井基础施工，说法正确的是（　　）。
A. 桥梁工程常用沉井作为墩台的基础
B. 既是基础，又是施工时的挡土和挡土围堰结构物
C. 当桥梁结构上部荷载较大，需要表层地基土有足够的承载力
D. 扩大基础开挖工作量大，施工围堰支撑有困难
E. 采用沉井基础与其他深基础相比，经济上花费较多
67. 对于泵送混凝土可选用的水泥是（　　）。
A. 硅酸盐水泥
B. 普通硅酸盐水泥
C. 矿渣硅酸盐水泥
D. 粉煤灰硅酸盐水泥
E. 火山灰质硅酸盐水泥
68. 以下关于悬浮密实结构特点，说法正确的是（　　）。
A. 粗集料的数量较少
B. 细集料的数量较多
C. 黏聚力较大
D. 内摩擦角较高
E. 高温稳定性较好
69. 以下关于建筑装饰钢材，说法正确的是（　　）。
A. 不锈钢中铬的含量越高，钢的抗腐蚀性越好
B. 轻钢龙骨在装饰工程中广泛应用
C. 彩色涂层钢板常用作家用电器的外壳
D. 彩色涂层钢板经二次机械加工，涂层也不破坏
E. 彩色压型钢板经轧制或冷弯成异形后，自重增加
70. 以下关于聚氨酯泡沫塑料特点与用途，说法正确的是（　　）。
A. 防水性能优异
B. 吸水率很高
C. 燃烧性能等级不低于 B_2 级
D. 耐化学腐蚀性好
E. 可应用于屋面保温
71. 多立杆式脚手架，对高度 24m 以上的双排脚手架，说法正确的是（　　）。
A. 宜采用刚性连墙件与建筑物可靠连接
B. 转角及中间不超过 15m 的立面上，各设置一道剪刀撑
C. 必须采用刚性连墙件与建筑物可靠连接
D. 外侧全立面连续设置剪刀撑
E. 可采用拉筋连墙件
72. 下列关于人工挖孔灌注桩，说法正确的是（　　）。
A. 单桩承载力高
B. 可直接检查桩直径、垂直度和持力层情况
C. 施工机具设备简单，工艺操作简单，占场地大
D. 施工无振动、无噪声、无环境污染
E. 结构受力明确，沉降量大
73. 下列关于混凝土高温施工，说法正确的是（　　）。
A. 采用高水泥用量的原则

B. 混凝土坍落度不宜小于60mm

C. 混凝土宜采用黑色涂装的混凝土搅拌运输车运输

D. 混凝土浇筑入模温度不应高于35℃

E. 可采用粉煤灰取代部分水泥

74. 桥梁承载结构采用移动模架逐孔施工，其主要特点有（　　）。

A. 不影响通航和桥下交通

B. 模架可多次周转使用

C. 施工准备和操作比较简单

D. 机械化、自动化程度高

E. 可上下平行作业缩短工期

75. 冻结排桩法可适用于施工的是（　　）。

A. 软土地基基础施工

B. 大体积深基础开挖施工

C. 含水量高的地基基础施工

D. 地下水丰富的地基基础施工

E. 含盐量大的地基基础施工

76. 建筑面积的作用是（　　）。

A. 确定建设规模的重要指标

B. 进行工程结算的重要依据

C. 进行有关分项工程量计算的依据

D. 确定各项技术经济指标的重要基础

E. 编制概算的基础数据

77. 根据《建筑工程建筑面积计算规范》GB/T 50353，关于建筑面积计算，说法正确的为（　　）。

A. 建筑物顶部有围护结构的电梯机房不单独计算

B. 地下人防通道超过2. 20m按结构底板水平面积计算

C. 建筑物顶部结构层高为2. 10m的有围护结构的水箱间不计算

D. 有围护设施的室外挑廊按其结构底板水平投影面积计算1/2面积

E. 建筑物间的架空走廊有围护结构的按其围护结构外围水平面积计算全面积

78. 根据《房屋建筑与装饰工程工程量计算规范》GB 50854，关于土方工程量计算与项目列项，说法正确的有（　　）。

A. 挖沟槽土方按设计图示尺寸以基础垫层底面积乘以挖土深度按体积计算

B. 管沟土方按设计图示管底垫层面积乘以挖土深度计算

C. 项目特征中涉及弃土运时，弃土运距可以不描述

D. 厚度>±300mm的竖向布置挖土或山坡切土应按一般土方项目编码列项

E. 桩间挖土扣除桩的体积，不在项目特征中加以描述

79. 根据《房屋建筑与装饰工程工程量计算规范》GB 50854，关于屋面及防水工程量，说法正确的是（　　）。

A. 屋面排水管按设计图示尺寸以长度计算

B. 屋面排气管按设计图示尺寸以长度计算

C. 屋面泄水管按设计图示尺寸以长度计算

D. 屋面变形缝按设计图示尺寸以长度计算

E. 屋面天沟按设计图示尺寸以长度计算

80. 根据《房屋建筑与装饰工程工程量计算规范》GB 50854，关于混凝土模板及支架（撑）措施项目工程量，说法正确的是（　　）。

A. 现浇钢筋混凝土墙单孔面积>0.3m^2时应予扣除

B. 暗柱并入墙内工程量内计算

C. 原槽浇灌的混凝土基础需计算模板工程量

D. 板支撑高度为3.8m时，项目特征应描述支撑高度

E. 有梁板计算模板与支架，不另计算脚手架的工程量

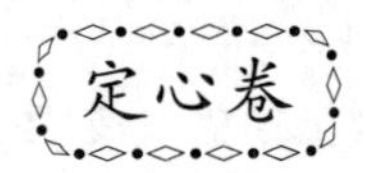

模拟题九

一、单项选择题（共 60 题，每题 1 分，每题的备选项中，只有一个最符合题意）

1. 常被选为理想的建筑基础的是（　　）。

A. 辉长岩　　B. 粗面岩

C. 黏土岩　　D. 石英岩

2. 地表以下充满两个稳定隔水层之间的重力水为（　　）。

A. 包气带水　　B. 潜水

C. 承压水　　D. 裂隙水

3. 衬砌是加固围岩的永久性结构，其作用主要是（　　）。

A. 消除岩面凹凸不平

B. 防止围岩早期松动

C. 防止围岩表面风化

D. 承受围岩压力及内水压力

4. 对不满足承载力的深层软弱土层，可采用（　　）加以处理。

A. 系统锚杆　　B. 振冲置换

C. 固结灌浆　　D. 地下连续墙

5. 地下工程在褶皱的（　　）开挖时，地下水最有可能会突然涌入洞室。

A. 向斜翼部　　B. 向斜核部

C. 背斜翼部　　D. 背斜核部

6. 决定工程建设的技术经济效果乃至工程建设成败的是（　　）。

A. 工程选址　　B. 工程设计

C. 工程可行性研究　　D. 工程勘察

7. 下列关于桁架结构体系，说法正确的是（　　）。

A. 空间受力体系

B. 节点一般假定为铰节点

C. 屋架的高跨比一般为 1/6~1/4 较为合理

D. 一般屋架为平面结构，平面外刚度非常强

8. 当房屋的开间、进深较大以及楼面承受的弯矩较大时，常采用的楼板是（　　）。

A. 板式楼板

B. 无梁楼板

C. 井字形肋楼板

D. 梁板式肋形楼板

9. 根据建筑物窗口的朝向，题 9 图中编号适用于东北附近窗口的遮阳板是（　　）。

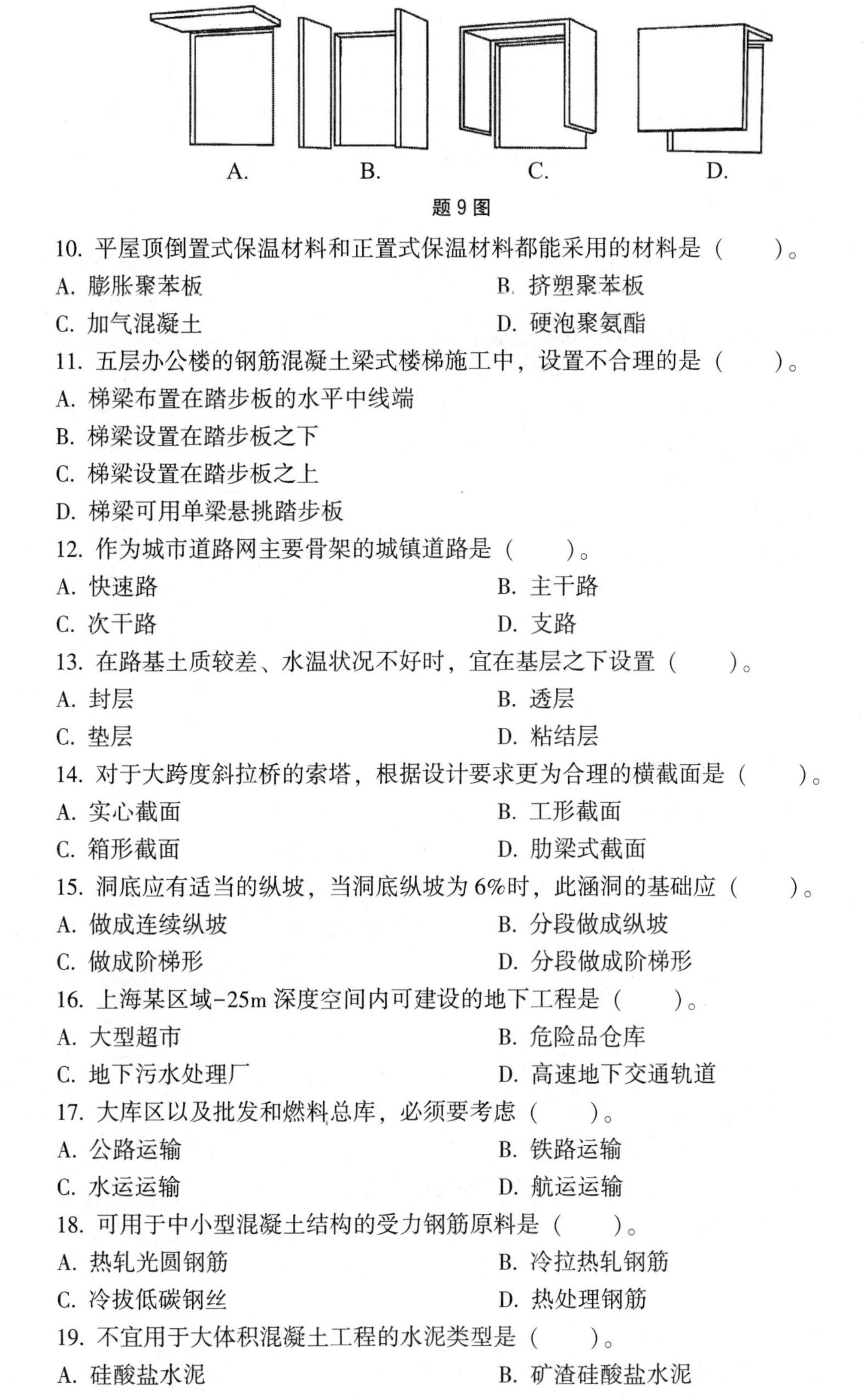

题 9 图

10. 平屋顶倒置式保温材料和正置式保温材料都能采用的材料是（　　）。

A. 膨胀聚苯板　　B. 挤塑聚苯板

C. 加气混凝土　　D. 硬泡聚氨酯

11. 五层办公楼的钢筋混凝土梁式楼梯施工中，设置不合理的是（　　）。

A. 梯梁布置在踏步板的水平中线端

B. 梯梁设置在踏步板之下

C. 梯梁设置在踏步板之上

D. 梯梁可用单梁悬挑踏步板

12. 作为城市道路网主要骨架的城镇道路是（　　）。

A. 快速路　　B. 主干路

C. 次干路　　D. 支路

13. 在路基土质较差、水温状况不好时，宜在基层之下设置（　　）。

A. 封层　　B. 透层

C. 垫层　　D. 粘结层

14. 对于大跨度斜拉桥的索塔，根据设计要求更为合理的横截面是（　　）。

A. 实心截面　　B. 工形截面

C. 箱形截面　　D. 肋梁式截面

15. 洞底应有适当的纵坡，当洞底纵坡为 6% 时，此涵洞的基础应（　　）。

A. 做成连续纵坡　　B. 分段做成纵坡

C. 做成阶梯形　　D. 分段做成阶梯形

16. 上海某区域 -25m 深度空间内可建设的地下工程是（　　）。

A. 大型超市　　B. 危险品仓库

C. 地下污水处理厂　　D. 高速地下交通轨道

17. 大库区以及批发和燃料总库，必须要考虑（　　）。

A. 公路运输　　B. 铁路运输

C. 水运运输　　D. 航运运输

18. 可用于中小型混凝土结构的受力钢筋原料是（　　）。

A. 热轧光圆钢筋　　B. 冷拉热轧钢筋

C. 冷拔低碳钢丝　　D. 热处理钢筋

19. 不宜用于大体积混凝土工程的水泥类型是（　　）。

A. 硅酸盐水泥　　B. 矿渣硅酸盐水泥

C. 火山灰质硅酸盐水泥　　D. 粉煤灰硅酸盐水泥

20. 在砂用量相同的情况下，若砂子过粗，则拌制的混凝土（　　）。

A. 黏聚性差　　B. 不易产生离析现象

C. 不易产生泌水现象　　D. 水泥用量大

21. 能够改善混凝土拌合物流变性能的外加剂是（　　）。

A. 缓凝剂　　B. 加气剂

C. 引气剂　　D. 膨胀剂

22. 与普通混凝土小型空心砌块相比，关于轻骨料混凝土小型空心砌块的特点，说法不正确的是（　　）。

A. 轻骨料混凝土小型空心砌块密度较小

B. 轻骨料混凝土小型空心砌块热工性能较好

C. 轻骨料混凝土小型空心砌块干缩值较大

D. 轻骨料混凝土小型空心砌块不容易产生裂缝

23. 与中空玻璃相比，关于真空玻璃，说法不正确的是（　　）。

A. 真空玻璃有更好的隔热性能　　B. 真空玻璃有更好的隔声性能

C. 真空玻璃空气层厚度更大　　D. 真空玻璃结构更复杂

24. 可用于有耐腐蚀要求的构件的建筑装饰钢材是（　　）。

A. 轻钢龙骨　　B. 彩色涂层钢板

C. 彩色压型钢板　　D. 不锈钢及其制品

25. 较大孔洞的防火材料优先选用的是（　　）。

A. 阻火包　　B. 有机防火堵料

C. 无机防火堵料　　D. 可塑性防火堵料

26. 以下可不设支撑点，适用于基坑较浅且具有一定刚度的挡土墙的是（　　）。

A. 悬臂式挡墙　　B. 重力式挡墙

C. 加筋土挡墙　　D. 柱板式挡土墙

27. 对于挖、填相邻，地形起伏较大，且工作地段较长的情况，可采用的铲运机的开行路线是（　　）。

A. 矩形路线　　B. 环形路线

C. 大环形路线　　D. 8 字形路线

28. 可挖掘独立基坑、沉井，且特别适于水下挖土，宜优先选用（　　）。

A. 正铲挖掘机　　B. 反铲挖掘机

C. 拉铲挖掘机　　D. 抓铲挖掘机

29. 以下关于人工挖孔灌注桩的特点，说法正确的是（　　）。

A. 单桩承载力低，沉降量大

B. 可直接检查桩直径等情况

C. 施工机具设备复杂

D. 施工运转对周边建筑影响较大

30. 关于土钉墙施工方法，正确的是（　　）。

A. 地下水位以下的软弱土层应采用钢管土钉
B. 喷射混凝土应分段分片自上而下进行
C. 土钉与加强钢筋宜采用铆接连接
D. 预应力锚杆复合土钉墙宜采用土锚杆

31. 装配式混凝土施工，浇筑用材料的强度等级不应低于（　　）。
A. C30
B. C40
C. 连接处构件混凝土强度设计等级的较大值
D. 连接处构件混凝土强度设计等级的较小值

32. 涂膜防水层的施工应采取的原则是（　　）。
A. 先左后右　　B. 先高后低
C. 先近后远　　D. 先长边后短边

33. 下列关于墙体节能工程，关于外墙外保温系统，说法不正确的是（　　）。
A. 聚苯板薄抹灰外墙外保温系统是以阻燃型聚苯乙烯泡沫塑料板为保温材料
B. 聚苯板薄抹灰外墙外保温系统适用高度在 100m 以下的住宅建筑
C. 聚苯板薄抹灰外墙外保温系统适用高度在 50m 以下的非幕墙建筑
D. 聚苯板现浇混凝土外墙外保温系统，聚苯板与混凝土墙体联结成一体

34. 关于钢筋混凝土预制桩施工，说法正确的是（　　）。
A. 桩在起吊和搬运时，满足吊桩弯矩最大的原则
B. 桩堆放时应设置垫木，堆放层数不宜超过 5 层
C. 锤击沉桩法适用于桩径较小的可塑性黏土
D. 打桩宜采用轻锤高击

35. 以下路堑的开挖，不能开挖较长路堑的是（　　）。
A. 横向挖掘法　　B. 分层纵挖法
C. 分段纵挖法　　D. 通道纵挖法

36. 适用于施工期限不紧迫、材料来源充足、运距不远的湿陷性大的黄土路基的施工方法是（　　）。
A. 砂垫层处理法　　B. 反压护道处理法
C. 土工布处置　　D. 土工格栅

37. 以下关于顶推法施工的特点，说法正确的有（　　）。
A. 施工费用高　　B. 用钢量较低
C. 结构整体性好　　D. 在变截面梁上使用

38. 在深水中建单跨梁桥通常采用（　　）。
A. 顶推法　　B. 转体法
C. 悬臂浇筑法　　D. 悬臂施工法

39. 下列设备中，专门用来开挖竖井或斜井的大型钻具是（　　）。
A. 全断面掘进机　　B. 独臂钻机
C. 天井钻机　　D. TBM 设备

40. 常用于高边坡、大坝以及大跨度地下隧道洞室的抢修的锚杆施工方法是（　　）。

A. 缝管式摩擦锚杆施工

B. 普通水泥砂浆锚杆施工

C. 早强水泥砂浆锚杆施工

D. 胀壳式内锚头预应力锚索施工

41. 以下关于工程计量的说法，正确的是（　　）。

A. 工程量是发包方生产经营管理的重要依据

B. 工程量是承包方管理工程建设的重要依据

C. 同一招标工程的项目编码可有重码

D. 计量单位一旦选定必须保持一致

42. 独立基础平法施工图的注写方式中 DJ_J01，400/300 表述不正确的是（　　）。

A. 序号 01 的普通阶形截面独立基础

B. 400/300 表示基础的竖向尺寸为 $h_1=400mm$、$h_2=300mm$

C. 基础底板厚度或基础高度为 700mm

D. 序号 01 的普通坡形截面独立基础

43. 剪力墙构件的平面表达方式有列表注写和（　　）两种。

A. 原位注写　　B. 截面注写

C. 集中注写　　D. 标准图集

44. 根据《建筑工程建筑面积计算规范》GB/T 50353，关于建筑面积，说法不正确的是（　　）。

A. 单位面积工程造价 $=\dfrac{\text{工程造价}}{\text{建筑面积}}$

B. 单位建筑面积的材料消耗指标 $=\dfrac{\text{工程材料耗用量}}{\text{建筑面积}}$

C. 单位建筑面积的人工用量 $=\dfrac{\text{工程人工工日耗用量}}{\text{建筑面积}}$

D. 建筑面积=有效面积+辅助面积+结构面积

45. 根据《建筑工程建筑面积计算规范》GB/T 50353，有顶盖和围护结构的建筑物间的架空走廊，其建筑面积应（　　）。

A. 不予计算面积

B. 按其结构底板水平投影面积计算 1/2 面积

C. 按其围护结构外围水平面积计算全面积

D. 视使用性质确定

46. 根据《建筑工程建筑面积计算规范》GB/T 50353，关于地下室建筑面积计算，说法正确的是（　　）。

A. 层高不足 2. 10m 的部位不计算面积

B. 层高为 2. 10m 的部位计算 1/2 面积

C. 层高为 2. 10m 的部位应计算全面积

D. 层高为 2.10m 以上的部位应计算全面积

47. 根据《建筑工程建筑面积计算规范》GB/T 50353，关于采光井，说法正确的是（　　）。

A. 地下室采光井按一层计算面积

B. 结构净高为 2.15m 的，应计算 1/2 面积

C. 按自然层计算面积

D. 结构层高 2.10m 的，应计算 1/2 面积

48. 根据《房屋建筑与装饰工程工程量计算规范》GB 50854，关于石方工程量计算，说法错误的是（　　）。

A. 挖基坑石方按设计图示尺寸基础底面面积乘以埋深度以体积计算

B. 挖沟槽石方按设计图示沟槽底面积乘以挖石深度以体积计算

C. 挖一般石方按设计图示尺寸以体积计算

D. 挖管沟石方按设计图示以管道中心线长度计算

49. 根据《房屋建筑与装饰工程工程量计算规范》GB 50854，关于打桩工程量计算，说法正确的是（　　）。

A. 预制钢筋混凝土方桩按设计图示尺寸以桩长（不包括桩尖）计算

B. 预制钢筋混凝土管桩按设计图示截面积乘以桩长（不包括桩尖）以实体积计算

C. 钢管桩按设计图示尺寸以体积“m^3”计算

D. 截桩头按设计图示数量以“根”计算

50. 根据《房屋建筑与装饰工程工程量计算规范》GB 50854，关于地基处理，说法正确的是（　　）。

A. 深层搅拌桩按设计数量以“根”计算

B. 水泥粉煤灰碎石桩按设计图示尺寸以体积计算

C. 注浆地基按设计图示尺寸以钻孔深度计算

D. 铺设土工合成材料按设计长度计算

51. 根据《房屋建筑与装饰工程工程量计算规范》GB 50854，关于泥浆护壁成孔灌注桩工程量，说法正确的是（　　）。

A. 可按设计图示尺寸以桩长（包括桩尖）计算

B. 可按设计图示尺寸（含护壁）截面积乘以挖孔深度以体积计算

C. 可按桩芯混凝土体积计算

D. 可按设计图示以注浆孔数计算

52. 根据《房屋建筑与装饰工程工程量计算规范》GB 50854，以下关于现浇混凝土梁工程量，说法错误的是（　　）。

A. 梁与柱连接时，梁长算至柱侧面

B. 主梁与次梁连接时，次梁长算至主梁侧面

C. 圈梁与过梁相连时，可合并列项

D. 当梁与混凝土墙连接时，梁的长度应计算到混凝土墙的侧面

53. 根据《房屋建筑与装饰工程工程量计算规范》GB 50854，压型钢板墙板面积按

（　　）。

A. 垂直投影面积计算

B. 外接规则矩形面积计算

C. 展开面积计算

D. 设计图示尺寸以铺挂面积计算

54. 根据《房屋建筑与装饰工程工程量计算规范》GB 50854，钢架桥工程量计算应（　　）。

A. 不扣除孔眼的质量

B. 按设计用量计算螺栓质量

C. 按设计用量计算铆钉质量

D. 按设计用量计算焊条质量

55. 根据《房屋建筑与装饰工程工程量计算规范》GB 50854，关于现浇混凝土工程量计算，说法正确的是（　　）。

A. 现浇挑檐与板连接时，以外墙外边线为分界线

B. 天沟板与板连接时，以梁外边线为分界线

C. 与圈梁连接时，以外墙外边线为分界线

D. 外边线以内为挑檐、天沟、雨篷或阳台

56. 根据《房屋建筑与装饰工程工程量计算规范》GB 50854，关于保温柱的工程量计算，正确的是（　　）。

A. 按设计图示尺寸以体积计算

B. 按设计图示尺寸以保温层外边线展开长度乘以其高度计算

C. 按图示尺寸以柱面积计算

D. 按设计图示尺寸以保温层中心线展开长度乘以其高度计算

57. 根据《房屋建筑与装饰工程工程量计算规范》GB 50854，关于门窗工程量计算，说法正确的是（　　）。

A. 木质连窗门工程量应按套外围面积计算

B. 无设计图示洞口尺寸，按窗框外围以面积计算

C. 金属橱窗以“樘”计量，项目特征可不描述框外围展开面积

D. 门窗工作量以“樘”计量，项目特征可不描述洞口尺寸

58. 根据《房屋建筑与装饰工程工程量计算规范》GB 50854，压型钢板楼板工程量应（　　）。

A. 按设计图示尺寸以体积计算

B. 不扣除所有柱垛及孔洞所占面积

C. 按设计图示尺寸以铺挂面积计算

D. 按设计图示尺寸以铺设水平投影面积计算

59. 根据《房屋建筑与装饰工程工程量计算规范》GB 50854，按设计图示尺寸以长度计算油漆工程量的是（　　）。

A. 窗帘盒　　　　　　　　B. 木墙裙

C. 踢脚线　　D. 木栏杆

60. 根据《房屋建筑与装饰工程工程量计算规范》GB 50854，关于木构件拆除工程量计算，说法正确的是（　　）。

A. 拆除木构件应按木梁、木柱等可不用分别在构件名称中描述

B. 以“m^3”作为计量单位时，可不描述构件的规格尺寸

C. 以“m^2”作为计量单位时，则应描述构件的规格尺寸

D. 以“m”作为计量单位时，则必须描述构件的厚度

二、多项选择题（共20题，每题2分。每题的备选项中，有2个或2个以上符合题意，至少有1个错项。错选，本题不得分；少选，所选的每个选项得0.5分）

61. 岩石受力作用会产生变形，以下关于岩石的变形，说法正确的是（　　）。

A. 弹性模量是横向应变与纵向应变的比

B. 岩石的弹性模量越大，变形越小

C. 泊松比是应力与应变之比

D. 泊松比越大，表示岩石受力作用后的横向变形越大

E. 岩石变形特性的物理量是一个常数

62. 对深埋溶洞宜采用的施工方法是（　　）。

A. 桩基法　　B. 充填法

C. 垫层法　　D. 跨越法

E. 挖填夯实法

63. 现代木结构是我国装配式建筑发展的方向之一，与传统木结构相比（　　）。

A. 由天然材料所构成的结构系统　　B. 绿色环保

C. 建造周期短　　D. 抗震耐久

E. 多用在民用和中小型工业厂房的屋盖中

64. 关于现浇密肋填充块楼板，说法正确的是（　　）。

A. 底面平整　　B. 隔声效果好

C. 能充分利用不同材料的性能　　D. 保温效果好

E. 整体性差

65. 在相同条件下，采用钢筋混凝土基础比混凝土基础（　　）。

A. 节约造价　　B. 节省大量的混凝土材料

C. 提高基础的抗冻性　　D. 节省大量的挖土工程量

E. 节约钢材

66. 关于悬索桥的说法，正确的有（　　）。

A. 是最简单的一种索结构

B. 锚碇是悬索桥的主要承重构件

C. 吊索与加劲梁有鞍挂式连接

D. 大跨度吊桥的主缆索多采用平行丝束钢缆

E. 索鞍是支撑主缆的重要构件

67. 关于后张法预应力孔道灌浆，说法正确的是（　　）。

A. 当工程所处环境温度高于 30℃或连续 5d 环境日平均温度低于 5℃时，不宜进行灌浆施工

B. 宜先灌注下层孔道，后灌注上层孔道

C. 灌浆完毕应顺浆体流动方向将排气孔对称封闭

D. 排气孔全部封闭后，宜继续加压 0.7~0.9MPa，并稳压 5min 后封闭灌浆口

E. 当泌水较大时，宜进行二次灌浆

68. 关于钢管混凝土结构用钢材的选用，合理的是（　　）。

A. 承重结构的圆钢管可采用输送流体用的螺旋焊管

B. 矩形钢管可采用冷成型矩形钢管

C. 直接承受动荷载的外露结构，不宜采用冷弯矩形钢管

D. 低温环境下的外露结构，不宜采用冷弯矩形钢管

E. 多边形钢管可采用焊接钢管

69. 下列可以改善砂浆和易性的掺合料有（　　）。

A. 消石灰粉　　B. 石灰膏

C. 电石膏　　D. 粉煤灰

E. 沸石粉

70. 下列关于硬泡聚氨酯，说法不正确的是（　　）。

A. 防水性能优异，吸水率很低

B. 燃烧性能等级不低于 B1 级

C. 耐化学腐蚀性好

D. 使用复杂，可现场喷涂为任意形状

E. 可代替传统的防水层和保温层

71. 多立杆式脚手架，关于脚手板，说法正确的是（　　）。

A. 冲压钢脚手板应设置在两根横向水平杆上

B. 脚手板的铺设应采用对接平铺或搭接铺设

C. 脚手板搭接铺设时，接头必须支在横向水平杆上

D. 脚手板对接平铺时，搭接长度不应小于 200mm

E. 脚手板对接平铺时，接头处必须设两根横向水平杆

72. 关于钻孔压浆桩施工法特点，说法不正确的是（　　）。

A. 在流砂的地质条件下，采用水泥浆护壁成孔成桩

B. 施工速度快、振动大、噪声大

C. 脆性比普通钢筋混凝土桩要小

D. 可解决断桩、缩颈、桩底虚土等问题

E. 注浆结束后，地面上水泥浆流失较多

73. 下列软土路基施工，工期要求不紧的项目可采用的方法是（　　）。

A. 反压护道法　　B. 土工聚合物处置

C. 开挖换填法　　D. 堆载预压法

E. 砂垫层法

74. 下列关于桥梁混凝土墩台，说法正确的是（　　）。

A. 水泥应优先选用高强普通硅酸盐水泥

B. 当墩台截面小于或等于 $100m^2$ 时应连续灌注混凝土

C. 墩台水平截面面积在 $200m^2$ 内不得超过 2 块，每块面积不得小于 $50m^2$

D. 墩台混凝土宜水平分层浇筑，每层高度宜为 1.5~2.0m

E. 墩台混凝土分块浇筑时，接缝应与墩台截面尺寸较大的一边平行

75. 下列关于现浇混凝土板式楼梯平法施工图标注，说法正确的是（　　）。

A. 楼梯包含 12 种类型

B. 梯板类型代号是 GT

C. $h=130$（P150），130 表示梯段板厚度，150 表示梯板平板段的厚度

D. 1800/12 表示踏步段总高度 1.8m，踏步级数 12 级

E. F 打头注写受力钢筋具体值

76. 根据《建筑工程建筑面积计算规范》GB/T 50353，不计算建筑面积的有（　　）。

A. 无围护结构的观光电梯

B. 坡地建筑物吊脚架空层

C. 仓库中的立体货架

D. 围护结构的舞台灯光控制室

E. 利用地势砌筑的室外踏步

77. 根据《房屋建筑与装饰工程工程量计算规范》GB 50854，下列关于石砌体工程量按照"m^3"计量的是（　　）。

A. 明沟

B. 石栏杆

C. 石坡道

D. 石勒脚

E. 石护坡

78. 根据《房屋建筑与装饰工程工程量计算规范》GB 50854 附录，关于混凝土工程量计算的说法，正确的有（　　）。

A. 框架柱的柱高按柱基上表面至上一层楼板上表面之间的高度计算

B. 依附柱上的牛腿及升板的柱帽，并入柱身体积内计算

C. 现浇混凝土无梁板按板和柱帽的体积之和计算

D. 预制混凝土楼梯按水平投影面积计算

E. 预制混凝土沟盖板、井盖板、井圈按设计图示尺寸以体积计算

79. 根据《房屋建筑与装饰工程工程量计算规范》GB 50854，关于钢筋工程量计算，说法正确的为（　　）。

A. 低合金钢筋一端采用镦头插片，另一端采用螺杆锚具时，钢筋增加 0.15m 计算

B. 碳素钢丝采用锥形锚具，孔道长度为 15m 时，钢丝束长度按孔道长度 16m 计算

C. ϕ20mm 钢筋一个半圆弯钩的增加长度为 125mm

D. 现浇构件钢筋按设计图示钢筋（网）长度（面积）乘单位理论质量计算

E. 箍筋根数=构件长度/箍筋间距+1

80. 根据《房屋建筑与装饰工程工程量计算规范》GB 50854，关于施工排水、降水工程量，说法正确的是（　　）。

A. 降水按实际降水深度计算

B. 排水按实际排水深度计算

C. 成井按设计图示尺寸以钻孔深度计算

D. 相应专项设计不具备时，可按暂估量计算

E. 临时排水沟安砌包括在施工排水措施项目中

专家权威详解

模拟题一答案与解析

一、单项选择题（共60题，每题1分，每题的备选项中，只有一个最符合题意）

1.【答案】C

【解析】选项A错，岩石中裂隙的面积与岩石总面积的百分比，裂隙率越大，表示岩石中的裂隙越发育。选项B错，褶皱构造是指组成地壳的岩层，受构造力的强烈作用后形成一系列波状弯曲而未丧失其连续性的构造，它是岩层产生的塑性变形。选项D错，在云母片岩、绿泥石片岩、滑石片岩、千枚岩等松散岩石分布地区，坡面易发生风化剥蚀，产生严重碎落坍塌，对路基边坡及路基排水系统会造成经常性的危害。

2.【答案】A

【解析】B选项错，潜水自水位较高处向水位较低处渗流。C选项错，包气带水埋藏浅，分布区和补给区一致。D选项错，承压水的水位的升降决定于水压的传递，冰水沉积物中的水属于潜水，其水位升降决定于地表水的渗入和地下水的蒸发，并在某些地方决定于水压的传递。

3.【答案】B

【解析】对于隧道工程来说，褶曲构造的轴部是岩层倾向发生显著变化的地方，是岩层应力最集中的地方，容易遇到工程地质问题，主要是由于岩层破碎而产生的岩体稳定问题和向斜轴部地下水的问题。因而，隧道一般从褶曲的翼部通过是比较有利的。

4.【答案】B

【解析】对于块状围岩，其坍塌总是从个别石块即“危石”掉落开始，再逐渐发展扩大，只要及时有效地防止个别“危石”掉落，就能保证围岩整体的稳定性。一般而言，对于此类围岩，喷混凝土支护即可，但对于边墙部分岩块可能沿某一结构面出现滑动时，应该用锚杆加固。

5.【答案】C

【解析】对于坚硬的整体围岩，岩块强度高，整体性好，在地下工程开挖后自身稳定性好，基本上不存在支护问题。这种情况下喷混凝土的作用主要是防止围岩表面风化，消除开挖后表面的凹凸不平及防止个别岩块掉落。

6.【答案】B

【解析】对于特殊重要的工业、能源、国防、科技和教育等方面新建项目的工程选址，还要考虑地区的地震烈度，尽量避免在高烈度地区建设。

7.【答案】C

【解析】砖混结构是指建筑物中竖向承重结构的墙、柱等采用砖或砌块砌筑，横向承重的梁、楼板、屋面板等采用钢筋混凝土结构的建筑。砖混结构是以小部分钢筋混凝土及大部分砖墙承重的结构。适合开间进深较小，房间面积小，多层或低层的建筑。

8. 【答案】B

【解析】条形基础是承重墙基础的主要形式，常用砖、毛石、三合土或灰土建造。当上部结构荷载较大而土质较差时，可采用钢筋混凝土建造，墙下钢筋混凝土条形基础一般做成无肋式。

9. 【答案】C

【解析】一般处于侵蚀介质中的工程应采用耐腐蚀的防水混凝土、防水砂浆或卷材、涂料；结构刚度较差或受振动影响的工程应采用卷材、涂料等柔性防水材料。

10. 【答案】D

【解析】在墙身中设置防潮层的目的是，防止土壤中的水分沿基础墙上升和勒脚部位的地面水影响墙身，其作用是提高建筑物的耐久性，保持室内干燥、卫生。

11. 【答案】B

【解析】梯梁通常设两根，分别布置在踏步板的两端。梯梁与踏步板在竖向的相对位置有两种：一种为明步，即梯梁在踏步板之下，踏步外露；另一种为暗步，即梯梁在踏步板之上，形成反梁，踏步包在里面。梯梁也可以只设一根，通常有两种形式：一种是踏步板的一端设梯梁，另一端搁置在墙上；另一种是用单梁悬挑踏步板。当荷载或梯段跨度较大时，采用梁式楼梯比较经济。

12. 【答案】B

【解析】道路工程结构组成一般分为路基、垫层、基层和面层四个部分。高级路面的结构由路基、垫层、底基层、基层、联结层和面层六部分组成。

13. 【答案】B

【解析】A 选项错，石灰工业废渣稳定细粒土（二灰土）不应用作高级沥青路面及高速公路和一级公路的基层。C 选项错，石灰稳定土基层适用于各级公路路面的底基层，可作二级和二级以下的公路的基层，但不应用作高级路面的基层。D 选项错，水泥稳定细粒土（水泥土）不能用作二级以上公路高级路面的基层。

14. 【答案】A

【解析】框架墩采用压挠和挠曲构件，组成平面框架代替墩身，支承上部结构，必要时可做成双层或更多层的框架支承上部结构。这类空心桥墩为轻型结构，由钢筋混凝土或预应力混凝土构件组成。

15. 【答案】B

【解析】盖板涵在结构形式方面有利于在低路堤上使用，当填土较小时可做成明涵。钢筋混凝土盖板涵适用于无石料地区且过水面积较大的明涵或暗涵。石盖板涵适用于石料丰富且过水流量较小的小型涵洞。

16. 【答案】B

【解析】A 选项错，地下车站宜浅，车站层数宜少。C 选项错，车站间的距离应根据现状及规划的城市道路布局和客流实际需要确定，一般在城市中心区和居民稠密地区宜为 1km 左右，在城市外围区应根据具体情况适当加大车站间的距离。D 选项错，车站平面形式应根据线路特征、营运要求、地上和地下环境及施工方法等条件确定。车站间的距离应根据现状及规划的城市道路布局和客流实际需要确定。

17.【答案】A

【解析】干线共同沟主要收容城市中的各种供给主干线，但不直接为周边用户提供服务。设置于道路中央下方，向支线共同沟提供配送服务，管线为通信、有线电视、电力、燃气、自来水等。特点为结构断面尺寸大、覆土深、系统稳定且输送量大，具有高度的安全性，维修及检测要求高。

18.【答案】A

【解析】冷轧带肋钢筋分为 CRB550、CRB650、CRB800、CRB600H、CRB680H、CRB800H 六个牌号。CRB550、CRB600H 为普通钢筋混凝土用钢筋，CRB650、CRB800、CRB800H 为预应力混凝土用钢筋，CRB680H 既可作为普通钢筋混凝土用钢筋，也可作为预应力混凝土用钢筋。

19.【答案】B

【解析】快硬硫铝酸盐水泥具有快凝、早强、不收缩的特点，宜用于配制早强、抗渗和抗硫酸盐侵蚀混凝土等，适用于浆锚、喷锚支护、抢修、抗硫酸盐腐蚀、海洋建筑等工程。

20.【答案】C

【解析】泵送混凝土的粗骨料应采用连续级配，粗骨料的级配影响孔隙率和砂浆用量，对混凝土泵送影响较大。水泥混凝土路面混凝土板用粗骨料，应采用连续粒级 5~40mm。

21.【答案】C

【解析】混凝土掺入减水剂的技术经济效果：①保持坍落度不变，掺减水剂可降低单位混凝土用水量，从而降低了水灰比，提高混凝土强度，同时改善混凝土的密实度，提高耐久性；②保持用水量不变，掺减水剂可增大混凝土坍落度（流动性）；③保持强度不变，掺减水剂可节约水泥用量。减水剂常用品种有普通减水剂、高效减水剂、高性能减水剂等。

22.【答案】A

【解析】B 选项错，烧结普通砖的外形为直角六面体，其标准尺寸为 240mm×115mm×53mm。D 选项错，烧结多孔砖是以黏土、页岩、煤矸石、粉煤灰等为主要原料烧制的主要用于结构承重的多孔砖。多孔砖大面有孔，孔多而小，孔洞垂直于大面（即受压面），孔洞率不小于 25%。

23.【答案】D

【解析】着色玻璃能有效吸收太阳的辐射热，产生“冷室效应”，可达到避热节能的效果。着色玻璃能吸收较多的可见光，使透过的阳光变得柔和，避免眩光并改善室内色泽。着色玻璃能较强地吸收太阳的紫外线，有效地防止紫外线对室内物品的褪色和变质产生的影响。

24.【答案】B

【解析】硬质纤维板密度大、强度高，主要用作壁板、门板、地板、家具和室内装修等。中密度纤维板是家具制造和室内装修的优良材料。软质纤维板表观密度小、吸声绝热性能好，可作为吸声或绝热材料使用。

25.【答案】C

【解析】薄板振动吸声结构具有低频吸声特性，同时还有助于声波的扩散。建筑中常用胶合板、薄木板、硬质纤维板、石膏板、石棉水泥板或金属板等，将其固定在墙或天棚的龙骨上，并在背后留有空气层，即成薄板振动吸声结构。

26. 【答案】B

【解析】见教材表 4.3.1 基坑结构安全等级及重要性系数。

表 4.3.1 基坑结构安全等级及重要性系数

安全等级	破坏后果	γ_0
一级	支护结构失效、土体失稳或过大变形对基坑周边环境及地下结构施工影响很严重	1.10
二级	支护结构失效、土体失稳或过大变形对基坑周边环境及地下结构施工影响严重	1.00
三级	支护结构失效、土体失稳或过大变形对基坑周边环境及地下结构施工影响不严重	0.90

排桩与桩墙。挡土灌注排桩是以现场灌注桩、按队列式布置组成的支护结构；地下连续墙系用机械施工方法成槽浇灌钢筋混凝土形成的地下墙体。具有刚度大、抗弯强度高、变形小、适应性强、工作场地不大、振动小、噪声低等特点，但排桩墙不能止水，连续墙施工需要较多机具设备。其适用条件如下：适于基坑侧壁安全等级一、二、三级；悬臂式结构在软土场地中不宜大于 5m；当地下水位高于基坑底面时，宜采用降水、排桩与水泥土桩组合截水帷幕或采用地下连续墙；用于逆作法施工。

27. 【答案】B

【解析】对于挖、填相邻，地形起伏较大，且工作地段较长的情况，可采用 8 字形路线。

28. 【答案】D

【解析】土木工程的地基问题，概括地说，可包括以下四个方面：①强度和稳定性问题。当地基的承载能力不足以支承上部结构的自重及外荷载时，地基就会产生局部或整体剪切破坏。②压缩及不均匀沉降问题。当地基在上部结构的自重及外荷载作用下产生过大的变形时，会影响结构物的正常使用，特别是超过结构物所能容许的不均匀沉降时，结构可能开裂破坏。沉降量较大时，不均匀沉降往往也较大。③地基的渗漏量超过容许值时，会发生水量损失，导致事故。④地震、机器以及车辆的振动、波浪作用和爆破等动力荷载可能引起地基土，特别是饱和无黏性土的液化、失稳和振陷等危害。

29. 【答案】C

【解析】A 选项错，羊足碾一般用于碾压黏性土，不适于砂性土，因为在砂土中碾压时，土的颗粒受到羊足碾较大的单位压力后会向四面移动而使土的结构破坏。B 选项错，如果先用轻碾压实，再用重碾压实就会取得较好效果。D 选项错，振动碾是一种振动和碾压同时作用的高效能压实机械，比一般平碾提高功效 1~2 倍，可节省动力 30%。

30. 【答案】B

【解析】滑升模板是一种工具式模板，由模板系统、操作平台系统和液压系统三部分组成。适用于现场浇筑高耸的构筑物和高层建筑物等，如烟囱、筒仓、电视塔、竖井、沉井、双曲线冷却塔和剪力墙体系及筒体体系的高层建筑等。

31. 【答案】C

【解析】大跨度结构整体顶升法施工在国内还只适用于净空不高和尺寸不大的薄壳结构吊装。

32. 【答案】A

【解析】接头管是目前地下连续墙施工中采用最多的一种接头。施工时，当一个单元槽段的土方挖完后，在槽段的端部用吊车放入接头管，然后吊放钢筋笼并浇筑混凝土。

33. 【答案】D

【解析】A 选项错，石材、地面砖铺贴前应浸水湿润。B 选项错，结合层砂浆宜采用体积比为 1∶3 的干硬性水泥砂浆。C 选项错，铺贴前应在水泥砂浆上刷一道水灰比为 1∶2 的素水泥浆。

34. 【答案】C

【解析】墙面石材铺装应符合下列规定：

（1）墙面砖铺贴前应进行挑选，并应按设计要求进行预拼。

（2）强度较低或较薄的石材应在背面粘贴玻璃纤维网布。

（3）当采用湿作业法施工时，固定石材的钢筋网应与预埋件连接牢固。每块石材与钢筋网拉结点不得少于 4 个。拉结用金属丝应具有防锈性能。灌注砂浆前应将石材背面及基层湿润，并应用填缝材料临时封闭石材板缝，避免漏浆。灌注砂浆宜用 1∶2.5 水泥砂浆，灌注时应分层进行，每层灌注高度宜为 150～200mm，且不超过板高的 1/3，插捣应密实。待其初凝后方可灌注上层水泥砂浆。

（4）当采用粘贴法施工时，基层处理应平整但不应压光。胶粘剂的配合比应符合产品说明书的要求。胶液应均匀、饱满地刷抹在基层和石材背面，石材就位时应准确，并应立即挤紧、找平、找正，进行顶、卡固定。溢出胶液应随时清除。

35. 【答案】A

【解析】路堤通常是利用沿线就近土石作为填筑材料。选择填料时应尽可能选择当地强度高、稳定性好并利于施工的土石作路堤填料。一般情况下，碎石、卵石、砾石、粗砂等具有良好透水性，而且强度高、稳定性好，因此可优先采用。亚砂土、粉质黏土等经压实后也具有足够的强度，故也可采用。粉性土水稳定性差，不宜作路堤填料。重黏土、黏性土、捣碎后的植物土等由于透水性差，作路堤填料时应慎重采用。

36. 【答案】B

【解析】混凝土的配合比设计在兼顾技术经济性的同时应满足弯拉强度、工作性、耐久性三项指标要求。

37. 【答案】A

【解析】锚碇是主缆索的锚固构造。主缆索中的拉力通过锚碇传至基础。

38. 【答案】B

【解析】整个土方开挖顺序必须与支护结构的设计工况严格一致，要遵循开槽支撑、先撑后挖、分层开挖、严禁超挖的原则。同一基坑内当深浅不同时，土方开挖宜先从浅基坑处开始，如条件允许可待浅基坑处底板浇筑后，再挖基坑较深处的土方。当两个深浅不同的基坑同时挖土时，土方开挖宜先从较深基坑开始，待较深基坑底板浇筑后，再开始挖较浅基坑的土方。基坑采用机械挖土，坑底应保留 200~300mm 厚基土，用人工清理整平，防止坑底土扰动。

39. **【答案】** A

【解析】 钻爆法由于采用爆炸的方式，在城市人口密集地区不能采用，因为振动可能影响附近的建筑或居民生活。因此，一般短洞、地下大洞室、不是圆形的隧洞、地质条件变化大的地方都常用钻爆法；长洞，又没有条件布置施工支洞、施工斜井的，或者地质条件很差，特别软弱的地方，不利于钻爆法。

40. **【答案】** B

【解析】 本题考核普通水泥砂浆锚杆施工要点。普通水泥砂浆锚杆如教材中图 4. 3. 21 所示，是以普通水泥砂浆作为胶粘剂的全长粘结式锚杆。

（1）砂浆强度等级不低于 M20；砂浆配合比一般为水泥：砂：水 = 1：（1~15）：（0. 45~0. 50）。水灰比宜为 0. 45~0. 50，砂的粒径≥3mm。

（2）杆体材料宜用 HRB335 钢筋，一般采用 HPB300 钢筋；直径 14~22mm 为宜，长度 2. 0~3. 5m，为增加锚固力，杆体内端可以劈口叉开。

（3）钻孔方向宜尽量与岩层主要结构面垂直。孔钻好后用高压水将孔眼冲洗干净，并用塞子塞紧孔口，以防止石渣或泥土掉入钻孔内。

（4）锚杆及胶粘剂材料制作，应符合设计要求，锚杆应按实际要求尺寸截取，外端不用垫板的锚杆应先弯制弯头。

（5）粘结砂浆应拌合均匀，随拌随用，一次拌合的砂浆应在初凝前用完。

41. **【答案】** D

【解析】 A 选项错，工程量计算规则计算的工程量一般为施工图纸的净量，不考虑施工余量。B 选项错，物理计量单位是指以公制度量表示的长度、面积、体积和重量等计量单位。如预制钢筋混凝土方桩以“m”为计量单位，墙面抹灰以“m^2”为计量单位，混凝土以“m^3”为计量单位等。自然计量单位指建筑成品表现在自然状态下的简单点数所表示的个、条、樘、块等计量单位。如门窗工程可以以“樘”为计量单位；桩基工程可以以“根”为计量单位等。C 选项错，定额中的工程量计算规则除了消耗量定额，其他定额中也都有相应的工程量计算规则，如概算定额。

42. **【答案】** B

【解析】 统筹图主要由计算工程量的主次程序线、基数、分部分项工程量计算式及计算单位组成。主要程序线是指在“线”“面”基数上连续计算项目的线，次要程序线是指在分部分项项目上连续计算的线。

43. **【答案】** D

【解析】 梁平法施工图分平面注写方式、截面注写方式。梁的平面注写包括集中标注与原位标注。集中标注表达梁的通用数值，原位标注表达梁的特殊数值。当集中标注中的某项数值不适用于梁的某部位时，可将该项数值原位标注。施工时，原位标注优先于集中标注。

44. **【答案】** D

【解析】 建筑物的建筑面积应按自然层外墙结构外围水平面积之和计算。结构层高在

2.20m 及以上的，应计算全面积；结构层高在 2.20m 以下的，应计算 1/2 面积。

45.【答案】A

【解析】场馆看台下的建筑空间，结构净高在 2.10m 及以上的部位应计算全面积；结构净高在 1.20m 及以上至 2.10m 以下的部位应计算 1/2 面积；结构净高在 1.20m 以下的部位不应计算建筑面积。

46.【答案】D

【解析】对于建筑物间的架空走廊，有顶盖和围护结构的应按其围护结构外围水平面积计算全面积；无围护结构、有围护设施的应按其结构底板水平投影面积计算 1/2 面积。

47.【答案】A

【解析】有顶盖无围护结构的车棚、货棚、站台、加油站、收费站等，应按其顶盖水平投影面积的 1/2 计算建筑面积。

48.【答案】D

【解析】平整场地按设计图示尺寸以建筑物首层建筑面积计算。

49.【答案】A

【解析】B 选项错，预压地基、强夯地基、振冲密实（不填料），按设计图示处理范围以面积“m^2”计算。C 选项错，换填垫层，按设计图示尺寸以体积“m^3”计算。D 选项错，褥垫层以“m^2”计量，按设计图示尺寸以铺设面积计算；以“m^3”计量，按设计图示尺寸以体积计算。

50.【答案】C

【解析】灌注桩工程量计算规则：

（1）泥浆护壁成孔灌注桩、沉管灌注桩、干作业成孔灌注桩，以“m”计量，按设计图示尺寸以桩长（包括桩尖）计算；以“m^3”计量，按不同截面在桩上范围内以体积计算；以“根”计量，按设计图示数量计算。

（2）挖孔桩土（石）方，按设计图示尺寸（含护壁）截面积乘以挖孔深度以体积“m^3”计算。

（3）人工挖孔灌注桩以“m^3”计量，按桩芯混凝土体积计算；以“根”计量，按设计图示数量计算。工作内容中包括了护壁的制作，护壁的工程量不需要单独编码列项，应在综合单价中考虑。

（4）钻孔压浆桩以“m”计量，按设计图示尺寸以桩长计算；以“根”计量，按设计图示数量计算。

（5）灌注桩后压浆，按设计图示以注浆“孔”数计算。

51.【答案】D

【解析】A 选项错，人工挖孔灌注桩以“m^3”计量，按桩芯混凝土体积计算；以“根”计量，按设计图示数量计算。工作内容中包括了护壁的制作，护壁的工程量不需要单独编码列项，应在综合单价中考虑。B 选项错，灌注桩后压浆，按设计图示以注浆孔数“孔”计算。C 选项错，项目特征中的桩长应包括桩尖，空桩长度=孔深-桩长，孔深为自然地面至设计桩底的深度。

52.【答案】B

【解析】沟盖板、井盖板、井圈，以“m^3”计量时，按设计图示尺寸以体积计算；以“块”计量时，按设计图示尺寸以数量计算。

53.【答案】B

【解析】A 选项错，薄壳板的肋、基梁并入薄壳体积内计算。C 选项错，现浇混凝土基础包括垫层、带形基础、独立基础、满堂基础、桩承台基础、设备基础等项目，按设计图示尺寸以体积“m^3”计算。不扣除构件内钢筋、预埋铁件和伸入承台基础的桩头所占体积。D 选项错，整体楼梯（包括直形楼梯、弧形楼梯）水平投影面积包括休息平台、平台梁、斜梁和楼梯的连接梁。

54.【答案】D

【解析】钢支撑、钢拉条、钢檩条、钢天窗架、钢挡风架、钢墙架、钢平台、钢走道、钢梯、钢栏杆、钢支架、零星钢构件，按设计图示尺寸以质量“t”计算。不扣除孔眼的质量，焊条、铆钉、螺栓等不另增加质量。

55.【答案】C

【解析】压型钢板墙板，按设计图示尺寸以铺挂面积“m^2”计算。不扣除单个面积≤0.3m^2 的梁、孔洞所占面积，包角、包边、窗台泛水等不另加面积。

56.【答案】D

【解析】A 选项错，屋架中钢拉杆、钢夹板等应包括在清单项目的综合单价内。B 选项错，木屋架，以“榀”计量时，按设计图示数量计算；以“m^3”计量时，按设计图示规格尺寸以体积计算。C 选项错，带气楼的屋架和马尾、折角以及正交部分的半屋架，按相关屋架项目编码列项。

57.【答案】B

【解析】金属（塑钢、断桥）窗、金属防火窗、金属百叶窗、金属格栅窗工程量，以“樘”计量，按设计图示数量计算；以“m^2”计量，按设计图示洞口尺寸以面积计算。木门窗套、木筒子板、饰面夹板筒子板、金属门窗套、石材门窗套、成品木门窗套，以“樘”计量，按设计图示数量计算；以“m^2”计量，按设计图示尺寸以展开面积计算；以“m”计量，按设计图示中心以延长米计算。木窗帘盒、饰面夹板、塑料窗帘盒、铝合金属窗帘盒、窗帘轨，按设计图示尺寸以长度“m”计算。

58.【答案】C

【解析】斜屋顶按斜面积计算；平屋顶按水平投影面积计算。屋面的女儿墙、伸缩缝和天窗等处的弯起部分，并入屋面工程量内。屋面排水管按设计图示尺寸以长度计算，设计未标注尺寸的，以檐口至地面散水上表面垂直距离计算。屋面天沟按设计图示尺寸以展开面积计算。

59.【答案】B

【解析】石材零星项目、碎拼石材零星项目、块料零星项目、水泥砂浆零星项目，按设计图示尺寸以面积“m^2”计算。

60.【答案】D

【解析】干挂石材钢骨架，按设计图示尺寸以质量“t”计算。

二、多项选择题（共20题，每题2分。每题的备选项中，有2个或2个以上符合题意，至少有1个错项。错选，本题不得分；少选，所选的每个选项得0.5分）

61.【答案】BDE

【解析】石英、石膏硬度数之和是9，黄玉、方解石硬度数之和是11，滑石、磷灰石硬度数之和是6，长石、萤石硬度数之和是10，刚玉、金刚石硬度数之和是19。

答61表 矿物硬度表

硬度	1	2	3	4	5	6	7	8	9	10
矿物	滑石	石膏	方解石	萤石	磷灰石	长石	石英	黄玉	刚玉	金刚石

62.【答案】ACD

【解析】对充填胶结差，影响承载力或抗渗要求的断层，浅埋的尽可能清除回填，深埋的灌水泥浆处理；泥化夹层影响承载能力，浅埋的尽可能清除回填，深埋的一般不影响承载能力。断层、泥化软弱夹层可能是基础或边坡的滑动控制面，对于不便清除回填的，根据埋深和厚度，可采用锚杆、抗滑桩、预应力锚索等进行抗滑处理。

63.【答案】ADE

【解析】外墙内保温大多采用干作业施工，使保温材料避免了施工水分的入侵而变潮。外墙内保温的优点有：一是外墙内保温的保温材料在楼板处被分割，施工时仅在一个层高内进行保温施工，施工时不用脚手架或高空吊篮，施工比较安全方便，不损害建筑物原有的立面造型，施工造价相对较低。二是由于绝热层在内侧，在夏季的晚上，墙的内表面温度随空气温度的下降而迅速下降，减少闷热感。三是耐久性好于外墙外保温，增加了保温材料的使用寿命。四是有利于安全防火。五是施工方便，受风、雨天影响小。外墙内保温的主要缺点是：一是保温隔热效果差，外墙平均传热系数高。二是热桥保温处理困难，易出现结露现象。三是占用室内使用面积。四是不利于室内装修，包括重物钉挂困难等，在安装空调、电话及其他装饰物等设施时尤其不便。五是不利于既有建筑的节能改造。六是保温层易出现裂缝。由于外墙的温差大，直接影响到墙体内表面应力变化，这种变化一般比外保温墙体大得多。昼夜和四季的更替，易引起内表面保温的开裂，特别是保温板之间的裂缝尤为明显。

64.【答案】ABE

【解析】现浇钢筋混凝土楼板：在施工现场支模、绑扎钢筋、浇筑混凝土并养护，当混凝土强度达到规定的拆模强度，并拆除模板后形成的楼板，称为现浇钢筋混凝土楼板。由于是在现场施工又是湿作业，且施工工序多，因而劳动强度较大，施工周期相对较长，但现浇钢筋混凝土楼盖具有整体性好，平面形状根据需要任意选择，防水、抗震性能好等优点，在一些房屋特别是高层建筑中经常采用。

65.【答案】ABCD

【解析】高层建筑屋面宜采用内排水；多层建筑屋面宜采用有组织外排水；低层建筑及檐高小于10m的屋面，可采用无组织排水。多跨及汇水面积较大的屋面宜采用天沟排水，天沟找坡较长时，宜采用中间内排水和两端外排水。

屋面应适当划分排水区域，排水路线应简洁，排水应通畅。采用重力式排水时，屋面每个汇水面积内，雨水排水管不宜少于2根，暴雨强度较大地区的大型屋面，宜采用虹吸式屋面雨水排水系统。严寒地区应采用内排水，寒冷地区宜采用内排水。湿陷性黄土地区宜采用有组织排水，并应将雨雪水直接排至排水管网。

66.【答案】BCD

【解析】A选项错，在设置伸缩缝处，栏杆与桥面铺装都要断开。E选项错，要求伸缩缝在平行、垂直于桥梁轴线的两个方向，均能自由伸缩。

67.【答案】ACDE

【解析】影响混凝土和易性的主要因素：

（1）水泥浆。水泥浆是普通混凝土和易性最敏感的影响因素。

（2）骨料品种与品质。采用最大粒径稍小、棱角少、片状针颗粒少、级配好的粗骨料，细度模数偏大的中粗砂、砂率稍高、水泥浆体量较多的拌合物，混凝土和易性的综合指标较好。一般采用卵石（河砂）拌制的混凝土拌合物比采用碎石（山砂）拌制的混凝土拌合物流动性好。

（3）砂率。是指混凝土拌合物砂用量与砂石总量比值的百分率。砂率过大或过小都降低混凝土拌合物的流动性，因此砂率有一个合理值，即在用水量及水泥用量一定的条件下，存在最佳砂率，使混凝土拌合物获得最大的流动性，且保持黏聚性和保水性。

（4）其他因素

1）水泥与外加剂。与普通硅酸盐水泥相比，采用矿渣水泥、火山灰水泥的混凝土拌合物流动性较小。在混凝土拌合物中加入适量外加剂，如减水剂、引气剂等，使混凝土在较低水灰比、较小用水量的条件下，仍能获得很好的流动性。

2）温度和时间。混凝土拌合物流动性随温度的升高而降低。随着时间的延长，拌合好的混凝土坍落度逐渐减小。

68.【答案】ABCD

【解析】高强混凝土的特点：

（1）高强混凝土的优点

1）高强混凝土可减少结构断面，降低钢筋用量，增加房屋使用面积和有效空间，减轻地基负荷；

2）高强混凝土致密坚硬，其抗渗性、抗冻性、耐蚀性、抗冲击性等诸方面性能均优于普通混凝土；

3）对预应力钢筋混凝土构件，高强混凝土由于刚度大、变形小，故可以施加更大的预应力和更早地施加预应力，以及减少因徐变而导致的预应力损失。

（2）高强混凝土的不利条件

1）高强混凝土容易受到施工各环节中环境条件的影响，所以对其施工过程的质量管理水平要求高；

2）高强混凝土的延性比普通混凝土差。

69.【答案】ACE

【解析】现行国家标准《建筑材料放射性核素限量》GB 6566中规定，装修材料（花岗石、建筑陶瓷、石膏制品等）中以天然放射性核素的放射性比活度和外照射指数的限值分为 A、B、C 三类：A 类产品的产销与使用范围不受限制；B 类产品不可用于 I 类民用建筑的内饰面，但可用于 I 类民用建筑的外饰面及其他一切建筑物的内、外饰面；C 类产品只可用于一切建筑物的外饰面。

70. 【答案】ABDE

【解析】岩棉及矿渣棉最高使用温度约 600℃。石棉最高使用温度可达 500~600℃。玻璃棉最高使用温度 400℃。泡沫玻璃最高使用温度 500℃。陶瓷纤维最高使用温度为 1100~1350℃。

71. 【答案】BCE

【解析】A 选项错，正循环钻孔灌注桩适用于黏性土、砂土、强风化、中等到微风化岩石。D 选项错，冲击成孔灌注桩适用于黏性土、砂土、碎石土和各种岩层。

72. 【答案】CDE

【解析】H 为起重机的起重高度（m），从停机面算起至吊钩中心（答 72 图）；

h_1 为安装支座表面高度（m），从停机面算起；

h_2 为安装空隙（m），一般不小于 0.3m；

h_3 为绑扎点至所吊构件底面的距离（m）；

h_4 为索具高度（m），自绑扎点至吊钩中心的距离，视具体情况而定。

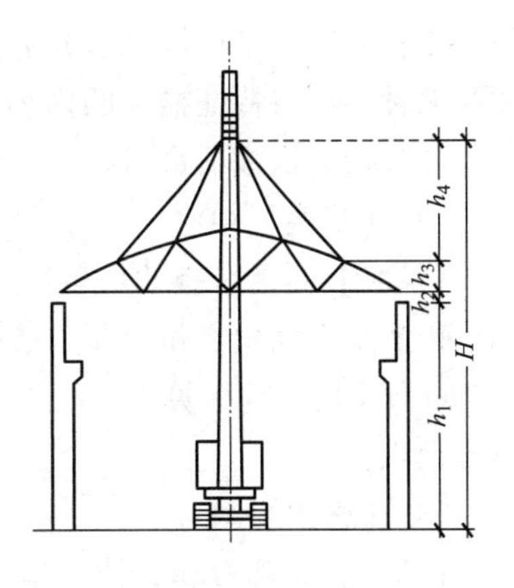

答 72 图　起重机示意

73. 【答案】CE

【解析】换填法：一般适用于地表下 0.5~3.0m 之间的软土处治。

（1）开挖换填法。将软弱地基层全部挖除或部分挖除，用透水性较好的材料（如砂砾、碎石、钢渣等）进行回填。该方法简单易行，也便于掌握。对于软基较浅（1~2m）的泥沼地特别有效。但对于深层软基处理，要求沉降控制较严的路基、桥涵构造物、引道等，应考虑采用其他方法。按软土层的分布形态与开挖部位，有全面开挖换填和局部开挖换填两种。

（2）抛石挤淤法。在路基底部抛投一定数量片石，将淤泥挤出基底范围，以提高地基的强度。这种方法施工简单、迅速、方便，适用于常年积水的洼地，排水困难，泥炭呈流动状态，厚度较薄，表层无硬壳，片石能沉达底部的泥沼或厚度为 3~4m 的软土；在特别软弱的地面上施工由于机械无法进入，或是表面存在大量积水无法排除时；石料丰富、运距较短的情况。

（3）爆破排淤法。爆破排淤法用于淤泥（泥炭）层较厚、稠度大、路堤较高和施工期紧迫时；路段内没有桥涵等构造物，路基承载力均衡一致，因整体沉降不会对道路产生破坏，也可考虑换填。但对桥涵构造物及两侧引道等应考虑采用其他方法。

74. 【答案】BC

【解析】填石路堤施工的填筑方法主要有：①竖向填筑法（倾填法）：可用在陡峻山坡等施工特别困难或大量以爆破方式挖开填筑的路段。②分层压实法（碾压法）：自下而上水平分层，逐层填筑，逐层压实，是普遍采用并能保证填石路堤质量的方法。③冲击压实法：具有分层法连续性的优点，又具有强力夯实法压实厚度深的优点。缺点是在周围有建筑物时，使用受到限制。④强力夯实法：该方法机械设备简单，击实效果显著，施工中不需铺撒细粒料，施工速度快，有效解决了大块石填筑地基厚层施工的夯实难题。

75. **【答案】** AC

【解析】 深基坑支护形式中，属于板桩式的有：钢板桩、型钢横挡板、钢筋混凝土板桩。

76. **【答案】** ABDE

【解析】 工程量计算规范包括正文、附录和条文说明三部分。正文部分包括总则、术语、工程计量、工程量清单编制。附录对分部分项工程和可计量的措施项目的项目编码、项目名称、项目特征描述的内容、计量单位、工程量计算规则及工作内容作了规定；对于不能计量的措施项目则规定了项目编码、项目名称和工作内容及包含范围。

77. **【答案】** AD

【解析】 本题考查的是建筑面积计算规则与方法。建筑物的建筑面积应按自然层外墙结构外围水平面积之和计算。结构层高在 2. 20m 及以上的，应计算全面积；结构层高在 2. 20m 以下的，应计算 1/2 面积。墙面抹灰、装饰面、镶贴块料面层、装饰性幕墙不计算建筑面积。

78. **【答案】** AE

【解析】 选项 B 错，楼（地）面防水反边高度≤300mm 算作地面防水，反边高度>300mm 算作墙面防水。选项 C 错，楼（地）面防水搭接及附加层用量不另行计算，在综合单价中考虑。选项 D 错，楼（地）面防水按主墙间净空面积计算，扣除凸出地面的构筑物、设备基础等所占面积，不扣除间壁墙及单个面积≤0. 3m^2 柱、垛、烟囱和孔洞所占面积。

79. **【答案】** ACD

【解析】 水泥砂浆楼地面、现浇水磨石楼地面、细石混凝土楼地面、菱苦土楼地面、自流坪楼地面，按设计图示尺寸以面积“m^2”计算；踢脚线包括水泥砂浆踢脚线、石材踢脚线、块料踢脚线、塑料板踢脚线、木质踢脚线、金属踢脚线、防静电踢脚线，工程量以“m^2”计量，按设计图示长度乘高度以面积计算；以“m”计量，按延长米计算；塑料板楼梯面层，按设计图示尺寸以楼梯（包括踏步、休息平台及≤500mm 的楼梯井）水平投影面积“m^2”计算；石材台阶面、块料台阶面、拼碎块料台阶面、水泥砂浆台阶面、现浇水磨石台阶面、剁假石台阶面，工程量按设计图示尺寸以台阶（包括最上层踏步边沿加 300mm）水平投影面积“m^2”计算。

80. **【答案】** ACD

【解析】 B 选项错，综合脚手架按建筑面积“m^2”计算。E 选项错，挑脚手架按搭设长度乘以搭设层数以延长米计算。

模拟题二答案与解析

一、单项选择题（共 60 题，每题 1 分，每题的备选项中，只有一个最符合题意）

1. **【答案】** B

【解析】 岩浆岩、沉积岩和变质岩的地质特征，见答 1 表。

答 1 表　　三种岩石的地质特征

岩类	岩浆岩	沉积岩	变质岩
主要矿物成分	全部为从岩浆岩中析出的原生矿物，成分复杂，但较稳定。浅色的矿物有石英、长石、白云母等；深色的矿物有黑云母、角闪石、辉石、橄榄石等	次生矿物占主要地位，成分单一，一般多不固定。常见的有石英、长石、白云母、方解石、白云石、高岭石等	除具有变质前原来岩石的矿物，如石英、长石、云母、角闪石、辉石、方解石、白云石、高岭石等外，尚有经变质作用产生的矿物，如石榴子石、滑石、绿泥石、蛇纹石等
结构	以结晶粒状、斑状结构为特征	以碎屑、泥质及生物碎屑结构为特征。部分为成分单一的结晶结构，但肉眼不易分辨	以变晶结构等为特征
构造	具块状、流纹状、气孔状、杏仁状构造	具层理构造	多具片理构造
成因	直接由高温熔融的岩浆形成	主要由先成岩石的风化产物，经压密、胶结、重结晶等成岩作用而形成	由先成的岩浆岩、沉积岩和变质岩，经变质作用而形成

2. **【答案】** A

【解析】 对于深层侵入岩、厚层坚硬的沉积岩以及片麻岩、石英岩等构成的边坡，一般稳定程度是较高的。只有在节理发育、有软弱结构面穿插且边坡高陡时，才易发生崩塌或滑坡现象。

3. **【答案】** C

【解析】 承压水也称为自流水，是地表以下充满两个稳定隔水层之间的重力水。承压水含水层上部的隔水层称为隔水顶板，下部的隔水层称为隔水底板。顶底板之间的距离为含水层厚度。

4. **【答案】** C

【解析】 构造裂隙水分布在构造裂隙中。由于地壳的构造运动，岩石受挤压、剪切等应力作用形成构造裂隙，其发育程度既取决于岩石本身的性质，也取决于边界条件及构造应力分布等因素。当构造应力分布比较均匀且强度足够时，则在岩体中形成比较密集均匀且相互连通的张开性构造裂隙，这种裂隙常赋存层状构造裂隙水。当构造应力分布不均匀时，岩体中张开性构造裂隙分布不连续不沟通，则赋存脉状构造裂隙水。

5. **【答案】** B

【解析】 当地下水的动水压力大于土粒的浮容重或地下水的水力坡度大于临界水力坡度时，就会产生流砂。其严重程度按现象可分三种：一是轻微流砂，细小的土颗粒会随着地下水渗漏穿过缝隙而流入基坑；二是中等流砂，在基坑底部，尤其是靠近围护桩墙的地方，出现粉细砂堆及许多细小土粒缓慢流动的渗水沟纹；三是严重流砂，流砂冒出速度增加，甚至像开水初沸翻泡。流砂易产生于细砂、粉砂、粉质黏土等土中，致使地表塌陷或建筑物的地基破坏，给施工带来很大困难，或直接影响工程建设及附近建筑物的稳定。

6. **【答案】** C

【解析】 道路选线应尽量避开断层裂谷边坡，尤其是不稳定边坡；避开岩层倾向与坡面倾向一致的顺向坡，尤其是岩层倾角小于坡面倾角的顺向坡；避免路线与主要裂隙发育方向平行，尤其是裂隙倾向与边坡倾向一致的；避免经过大型滑坡体、不稳定岩堆和泥石流地段及其下方。

7. **【答案】** B

【解析】 单层厂房的屋架常选用桁架结构。桁架结构在其他结构体系中也得到了应用，如拱式结构、单层刚架结构等，当断面较大时，也可采用桁架的形式。

8. **【答案】** C

【解析】 如地基基础软弱而荷载又很大，采用十字基础仍不能满足要求或相邻基槽距离很小时，可用钢筋混凝土做成混凝土的筏形基础。

9. **【答案】** B

【解析】 梁板式肋形楼板由主梁、次梁（肋）、板组成，具有传力线路明确、受力合理的特点。当房屋的开间、进深较大，楼面承受的弯矩较大时，常采用这种楼板。

10. **【答案】** D

【解析】 水磨石地面坚硬、耐磨、光洁、不透水、不起灰，它的装饰效果也优于水泥砂浆地面，但造价高于水泥砂浆地面，施工较复杂，无弹性，吸热性强，常用于人流量较大的交通空间和房间。

11. **【答案】** A

【解析】 全预制装配式结构通常采用柔性连接技术，因此，地震作用下弹塑性变形通常发生在连接处，而梁柱构件本身不会被破坏，或者是变形在弹性范围内。因此全预制装配式结构的恢复性能好，震后只需对连接部位进行修复即可继续使用，具有较好的经济效益。预制装配整体式结构，是指部分结构构件均在工厂内生产，预制装配整体式结构通常采用强连接节点，由于强连接的装配式结构在地震中依靠构件面的非弹性变形耗能能力，因此能够达到与现浇混凝土结构相同或相近的抗震能力，具有良好的整体性能，具有足够的强度、刚度和延性，能安全抵抗地震力。

12. **【答案】** D

【解析】 桥梁的组成与分类：①上部结构（也称桥跨结构）。上部结构是指桥梁结构中直接承受车辆和其他荷载，并跨越各种障碍物的结构部分。一般包括桥面构造（行车道、人行道、栏杆等）、桥梁跨越部分的承载结构和桥梁支座。②下部结构。下部结构是指桥梁结构中设置在地基上用于支承桥跨结构，将其荷载传递至地基的结构部分。一般包括桥墩、桥台及墩台基础。

13. **【答案】** C

【解析】 A 选项错，交通辅助标志不得单独使用；B 选项错，标志板在一根支柱上并设时，应按警告、禁令、指示的顺序；D 选项错，信号灯设在进口端右侧人行道边。

14. **【答案】** B

【解析】 涵洞是城镇道路路基工程重要组成部分。小断面涵洞通常用作排水，一般采用管涵形式。大断面涵洞分为拱形涵、盖板涵、箱涵，用作人行通道或车行道。

15. **【答案】** C

【解析】 沥青贯入式路面是在初步压实的碎石（或轧制砾石）上，分层浇洒沥青、撒布嵌缝料，经压实而成的路面结构，厚度通常为 40~80mm；当采用乳化沥青时称为乳化沥青贯入式路面，其厚度为 40~50mm。沥青贯入式路面适用于三、四级公路的沥青面层，也可作为沥青混凝土路面的联结层。

16. **【答案】** A

【解析】（1）贮库布置与交通的关系。贮库最好布置在居住用地之外，离车站不远，以便把铁路支线引至贮库所在地。对小城市的贮库布置，起决定作用的是对外运输设备（如车站、码头）的位置；大城市除了要考虑对外交通外，还要考虑市内供应线的长短问题。大库区以及批发和燃料总库，必须要考虑铁路运输问题。贮库不应直接沿铁路干线两侧布置，尤其是地下部分，最好布置在生活居住区的边缘地带，同铁路干线有一定的距离。

（2）贮库的分布与居住区、工业区的关系。一般危险品贮库应布置在离城 10km 以外的地上与地下；一般贮库都布置在城市外围。一般食品库布置的基本要求是：应布置在城市交通干道上，不要在居住区内设置；地下贮库洞口（或出入口）的周围，不能设置对环境有污染的各种贮库；性质类似的食品贮库，尽量集中布置在一起；冷库的设备多、容积大，需要铁路运输，一般多设在郊区或码头附近。

17. **【答案】** D

【解析】 按管线的敷设形式分为架空架设线路，如电力、电信、道路照明等；地下埋设线路，如给水、排水、燃气、热力、电信等线路。各种工业管道则根据工艺需要和厂区具体情况进行敷设；电力和照明线路，也可采用地下敷设。

18. **【答案】** D

【解析】 钢化玻璃具有较好的机械性能和热稳定性，常用作建筑物的门窗、隔墙、幕墙及橱窗、家具等。但钢化玻璃使用时不能切割、磨削，边角亦不能碰击挤压，需按现成的尺寸规格选用或提出具体设计图纸进行加工定制。用于大面积玻璃幕墙的玻璃在钢化程度上要予以控制，宜选择半钢化玻璃（即没达到完全钢化，其内应力较小），以避免受风荷载影响引起振动而自爆。

19. **【答案】** D

【解析】A 选项错，花岗石中含有石英，在高温下会发生晶型转变，产生体积膨胀。B 选项错，大理石是将大理石荒料经锯切、研磨、抛光而成的高级室内外装饰材料，属于变质岩，由石灰岩或白云岩变质而成，主要矿物成分为方解石或白云石，是碳酸盐类岩石。C 选项错，与天然大理石相比，聚酯型人造石材具有强度高、密度小、厚度薄、耐酸碱腐蚀及美观等优点。但其耐老化性能不及天然花岗石，故多用于室内装饰。

20. 【答案】C

【解析】抗侵蚀性：腐蚀的类型通常有淡水腐蚀、硫酸盐腐蚀、溶解性化学腐蚀、强碱腐蚀等。混凝土的抗侵蚀性与密实度有关，水泥品种、混凝土内部孔隙特征对抗腐蚀性也有较大影响。

21. 【答案】B

【解析】参见答 21 表。

答 21 表 水泥熟料矿物含量与主要特征

矿物名称	化学式	代号	含量（%）	主要特征				
				水化速度	水化热	强度	体积收缩	抗硫酸盐侵蚀性
硅酸三钙	$3CaO \cdot SiO_2$	C_3S	37~60	快	大	高	中	中
硅酸二钙	$2CaO \cdot SiO_2$	C_2S	15~17	慢	小	早期低，后期高	中	最好
铝酸三钙	$3CaO \cdot Al_2O_3$	C_3A	7~15	最快	最大	低	最大	差
铁铝酸四钙	$4CaO \cdot Al_2O_3 \cdot Fe_2O_3$	C_4AF	10~18	较快	中	中	最小	好

22. 【答案】A

【解析】抗拉性能是钢材的最主要性能，表征其性能的技术指标主要是屈服强度、抗拉强度和伸长率。低碳钢（软钢）受拉的应力-应变图能够较好地解释这些重要的技术指标。低碳钢应力-应变曲线分为四个阶段：弹性阶段（$O \to A$）、弹塑性阶段（$A \to B$）、塑性阶段（$B \to C$）、应变强化阶段（$C \to D$），超过 D 点后试件产生颈缩和断裂。

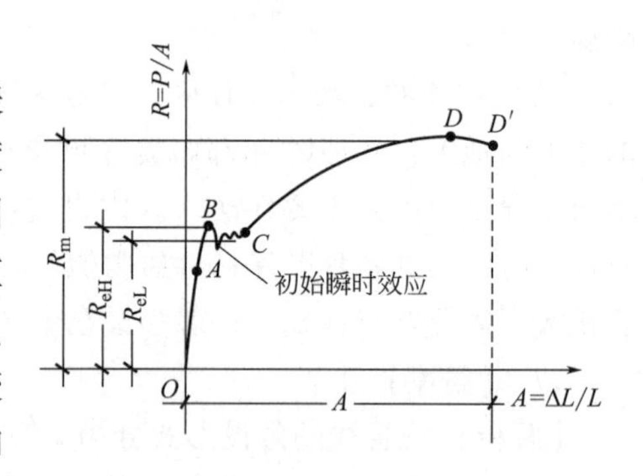

答 22 图 低碳钢受拉时应力-应变图

屈服强度：在弹性阶段 OA，如卸去拉力，试件能恢复原状，此阶段的变形为弹性变形，应力与应变成正比，其比值即为钢材的弹性模量，反映钢材的刚度。与 A 点对应的应力称为弹性极限。当对试件的拉伸进入 AB 阶段时，应力的增长滞后于应变的增加。当应力达到 B 点时，试件进入塑性阶段，应力不增加但应变增大，这时相应的应力称为屈服强度（屈服点）。

23. 【答案】D

【解析】丙烯酸类密封胶应符合《丙烯酸酯建筑密封胶》JC/T 484 的要求，主要用于屋面、墙板、门、窗嵌缝，但它的耐水性不算很好，所以不宜用于经常泡在水中的工程，不宜用于广场、公路、桥面等有交通来往的接缝中，也不宜用于水池、污水厂、灌溉系统、堤坝等水下接缝中。

24. 【答案】C

【解析】无机防火堵料又称速固型防火堵料，是以快干水泥为基料，添加防火剂、耐火材料等经研磨、混合而成的防火堵料，使用时加水拌合即可。无机防火堵料具有无毒无味、固化快速，耐火极限与力学强度较高，能承受一定重量，又有一定可拆性的特点。有较好的防火和水密、气密性能。主要用于封堵后基本不变的场合。

25. 【答案】C

【解析】玻化微珠是一种酸性玻璃质熔岩矿物质（松脂岩矿砂），内部多孔、表面玻化封闭，呈球状体细径颗粒。玻化微珠吸水率低，易分散，可提高砂浆流动性，还具有防火、吸声、隔热等性能，是一种具有高性能的无机轻质绝热材料，广泛应用于外墙内外保温砂浆、装饰板、保温板的轻质骨料。用玻化微珠作为轻质骨料，可提高保温砂浆的易流动性和自抗强度，减少材料收缩率，提高保温砂浆综合性能，降低综合生产成本。

26. 【答案】D

【解析】轻型井点布置，当土方施工机械需进出基坑时，可采用 U 形布置。

27. 【答案】B

【解析】当基坑较深而地下水位又较高时，需要采用多级轻型井点，会增加基坑的挖土量，延长工期并增加设备数量，是不经济的，因此当降水深度超过 8m 时，宜采用喷射井点，降水深度可达 8~20m。

28. 【答案】D

【解析】A、B 选项错，填方宜采用同类土填筑，如采用不同透水性的土分层填筑时，下层宜填筑透水性较大、上层宜填筑透水性较小的填料，或将透水性较小的土层表面做成适当坡度，以免形成水囊。C 选项错，淤泥、冻土、膨胀性土及有机物含量大于 5%的土，以及硫酸盐含量大于 5%的土均不能作填土。

29. 【答案】D

【解析】重锤夯实法的效果或影响深度与夯锤的重量、锤底直径、落距、夯实的遍数、土的含水量及土质条件等因素有关。

30. 【答案】C

【解析】根据桩在土中受力情况的不同，可以分为端承桩和摩擦桩。端承桩是穿过软弱土层而达到硬土层或岩层的一种桩，上部结构荷载主要依靠桩端反力支撑；摩擦桩是完全设置在软弱土层一定深度的一种桩，上部结构荷载主要由桩侧的摩阻力承担，而桩端反力承担的荷载只占很小的部分。

31. 【答案】A

【解析】泥浆护壁成孔灌注桩按成孔工艺和成孔机械不同分为：正循环钻孔灌注桩、反循环钻孔灌注桩、钻孔扩底灌注桩和冲击成孔灌注桩，其使用范围如下：

（1）正循环钻孔灌注桩适用于黏性土、砂土、强风化、中等至微风化岩石。可用于桩径小于 1.5m、孔深一般小于或等于 50m 的场地。

（2）反循环钻孔灌注桩适用于黏性土、砂土、细粒碎石土及强风化、中等至微风化岩石，可用于桩径小于 2m，孔深一般小于或等于 60m 的场地。

（3）钻孔扩底灌注桩适用于黏性土、砂土、细粒碎石土、全风化、强风化、中等风化岩石时，孔深一般小于或等于 40m。

（4）冲击成孔灌注桩适用于黏性土、砂土、碎石土和各种岩层。对厚砂层软塑至流塑状态的淤泥及淤泥质土应慎重使用。

32. **【答案】** B

【解析】 A 选项错，有主、次梁的楼板宜顺着次梁方向浇筑。C 选项错，同一施工段的混凝土应连续浇筑，并应在底层混凝土初凝之前将上一层混凝土浇筑完毕。D 选项错，在浇筑与柱和墙连成整体的梁和板时，应在柱和墙浇筑完毕后停歇 1～1.5h，再继续浇筑。

33. **【答案】** D

【解析】 火山灰质硅酸盐水泥适用范围：①大体积工程；②有抗渗要求的工程；③蒸汽养护的混凝土构件；④可用于一般混凝土结构；⑤有抗硫酸盐侵蚀要求的一般工程。

34. **【答案】** A

【解析】 在预应力混凝土结构中，混凝土的强度等级不应低于 C30；当采用钢绞线、钢丝、热处理钢筋作预应力钢筋时，混凝土强度等级不宜低于 C40。在预应力混凝土构件的施工中，不能掺用对钢筋有侵蚀作用的氯盐、氯化钠等，否则会发生严重的质量事故。

35. **【答案】** C

【解析】 地下工程涂膜防水层施工的一般程序为：清理、修理基层→涂刷基层处理剂→节点部位附加增强处理→涂布防水涂料及铺贴胎体增强材料→清理及检查修理→平面部位铺贴油毡保护隔离层→平面部位浇筑细石混凝土保护层→立面部位粘贴聚乙烯泡沫塑料保护层→基坑回填。

36. **【答案】** A

【解析】 转体施工的主要特点：①可以利用地形，方便预制构件。②施工期间不断航，不影响桥下交通，并可在跨越通车线路上进行桥梁施工。③施工设备少，装置简单，容易制作并便于掌握。④节省木材，节省施工用料。采用转体施工与缆索无支架施工比较，可节省木材 80%，节省施工用钢 60%。⑤减少高空作业，施工工序简单，施工迅速，当主要结构先期合拢后，给以后施工带来方便。⑥转体施工适合于单跨和三跨桥梁，可在深水、峡谷中建桥采用，同时也适用于平原区以及城市跨线桥。⑦大跨径桥梁采用转体施工将会取得良好的技术经济效益，转体重量轻型化，多种工艺综合利用，是大跨及特大路桥施工有力的竞争方案。

37. **【答案】** D

【解析】 药包安装在竖井或平坰底部的特制的储药室内，装药量大，属于大型爆破的装药方式。它适用于土石方大量集中、地势险要或工期紧迫的路段，以及一些特殊的爆破工程。

38. **【答案】** B

【解析】 地下连续墙的优点主要表现在如下方面：对开挖的地层适应性强，在我国除熔岩地质外，可适用于各种地质条件，无论是软弱地层或在重要建筑物附近的工程中，都能安全地施工。

39. 【答案】D

【解析】在干船坞中制作的矩形混凝土管段比在船台上制作的钢壳圆形、八角形或花篮形管段经济，且矩形断面更能充分利用隧道内的空间，可作为多车道、大宽度的公路隧道，是沉管隧道的主流结构。

40. 【答案】A

【解析】地下工程的主要通风方式有两种：一种是压入式，即新鲜空气从洞外鼓风机一直送到工作面附近；一种是吸出式，用抽风机将混浊空气由洞内排向洞外。前者风管为柔性的管壁，一般是加强的塑料布之类；后者则需要刚性的排气管，一般由薄钢板卷制而成。我国大多数工地均采用压入式。

41. 【答案】A

【解析】梁箍筋包括钢筋级别、直径、加密区与非加密区间距及肢数，该项为必注值。箍筋加密区与非加密区的不同间距及肢数需用斜线“/”分隔；当梁箍筋为同一种间距及肢数时，则不需用斜线；当加密区与非加密区的箍筋肢数相同时，则将肢数注写一次；箍筋肢数应写在括号内。如 8@100（4）/150（2），表示箍筋为 HPB300 钢筋，直径为 8mm，加密区间距为 100mm，四肢箍；非加密区间距为 150mm，两肢箍。

42. 【答案】C

【解析】梁编号由梁类型代号、序号、跨数及有无悬挑代号组成。梁的类型代号有楼层框架梁（KL）、楼层框架扁梁（KBL）、屋面框架梁（WKL）、框支梁（KZL）、托柱转换梁（TZL）、非框架梁（L）、悬挑梁（XL）、井字梁（JZL）。

43. 【答案】C

【解析】运用统筹法计算工程量，就是分析工程量计算中各部分工程量之间的固有规律和相互之间的依赖关系。统筹图主要由计算工程量的主次程序线、基数、分项工程量计算式及计算单位组成。主要程序线是在“线”“面”基数上连续计算项目的线，次要程序线是指在分项项目上连续计算的线。

44. 【答案】A

【解析】场馆看台下的建筑空间，结构净高在 2.10m 及以上的部位应计算全面积；结构净高在 1.20m 及以上至 2.10m 以下的部位应计算 1/2 面积；结构净高在 1.20m 以下的部位不应计算建筑面积。

45. 【答案】D

【解析】对于场馆看台下的建筑空间，结构净高在 2.10m 及以上的部位应计算全面积；结构净高在 1.20m 及以上至 2.10m 以下的部位应计算 1/2 面积；结构净高在 1.20m 以下的部位不应计算建筑面积。选项 B 计算 1/2 面积。对于立体书库、立体仓库、立体车库，有围护结构的，应按其围护结构外围水平面积计算建筑面积；无围护结构、有围护设施的，应按其结构底板水平投影面积计算建筑面积。无结构层的应按一层计算，有结构层的应按其结构层面积分别计算。结构层高在 2.20m 及以上的，应计算全面积；结构层高在 2.20m 以下的，应计算 1/2 面积。

46. 【答案】C

【解析】围护结构不垂直于水平面的楼层，应按其底板面的外墙外围水平面积计算。结构净高在 2.10m 及以上的部位，应计算全面积；结构净高在 1.20m 及以上至 2.10m 以下的部位，应计算 1/2 面积；结构净高在 1.20m 以下的部位，不应计算建筑面积。

47. 【答案】D

【解析】室外楼梯应并入所依附建筑物自然层，并应按其水平投影面积的 1/2 计算建筑面积。

室外楼梯作为连接该建筑物层与层之间交通不可缺少的基本部件，无论从其功能还是工程计价的要求来说，均需计算建筑面积。室外楼梯不论是否有顶盖都需要计算建筑面积。层数为室外楼梯所依附的楼层数，即梯段部分投影到建筑物范围的层数。利用室外楼梯下部的建筑空间不得重复计算建筑面积；利用地势砌筑的为室外踏步，不计算建筑面积。建筑物室外楼梯投影到建筑物范围层数为两层，所以应按两层计算建筑面积。

48. 【答案】C

【解析】管沟石方以“m”计量，按设计图示尺寸以管道中心线长度计算；以“m^3”计量，按设计图示截面积乘以长度以体积“m^3”计算。

49. 【答案】C

【解析】换填垫层，按设计图示尺寸以体积“m^3”计算。预压地基、强夯地基、振冲密实（不填料），按设计图示处理范围以面积“m^2”计算。水泥粉煤灰碎石桩、夯实水泥土桩、石灰桩、灰土（土）挤密桩，按设计图示尺寸以桩长（包括桩尖）“m”计算。

50. 【答案】B

【解析】A 选项错，圆木桩、预制钢筋混凝土板桩以“m”计量，按设计图示尺寸以桩长（包括桩尖）计算；以“根”计量，按设计图示数量计算。C 选项错，型钢桩以“t”计量，按设计图示尺寸以“质量”计算；以“根”计量，按设计图示数量计算。D 选项错，混凝土挡土墙按“混凝土及钢筋混凝土工程”中相关项目列项。

51. 【答案】C

【解析】实心砖墙、多孔砖墙、空心砖墙，按设计图示尺寸以体积“m^3”计算。扣除门窗、洞口、嵌入墙内的钢筋混凝土柱、梁、圈梁、挑梁、过梁及凹进墙内的壁龛、管槽、暖气槽、消火栓箱所占体积，不扣除梁头、板头、檩头、垫木、木愣头、沿缘木、木砖、门窗走头、砖墙内加固钢筋、木筋、铁件、钢管及单个面积≤0.3m^2 的孔洞所占的体积。

52. 【答案】A

【解析】砖基础工程量计算，按设计图示尺寸以体积“m^3”计算。包括附墙垛基础宽出部分体积，扣除地梁（圈梁）、构造柱所占体积，不扣除基础大放脚 T 形接头处的重叠部分及嵌入基础内的钢筋、铁件、管道、基础砂浆防潮层和单个面积≤0.3m^2 的孔洞所占体积，靠墙暖气沟的挑檐不增加。砖基础的项目特征包括：砖品种、规格、强度等级，基础类型，砂浆强度等级，防潮层材料种类。防潮层在清单项目综合单价中考虑，不单独列项计算工程量。基础长度：外墙按外墙中心线，内墙按内墙净长线计算。砖基础项目适用于各种类型砖基础：柱基础、墙基础、管道基础等。

53. 【答案】D

【解析】石砌体工程量计算规则：

石基础，按设计图示尺寸以体积“m^3”计算，包括附墙垛基础宽出部分体积，不扣除基础砂浆防潮层及单个面积≤0.3m^2 的孔洞所占体积，靠墙暖气沟的挑檐不增加。

54. 【答案】B

【解析】A 选项错，电缆沟、地沟按设计图示尺寸以中心线长度“m”计算。C 选项错，雨篷、悬挑板、阳台板，按设计图示尺寸以墙外部分体积“m^3”计算。包括伸出墙外的牛腿和雨篷及挑檐的体积。D 选项错，天沟（檐沟）、挑檐板，按设计图示尺寸以体积“m^3”计算。

55. 【答案】C

【解析】柱按设计图示柱断面保温层中心线展开长度乘以保温层高度，以面积计算。

56. 【答案】B

【解析】膜结构屋面，按照设计图示尺寸，以覆盖所需的水平投影面积计算。

57. 【答案】B

【解析】钢筋混凝土基础宜设置混凝土垫层，基础中钢筋的混凝土保护层厚度应从垫层顶面算起，且不应小于 40mm。

58. 【答案】C

【解析】短肢剪力墙是指截面厚度不大于 300mm、各肢截面高度与厚度之比的最大值大于 4 但不大于 8 的剪力墙；各肢截面高度与厚度之比的最大值不大于 4 的剪力墙按柱项目编码列项。如图所示，判断是短肢剪力墙还是柱。在答 58 图（a）中，各肢截面高度与厚度之比为：(500+300)/200=4，所以按异形柱列项；在答 58 图（b）中，各肢截面高度与厚度之比为：(600+300)/200=4.5，大于 4 不大于 8，按短肢剪力墙列项。

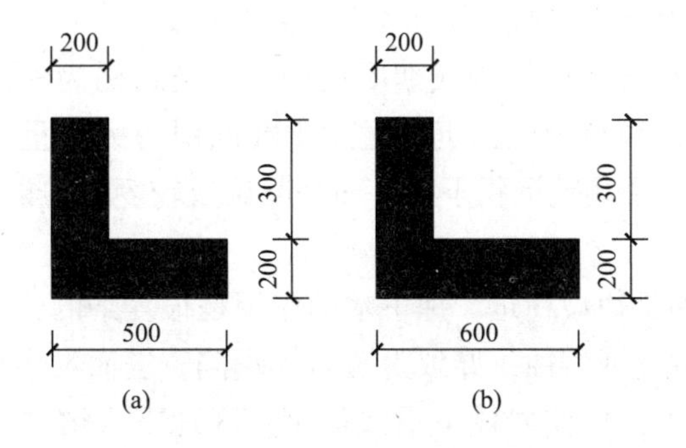

答 58 图　短肢剪力墙与柱

59. 【答案】D

【解析】钢梁、钢吊车梁，按设计图示尺寸以质量“t”计算。不扣除孔眼的质量，焊条、铆钉、螺栓等不另增加质量，制动梁、制动板、制动桁架、车挡并入钢吊车梁工程量内。

60. 【答案】D

【解析】屋面防水及其他工程量计算规则：

①屋面卷材防水、屋面涂膜防水，按设计图示尺寸以面积“m^2”计算。斜屋顶（不包括平屋顶找坡）按斜面积计算，平屋顶按水平投影面积计算。不扣除房上烟囱、风帽

底座、风道、屋面小气窗和斜沟所占面积。屋面的女儿墙、伸缩缝和天窗等处的弯起部分，并入屋面工程量内。②屋面刚性层，按设计图示尺寸以面积“m^2”计算。不扣除房上烟囱、风帽底座、风道等所占的面积。项目特征描述：刚性层厚度、混凝土种类、混凝土强度等级、嵌缝材料种类、钢筋规格及型号，当无钢筋时，其钢筋项目特征不必描述。同时还应注意，当有钢筋时，其工作内容中包含了钢筋，即钢筋计入综合单价，不另编码列项。③屋面排水管，按设计图示尺寸以长度“m”计算。如设计未标注尺寸，以檐口至设计室外散水上表面垂直距离计算。④屋面排（透）气管，按设计图示尺寸以长度“m”计算。⑤屋面（廊、阳台）泄（吐）水管，按设计图示数量以“根（个）”计算。⑥屋面天沟、檐沟，按设计图示尺寸以展开面积“m^2”计算。⑦屋面变形缝，按设计图示以长度“m”计算。

相关说明：

（1）屋面防水搭接及附加层用量不另行计算，在综合单价中考虑。

（2）屋面找平层按楼地面装饰工程“平面砂浆找平层”项目编码列项。屋面保温找坡层按保温、隔热、防腐工程“保温隔热屋面”项目编码列项。

二、多项选择题（共20题，每题2分。每题的备选项中，有2个或2个以上符合题意，至少有1个错项。错选，本题不得分；少选，所选的每个选项得0.5分）

61.【答案】ABCD

【解析】土的结构和构造：土的结构是指土颗粒本身的特点和颗粒间相互关联的综合特征，一般可分为两大基本类型：

（1）单粒结构。也称散粒结构，是碎石（卵石）、砾石类土和砂土等无黏性土的基本结构形式，其对土的工程性质影响主要在于其松密程度。

（2）集合体结构。也称团聚结构或絮凝结构，这类结构为黏性土所特有。黏性土组成颗粒细小，表面能大，颗粒带电，沉积过程中粒间引力大于重力，并形成结合水膜连接，使之在水中不能以单个颗粒沉积下来，而是凝聚成较复杂的集合体进行沉积。

62.【答案】ABCE

【解析】本题考查的是边坡稳定。地下水的作用是很复杂的，主要表现在以下几个方面：①地下水会使岩石软化或溶蚀，导致上覆岩体塌陷，进而发生崩塌或滑坡；②地下水产生静水压力或动水压力，促使岩体下滑或崩倒；③地下水增加了岩体重量，可使下滑力增大；④在寒冷地区，渗入裂隙中的水结冰，产生膨胀压力，促使岩体破坏倾倒；⑤地下水产生浮托力，使岩体有效重量减轻，稳定性下降。

63.【答案】ABD

【解析】涵洞可分为圆管涵、盖板涵、拱涵、箱涵等。

（1）圆管涵。圆管涵的直径一般为0.75~2m。圆管涵受力情况和适应基础的性能较好，两端仅需设置端墙，不需设置墩台，故圬工数量少，造价低，但低路堤使用受到限制。钢筋混凝土管涵适用于缺少石料地区且有足够填土高度的小跨径暗涵，一般采用单孔，多孔时不宜超过3孔。倒虹吸管涵适用于路堑挖方高度不能满足设置渡槽的净空要求时的灌溉渠道，不适用于排洪河沟。钢波纹管涵适用于地基承载力较低，或有较大沉降与变形的路基。

（2）盖板涵。盖板涵在结构形式方面有利于在低路堤上使用，当填土较少时可做成明涵。钢筋混凝土盖板涵适用于无石料地区且过水面积较大的明涵或暗涵。石盖板涵适用于石料丰富且过水流量较小的小型涵洞。

（3）拱涵。拱涵适用于跨越深沟或高路堤。一般超载潜力较大，砌筑技术容易掌握，是一种普遍采用的涵洞形式。

（4）箱涵。钢筋混凝土箱涵适用于软土地基，但施工困难且造价较高，较少采用。

64. **【答案】** ABCD

【解析】 坡屋面的细部构造：

（1）檐口。坡屋面的檐口式样主要有两种：一种是挑出檐口，要求挑出部分的坡度与屋面坡度一致；另一种是女儿墙檐口，要做好女儿墙内侧的防水，以防渗漏。

1）砖挑檐。砖挑檐一般不超过墙体厚度的1/2，且不大于240mm。每层砖挑长为60mm，砖可平挑出，也可把砖斜放，用砖角挑出，挑檐砖上方瓦伸出50mm。

2）椽木挑檐。当屋面有椽木时，可以用椽木出挑，以支承挑出部分的屋面。挑出部分的椽条，外侧可钉封檐板，底部可钉木条并油漆。

3）屋架端部附木挑檐或挑檐木挑檐。如需要较大挑长的挑檐，可以沿屋架下弦伸出附木，支承挑出的檐口木，并在附木外侧面钉封檐板，在附木底部做檐口吊顶。对于不设屋架的房屋，可以在其横向承重墙内压砌挑檐木并外挑，用挑檐木支承挑出的檐口。

4）钢筋混凝土挑天沟。当房屋屋面集水面积大、檐口高度高、降雨量大时，坡屋面的檐口可设钢筋混凝土天沟，并采用有组织排水。

（2）山墙。双坡屋面的山墙有硬山和悬山两种。硬山是指山墙与屋面等高或高于屋面成女儿墙。悬山是把屋面挑出山墙之外。

（3）斜天沟。坡屋面的房屋平面形状有凸出部分，屋面上会出现斜天沟。构造上常采用镀锌铁皮折成槽状，依势固定在斜天沟下的屋面板上，以作为防水层。

（4）烟囱泛水构造。烟囱四周应做泛水，以防雨水的渗漏。一种做法是镀锌铁皮泛水，将镀锌铁皮固定在烟囱四周的预埋件上，向下披水。在靠近屋脊的一侧，铁皮伸入瓦下，在靠近檐口的一侧，铁皮盖在瓦面上。另一种做法是用水泥砂浆或水泥石灰麻刀砂浆做抹灰泛水。

（5）檐沟和落水管。坡屋面房屋采用有组织排水时，需在檐口处设檐沟，并布置落水管。坡屋面排水计算、落水管的布置数量、落水管、雨水斗、落水口等要求同平屋顶有关要求。坡屋面檐沟和落水管可用镀锌铁皮、玻璃钢、石棉水泥管等材料。

65. **【答案】** ABD

【解析】 AB选项错，单向板（长短边比值大于或等于3，四边支承）仅短边受力。D选项错，悬挑板只有一边支承，其主要受力钢筋摆在板的上方，分布钢筋放在主要受力筋的下方。

66. **【答案】** ACD

【解析】 单层厂房的围护结构包括外墙、屋顶、地面、门窗、天窗、地沟、散水、坡道、消防梯、吊车梯等。

67. **【答案】** BCDE

【解析】纤维混凝土的作用如下：

(1) 很好地控制混凝土的非结构性裂缝；

(2) 对混凝土具有微观补强的作用；

(3) 利用纤维束减少塑性裂缝和混凝土的渗透性；

(4) 增强混凝土的抗磨损能力；

(5) 静载试验表明纤维混凝土可替代焊接钢丝网；

(6) 增加混凝土的抗破损能力；

(7) 增加混凝土的抗冲击能力。

68. 【答案】AC

【解析】掺合料是指为改善砂浆和易性而加入的无机材料，如石灰膏、电石膏、黏土膏、粉煤灰、沸石粉等。砂浆稠度的选择与砌体材料的种类、施工条件及气候条件等有关。对于吸水性强的砌体材料和高温干燥的天气，要求砂浆稠度要大些；反之，对于密实不吸水的砌体材料和湿冷天气，砂浆稠度可小些。保水性指砂浆拌合物保持水分的能力，用分层度表示。砂浆的分层度不得大于30mm。通过保持一定数量的胶凝材料和掺合料，或采用较细砂并加大掺量，或掺入引气剂等，可改善砂浆保水性。湿拌砂浆因特种用途的砂浆黏度较大，无法采用湿拌的形式生产，因而湿拌砂浆中仅包括普通砂浆。普通干混砂浆主要用于砌筑、抹灰、地面及普通防水工程，而特种干混砂浆是指具有特种性能的砂浆。

69. 【答案】CDE

【解析】A 选项错，硬聚氯乙烯（PVC-U）管通常直径为40~100mm。内壁光滑阻力小、不结垢、无毒、无污染、耐腐蚀。使用温度不大于40℃，为冷水管。B 选项错，氯化聚氯乙烯（PVC-C）管因其使用的胶水有毒性，一般不用于饮用水管道系统。

70. 【答案】ADE

【解析】矿渣棉可作为建筑物的墙体、屋顶、天棚等处的保温隔热和吸声材料，以及热力管道的保温材料。燃烧性能为不燃材料。由于石棉中的粉尘对人体有害，民用建筑很少使用，目前主要用于工业建筑的隔热、保温及防火覆盖等。玻璃棉可制成沥青玻璃棉毡、板及酚醛玻璃棉毡、板等制品，广泛用在温度较低的热力设备和房屋建筑中的保温隔热，同时它还是良好的吸声材料。玻璃棉燃烧性能为不燃材料。陶瓷纤维是一种纤维状轻质耐火材料，直径为2~5μm，长度为30~250mm，纤维表面呈光滑圆柱形。具有重量轻、耐高温、热稳定性好、导热率低、比热小及耐机械振动等优点。

71. 【答案】AB

【解析】推土机的特点是操作灵活、运输方便，所需工作面较小，行驶速度较快，易于转移。推土机可以单独使用，也可以卸下铲刀牵引其他无动力的土方机械，如拖式铲运机、松土机、羊足碾等。推土机的经济运距在100m以内，以30~60m为最佳运距，使用推土机推土的几种施工方法：

(1) 下坡推土法。推土机顺地面坡势进行下坡推土，可以借机械本身的重力作用增加铲刀的切土力量，因而可增大推土机铲土深度和运土数量，提高生产效率，在推土丘、回填管沟时，均可采用。

（2）分批集中、一次推送法。在较硬的土中，推土机的切土深度较小，一次铲土不多，可分批集中，再整批地推送到卸土区。应用此法，可使铲刀的推送数量增大，缩短运输时间，提高生产效率12%~18%。

（3）并列推土法。在较大面积的平整场地施工中，采用两台或三台推土机并列推土。能减少土的散失，因为两台或三台推土机单独推土时，有四边或六边向外撒土，而并列后只有两边向外撒土，一般可使每台推土机的推土量增加20%。并列推土时，铲刀间距15~30cm。并列台数不宜超过四台，否则互相影响。

（4）沟槽推土法。就是沿第一次推过的原槽推土，前次推土所形成的土埂能阻止土的散失，从而增加推运量。这种方法可以和分批集中、一次推送法联合运用。能够更有效地利用推土机，缩短运土时间。

（5）斜角推土法。将铲刀斜装在支架上，与推土机横轴在水平方向形成一定角度进行推土。一般在管沟回填且无倒车余地时可采用这种方法。

72. **【答案】** AC

【解析】 防水混凝土在施工中应注意事项：

1）保持施工环境干燥，避免带水施工。

2）防水混凝土采用预拌混凝土时，入泵坍落度宜控制在120~140mm，坍落度每小时损失不应大于20mm，坍落度总损失值不应大于40mm。

3）防水混凝土浇筑时的自落高度不得大于1.5m；防水混凝土应采用机械振捣，并保证振捣密实。

4）防水混凝土应自然养护，养护时间不少于14d。

5）喷射混凝土终凝2h后应采取喷水养护，养护时间不得少于14d；当气温低于5℃时，不得喷水养护。

6）防水混凝土结构的变形缝、施工缝、后浇带、穿墙管、埋设件等设置和构造必须符合设计要求。

73. **【答案】** ACE

【解析】 洞室爆破：为使爆破设计断面内的岩体大量抛掷（抛坍）出路基，减少爆破后的清方工作量，保证路基的稳定性，可根据地形和路基断面形式，采用抛掷爆破、定向爆破、松动爆破方法。

74. **【答案】** ABCD

【解析】 A选项错，清底一般安排在插入钢筋笼之前进行。B选项错，如果清底后到混凝土浇筑前的间隔时间较长，亦可在浇筑混凝土前利用混凝土导管再进行一次清底。C选项错，清底后槽内泥浆的相对密度应在1.15g/cm^{3}以下。D选项错，我国多采用置换法进行清底。

75. **【答案】** ABDE

【解析】 浅埋暗挖法施工：浅埋暗挖法施工中必须坚持“管超前、严注浆、短开挖、强支护、快封闭、勤量测”的原则。

76. **【答案】** AE

【解析】 独立基础平法施工图的注写方式：

（1）集中标注包括基础形式和编号、截面竖向尺寸、配筋三项必注内容，以及基础底面标高（与基础底面基准标高不同时）和必要的文字注解两项选注内容。

1）基础形式和编号（答 76 表）。独立基础的形式和编号按教材注写，阶形截面编号加下标 J，坡形截面编号加下标 P。如 DJ_J01 表示序号 01 的普通阶形截面独立基础。

答 76 表　　基础形式和编号

类型	基础底板截面形状	代号	序号
普通独立基础	阶形	DJ_J	××
	坡形	DJ_P	××
杯口独立基础	阶形	BJ_J	××
	坡形	BJ_P	××

2）配筋。基础底板顶部配筋以 T 表示，T 后先注写受力筋，再注写分布筋，并用“/”分开。

（2）原位标注主要标注独立基础的平面尺寸。对相同编号的基础，可选择一个进行原位标注；当平面图形较小时，可将所选定进行原位标注的基础按比例适当放大；其他相同编号者仅注编号。

77.【答案】ABCD

【解析】有顶盖无围护结构的车棚、货棚、站台、加油站、收费站等，应按其顶盖水平投影面积的 1/2 计算建筑面积。计算建筑面积的范围：①与建筑物内不相连通的建筑部件。建筑部件指的是依附于建筑物外墙外不与户室开门连通，起装饰作用的敞开式挑台（廊）、平台，以及不与阳台相通的空调室外机搁板（箱）等设备平台部件。“与建筑物内不相连通”是指没有正常的出入口。即：通过门进出的，视为“连通”，通过窗或栏杆等翻出去的，视为“不连通”。②骑楼、过街楼底层的开放公共空间和建筑物通道。骑楼指建筑底层沿街面后退且留出公共人行空间的建筑物。过街楼指跨越道路上空并与两边建筑相连接的建筑物。建筑物通道指为穿过建筑物而设置的空间。③舞台及后台悬挂幕布和布景的天桥、挑台等。这里指的是影剧院的舞台及为舞台服务的可供上人维修、悬挂幕布、布置灯光及布景等搭设的天桥和挑台等构件设施。④露台、露天游泳池、花架、屋顶的水箱及装饰性结构构件。露台是设置在屋面、首层地面或雨篷上的供人室外活动的有围护设施的平台。⑤建筑物内的操作平台、上料平台、安装箱和罐体的平台。建筑物内不构成结构层的操作平台、上料平台（包括：工业厂房、搅拌站和料仓等建筑中的设备操作控制平台、上料平台等），其主要作为室内构筑物或设备服务的独立上人设施，因此不计算建筑面积。⑥勒脚、附墙柱（附墙柱是指非结构性装饰柱）、垛、台阶、墙面抹灰、装饰面、镶贴块料面层、装饰性幕墙，主体结构外的空调室外机搁板（箱）、构件、配件，挑出宽度在 2.10m 以下的无柱雨篷和顶盖高度达到或超过两个楼层的无柱雨篷。⑦窗台与室内地面高差在 0.45m 以下且结构净高在 2.10m 以下的凸（飘）窗，窗台与室内地面高差在 0.45m 及以上的凸（飘）窗。⑧室外爬梯、室外专用消防钢楼梯。专用的消防钢楼梯是不计算建筑面积的。当钢楼梯是建筑物通道，兼顾消防用途时，则应计算建筑面积。⑨无围护结构的观光电梯。⑩建筑物以外的地下人防通道，独立的烟囱、烟道、地沟、油（水）罐、气柜、水塔、贮油（水）池、贮仓、栈桥等构筑物。

78. **【答案】** ABD

【解析】 土石方工程工程量计算规则：

(1) 平整场地，按设计图示尺寸以建筑物首层建筑面积“m^2”计算。项目特征描述：土壤类别、弃土运距、取土运距。

(2) 挖一般土方，按设计图示尺寸以体积“m^3”计算。挖土方平均厚度应按自然地面测量标高至设计地坪标高间的平均厚度确定。项目特征描述：土壤类别、挖土深度、弃土运距。

(3) 挖沟槽土方、挖基坑土方，按设计图示尺寸以基础垫层底面积乘以挖土深度按体积“m^3”计算。基础土方开挖深度应按基础垫层底表面标高至交付施工场地标高确定，无交付施工场地标高时，应按自然地面标高确定。项目特征描述：土壤类别、挖土深度、弃土运距。

(4) 冻土开挖，按设计图示尺寸开挖面积乘以厚度以体积“m^3”计算。

(5) 挖淤泥、流砂，按设计图示位置、界限以体积“m^3”计算。挖方出现流砂、淤泥时，如设计未明确，在编制工程量清单时，其工程数量可为暂估量，结算时应根据实际情况由发包人与承包人双方现场签证确认工程量。

(6) 管沟土方以“m”计量，按设计图示以管道中心线长度计算；以“m^3”计量，按设计图示管底垫层面积乘以挖土深度计算。无管底垫层按管外径的水平投影面积乘以挖土深度计算。不扣除各类井的长度，井的土方并入。管沟土方项目适用于管道（给水排水、工业、电力、通信）、光（电）缆沟 [包括：人（手）孔、接口坑] 及连接井（检查井）等。有管沟设计时，平均深度以沟垫层底面标高至交付施工场地标高计算；无管沟设计时，直埋管深度应按管底外表面标高至交付施工场地标高的平均高度计算。

79. **【答案】** ABCE

【解析】 电缆沟、地沟，按设计图示以中心线长度“m”计算。

80. **【答案】** BCE

【解析】 A 选项，钢梁拆除、钢柱拆除以“t”计量，按拆除构件的质量计算；以“m”计量，按拆除延长米计算。B 选项，砖砌体拆除以“m^3”计量，按拆除的体积计算；以“m”计量，按拆除的延长米计算。D 选项，平面块料拆除、立面块料拆除，按拆除面积“m^2”计算。C 选项，木构件拆除以“m^3”计量，按拆除构件的体积计算。E 选项，栏杆、栏板拆除以“m^2”计量，按拆除部位的面积计算。

专家权威详解

模拟题三答案与解析

一、单项选择题（共 60 题，每题 1 分，每题的备选项中，只有一个最符合题意）

1.【答案】C

【解析】砂土是粒径大于 2mm 的颗粒含量不超过全重 50%，且粒径大于 0. 075mm 的颗粒含量超过全重 50%的土。

2.【答案】C

【解析】①地层岩性对边坡稳定性影响很大，软硬相间，在有软化、泥化或易风化的夹层时，最易造成边坡失稳。②侵入岩、沉积岩以及片麻岩、石英岩等构成的边坡，一般稳定程度较高。喷出岩边坡原生的节理，尤其是柱状节理发育时，易形成直立边坡并易发生崩塌。③含有黏土质页岩、泥岩、煤层、泥灰岩、石膏等夹层的沉积岩边坡，最易发生顺层滑动，或因下部蠕滑而造成上部岩体的崩塌。

3.【答案】B

【解析】风化、破碎岩层，岩体松散，强度低，整体性差，抗渗性差，有的不能满足建筑物对地基的要求。风化一般在地基表层，可以挖除。破碎岩层有的较浅，也可以挖除。有的埋藏较深，如断层破碎带，可以用水泥浆灌浆加固或防渗；风化、破碎影响边坡稳定的，可根据情况采用喷混凝土或挂网喷混凝土护面，必要时配合灌浆和锚杆加固，甚至采用砌体、混凝土和钢筋混凝土等格构方式的结构护坡。

4.【答案】B

【解析】地下水是影响边坡稳定最重要、最活跃的外在因素，绝大多数滑坡都与地下水的活动有关。许多滑坡、崩塌均发生在降雨之后，原因在于降水渗入岩体后，产生不良影响。地下水的作用是很复杂的，主要表现在以下几个方面：

（1）地下水会使岩石软化或溶蚀，导致上覆岩体塌陷，进而发生崩塌或滑坡。

（2）地下水产生静水压力或动水压力，促使岩体下滑或崩倒。

（3）地下水增加了岩体重量，可使下滑力增大。

（4）在寒冷地区，渗入裂隙中的水结冰，产生膨胀压力，促使岩体破坏倾倒。

（5）地下水产生浮托力，使岩体有效重量减轻，稳定性下降。

5.【答案】C

【解析】裂隙（裂缝）对工程选址的影响：

裂隙（裂缝）对工程建设的影响主要表现在破坏岩体的整体性，促使岩体风化加快，增强岩体的透水性，使岩体的强度和稳定性降低。裂隙（裂缝）的主要发育方向与建筑边坡走向平行的，边坡易发生坍塌。裂隙（裂缝）的间距越小，密度越大，对岩体质量的影响越大。

断层对工程选址的影响：

由于岩层发生强烈的断裂变动，致使岩体裂隙增多、岩石破碎、风化严重、地下水发育，从而降低了岩石的强度和稳定性，对建筑造成了种种不利的影响。在公路工程建设中，应尽量避开大的断层破碎带。

对于研究路线布局来说，特别在安排河谷路线时，要注意河谷地貌与断层构造的关系。当路线与断层走向平行，路基靠近断层破碎带时，由于开挖路基，容易使边坡发生大规模坍塌，直接影响施工和公路的正常使用。在进行大桥桥位勘测时，要注意查明桥基部分有无断层存在，及其影响程度如何，以便根据不同的情况，在设计基础工程时采取相应的处理措施。

对于在断层发育地带修建隧道来说，由于岩层的整体性遭到破坏，加之地面水或地下水的侵入，其强度和稳定性都是很差的，容易产生洞顶塌落，影响施工安全。因此，当隧道轴线与断层走向平行时，应尽量避免与断层破碎带接触。隧道横穿断层时，虽然只是个别段落受断层影响，但因地质及水文地质条件不良，必须预先考虑措施，保证施工安全。特别当岩层破碎带规模很大，或者穿越断层带时，会使施工十分困难，在确定隧道平面位置时，应尽量设法避开。

6. **【答案】** A

【解析】 在水平层状围岩中，当岩层很薄或软硬相间时，顶板容易下沉弯曲折断。

7. **【答案】** B

【解析】 建筑高度大于 27.0m 的住宅建筑和建筑高度大于 24.0m 的非单层公共建筑，且高度不大于 100.0m 的，为高层民用建筑。

8. **【答案】** B

【解析】 A 选项错，钢框架–支撑结构体系属于双重抗侧力结构体系，钢框架部分是剪切型结构，支撑部分是弯曲型结构。CD 选项错，由于支撑斜杆仅承受水平荷载，当支撑产生屈曲或破坏后，不会影响结构承担竖向荷载的能力，框架继续承担荷载，不致危及建筑物的基本安全。

9. **【答案】** D

【解析】 横向剪力墙宜均匀对称布置在建筑物端部附近、平面形状变化处。纵向剪力墙宜布置在房屋两端附近。在水平荷载的作用下，剪力墙好比固定于基础上的悬臂梁，其变形为弯曲型变形，框架为剪切型变形。框架与剪力墙通过楼盖联系在一起，并通过楼盖的水平刚度使两者具有共同的变形。一般情况下，整个建筑的剪力墙至少承受 80% 的水平荷载。

10. **【答案】** A

【解析】 混凝土基础具有坚固、耐久、刚性角大，根据需要可任意改变形状的特点，常用于地下水位高、受冰冻影响的建筑物。混凝土基础台阶宽高比为 1∶1.5~1∶1，实际使用时可把基础断面做成锥形或阶梯形。对于锥形或阶梯形基础断面，应保证两侧有不小于 200mm 的垂直面。

11. **【答案】** A

【解析】 答 11 表为找平层厚度及技术要求。

答11表 找平层厚度及技术要求

找平层分类	适用的基层	厚度（mm）	技术要求
水泥砂浆	整体现浇混凝土板	15~20	1∶2.5水泥砂浆
	整体材料保温层	20~25	
细石混凝土	装配式混凝土板	30~35	C20混凝土宜加钢筋网片
	板状材料保温板		C20混凝土

12.【答案】C

【解析】次干路应与主干路结合组成干路网，以集散交通功能为主，兼有服务功能。

13.【答案】B

【解析】填土路基宜选用级配较好的粗粒土作填料。用不同填料填筑路基时，应分层填筑，每一水平层均应采用同类填料。

14.【答案】C

【解析】桥塔是悬索桥最重要的构件。桥塔的高度主要由桥面标高和主缆索的垂跨比 f/L 确定，通常垂跨比 f/L 为1/12~1/9。大跨度悬索桥的桥塔主要采用钢结构和钢筋混凝土结构。其结构形式可分为桁架式、刚架式和混合式三种。刚架式桥塔通常采用箱形截面。

15.【答案】B

【解析】盖板涵的过水能力较圆管涵大，与同孔径的拱涵相接近，施工期限较拱涵短，但钢材用量比拱涵多，对地基承载力的要求较拱涵低。

16.【答案】D

【解析】蛛网式，该路网由多条辐射状线路与环形线路组合，其运送能力很大，可减少旅客的换乘次数，又能避免客流集中堵塞，减轻多线式路网存在的市中心换乘负担问题。棋盘式地铁线路沿城市棋盘式的道路系统建设而成，线路网密度大，客流量分散，但乘客换乘次数增多，增加了车站设备的复杂性。

17.【答案】C

【解析】按管线覆土深度分类：一般以管线覆土深度超过1.5m作为划分深埋和浅埋的分界线。在北方寒冷地区，由于冰冻线较深，给水、排水，以及含有水分的煤气管道，需深埋敷设；而热力管道、电力、电信线路不受冰冻的影响，可以采用浅埋敷设。在南方地区，由于冰冻线不存在或较浅，给水等管道也可以浅埋，而排水管道需要有一定的坡度要求，排水管道往往处于深埋状况。

18.【答案】C

【解析】强屈比（R_m/R_{eL}）能反映钢材的利用率和结构安全可靠程度。

19.【答案】D

【解析】细度是指硅酸盐水泥及普通水泥颗粒的粗细程度，用比表面积法表示。水泥的细度直接影响水泥的活性和强度。颗粒越细，与水反应的表面积越大，水化速度快，早期强度高，但硬化收缩较大，且粉磨时能耗大，成本高。但颗粒过粗，又不利于水泥活性的发挥，强度也低。

20. 【答案】A

【解析】结构混凝土用水泥的主要控制指标应包括凝结时间、安定性、胶砂强度和氯离子含量。水泥中使用的混合材料品种和掺量应在出厂文件中明示。

21. 【答案】B

【解析】混凝土在直接受拉时，很小的变形就会开裂。它在断裂前没有残余变形，是一种脆性破坏。混凝土的抗拉强度只有抗压强度的1/20~1/10，且强度等级越高，该比值越小。所以，混凝土在工作时，一般不依靠其抗拉强度。在设计钢筋混凝土结构时，不是由混凝土承受拉力，而是由钢筋承受拉力。但是混凝土的抗拉强度对减少裂缝很重要，有时也用来间接衡量混凝土与钢筋的粘结强度。

22. 【答案】B

【解析】在混凝土中掺入适量引气剂或引气减水剂，可以形成大量封闭微小气泡，这些气泡相互独立，既不渗水，又使水路变得曲折、细小、分散，可显著提高混凝土的抗渗性。

23. 【答案】B

【解析】大理石板材用于宾馆、展览馆、影剧院、商场、图书馆、机场、车站等公共建筑工程的室内柱面、地面、窗台板、服务台、电梯间门脸的饰面等，是理想的室内高级装饰材料。此外还可制作大理石壁画、工艺品、生活用品等。

24. 【答案】B

【解析】聚氯乙烯防水卷材是以聚氯乙烯树脂为主要原料，掺加填充料和适量的改性剂、增塑剂、抗氧化剂和紫外线吸收剂等，经混炼、压延或挤出成型、分卷包装而成的防水卷材。聚氯乙烯防水卷材根据其基料的组成与特性分为S型和P型。其中，S型是以煤焦油与聚氯乙烯树脂混熔料为基料的防水卷材；P型是以增塑聚氯乙烯树脂为基料的防水卷材。该种卷材的尺度稳定性、耐热性、耐腐蚀性、耐细菌性等均较好，适用于各类建筑的屋面防水工程和水池、堤坝等防水抗渗工程。

25. 【答案】C

【解析】岩棉及矿渣棉统称为矿物棉，由熔融的岩石经喷吹制成的称为岩棉，由熔融矿渣经喷吹制成的称为矿渣棉。最高使用温度约600℃。矿物棉与有机胶粘剂结合可以制成矿棉板、毡、筒等制品，也可制成粒状用作填充材料，其缺点是吸水性大、弹性小。矿渣棉可作为建筑物的墙体、屋顶、吊顶等处的保温隔热和吸声材料，以及热力管道的保温材料。燃烧性能为不燃材料。

26. 【答案】B

【解析】拆装式混凝土搅拌站是由几个大型组件拼装而成，投资少，比较经济，生产量小，在施工现场之间转移拆装方便，适用于混凝土用量不大的工地。

27. 【答案】C

【解析】地势平坦、土质较坚硬时，可采用推土机助铲法以缩短铲土时间。此法的关键是双机要紧密配合，否则达不到预期效果。一般每3~4台铲运机配1台推土机助铲。推土机在助铲的空隙时间，可作松土或其他零星的平整工作，为铲运机施工创造条件。

28. 【答案】A

【解析】沉桩的方式主要有锤击沉桩（打入桩）、静力压桩（压入桩）、射水沉桩（旋入桩）和振动沉桩（振入桩）。锤击沉桩是利用桩锤下落时的瞬时冲击机械能，克服土体对桩的阻力，使其静力平衡状态遭到破坏，导致桩体下沉，达到新的静压平衡状态，如此反复地锤击桩头，桩身也就不断地下沉。锤击沉桩是预制桩最常用的沉桩方法。

29.【答案】B

【解析】选项 A 错，开塞后立即进行压浆，原则上开一管注一管，不允许普遍开塞。压浆应连续进行，压力遵循由小到大逐级增加的原则。选项 C 错，压浆过程采用“双控”的方法控制压浆终止条件，当满足下列条件之一时可终止压浆：①压浆总量和压浆压力均达到设计要求。②压浆总量已经达到设计值的 70%，且压浆压力达到设计压浆压力的 150%并维持 5min 以上。③压浆总量已经达到设计值的 70%，且桩顶或地面出现明显上抬。桩体上抬不得超过 2mm。选项 D 错，压浆后的桩通常要求保养至少 25d 以上，以便桩底浆液凝固，方可按规定采用弹性波反射法进行桩基检测，以取得真实的注浆桩基承载力。

30.【答案】C

【解析】A 选项错，填充墙与承重主体结构间的空（缝）隙部位施工，应在填充墙砌筑 14d 后进行。B 选项错，砌筑填充墙时，轻骨料混凝土小型空心砌块和蒸压加气混凝土砌块的产品龄期不应小于 28d。D 选项错，墙长大于 5m 时，墙顶与梁宜有拉结；墙长超过 8m 或层高 2 倍时，宜设置钢筋混凝土构造柱；墙高超过 4m 时，墙体半高宜设置与柱连接且沿墙全长贯通的钢筋混凝土水平系梁。

31.【答案】A

【解析】根据基坑平面的大小与深度、土质、地下水位高低与流向、降水深度要求，轻型井点可采用单排布置、双排布置以及环形布置；当土方施工机械需进出基坑时，也可采用 U 形布置。

单排布置适用于基坑、槽宽度小于 6m，且降水深度不超过 5m 的情况。井点管应布置在地下水的上游一侧，两端延伸长度不宜小于坑、槽的宽度。双排布置适用于基坑宽度大于 6m 或土质不良的情况。环形布置适用于大面积基坑。如采用 U 形布置，则井点管不封闭的一段应设在地下水的下游方向。

32.【答案】B

【解析】①下坡推土法。推土机顺地面坡势进行下坡推土，可以借机械本身的重力作用增加铲刀的切土力量，因而可增大推土机铲土深度和运土数量，提高生产效率，在推土丘、回填管沟时，均可采用。②分批集中、一次推送法。在较硬的土中，推土机的切土深度较小，一次铲土不多，可分批集中，再整批地推送到卸土区。应用此法，可使铲刀的推送数量增大，缩短运输时间，提高生产效率 12%~18%。③并列推土法。在较大面积的平整场地施工中，采用两台或三台推土机并列推土。能减少土的散失，因为两台或三台单独推土时，有四边或六边向外撒土，而并列后只有两边向外撒土，一般可使每台推土机的推土量增加 20%。并列推土时，铲刀间距 15~30cm。并列台数不宜超过四台，否则互相影响。④沟槽推土法。就是沿第一次推过的原槽推土，前次推土所形成的土埂能阻止土的散失，从而增加推运量。这种方法可以和分批集中、一次推送法联合运用。能够更有效地利用推土机，缩短运土时间。⑤斜角推土法。将铲刀斜装在支架上，与推土机横轴在水平方向形成一定角度进行推土。一般在管沟回填且无倒车余地时可采用这种方法。

33. 【答案】B

【解析】用于各种坡度的地面平整和摊铺物料的铲土运输机械是平地机。铲运机的特点是能独立完成铲土、运土、卸土、填筑、压实等工作。

34. 【答案】B

【解析】A 选项错，抹灰用的水泥宜为硅酸盐水泥、普通硅酸盐水泥。C 选项错，抹灰用砂子宜选用中砂。D 选项错，用水泥砂浆和水泥混合砂浆抹灰时，应待前一抹灰层凝结后方可抹后一层；用石灰砂浆抹灰时，应待前一抹灰层七八成干后方可抹后一层。

35. 【答案】C

【解析】垂直排水固结法的原理是软土地基在路堤荷载作用下，水从空隙中慢慢排出，空隙比较小，地基发生固结变形，同时随着超静水压力逐渐扩散，土的有效应力增大，地基土强度逐步增长。常利用砂井、袋装砂井、塑料排水板增加土层竖向排水途径，缩短排水距离、加速地基固结。垂直排水法常用于解决软土地基的沉降问题，可使地基沉降在加载预压期间基本完成或大部分完成，使公路完工后在营运期间不发生过大的沉降和减少桥头段沉降差，垂直排水法是由排水系统和堆载系统两部分组成，排水系统可在天然地基中设置竖向排水体（如普通砂井、袋装砂井、塑料排水板等），其上铺设砂垫层。堆载系统为路堤填料的填筑，可以有欠载、等载、超载预压，也可以采用真空预压法用于软黏土地基，施工期间保证有足够的预压期。

36. 【答案】A

【解析】爆破作业的施工程序为：对爆破人员进行技术培训和安全教育→对爆破器材进行检查→试验→清除表土→选择炮位→凿孔→装药→堵塞→敷设起爆网路→设置警戒线→起爆→清方等。

37. 【答案】C

【解析】A 选项错，当拱圈支架未拆除，拱圈中砂浆强度达到设计强度的 70%时，可进行拱顶填土。B 选项错，当拱涵用混凝土预制拱圈安装时，成品达到设计强度的 70%时才允许搬运、安装。D 选项错，拱座石与拱圈石及拱座石与边墙砌石之间的错缝不得小于 100mm。

38. 【答案】B

【解析】地下连续墙是以专门的挖槽设备，沿着深基或地下构筑物周边，采用触变泥浆护壁，按设计的宽度、长度和深度开挖沟槽，待槽段形成后，在槽内设置钢筋笼，采用导管法浇筑混凝土，筑成一个单元槽段的混凝土墙体。依次继续挖槽、浇筑施工，并以某种接头方式将相邻单元槽段墙体连接起来形成一道连续的地下钢筋混凝土墙或帷幕，以作为防渗、挡土、承重的地下墙体结构。

39. 【答案】B

【解析】隧洞开挖时，掏槽孔装药最多，周边孔装药较少，中间塌落孔在两者之间。有的掏槽孔药卷直径大些，连续装药；周边孔药卷直径小些，间隔装药。为了提高爆破效果，减少爆破对周围建筑及围岩的破坏，一个断面上有的采用毫秒延迟雷管分段起爆。

40. 【答案】B

【解析】正式进行喷射施工前，除做好配料、设备试运转、施工劳动组织等工作外，待喷面准备工作是保证顺利施工的关键。喷射前应对开挖尺寸认真检查，清除喷面松动危石，欠挖超标过多的先进行局部处理；喷射前应根据石质情况，用高压风或水冲洗待喷面，将开挖粉尘和杂物清理干净，以有利于混凝土粘结。受喷面有较集中渗水时，应做好排水引流处理；无集中渗水时，根据岩面潮湿程度，适当调整水灰比；喷射施工要按一定顺序有条不紊地进行。喷射作业区段的宽度，一般应以 1.5~2.0m 为宜。对水平坑道，其喷射顺序为先墙后拱、自下而上；侧墙应自墙基开始，拱应自拱脚开始，封拱区宜沿轴线由前向后；其他准备，主要是检查喷射面尺寸、几何形状是否符合设计要求；作业区应安装足够照明设施，灯具应有保护措施；对有涌水的部位，要做好排水；喷射面上若有冻结，应清扫掉融化的水分；当喷射面具有较强的吸水性时，要预先洒水进行养护。

41. 【答案】C

【解析】工作内容是指为了完成工程量清单项目所需要发生的具体施工作业内容。工程量计算规范附录中给出的是一个清单项目所可能发生的工作内容，在确定综合单价时需要根据清单项目特征中的要求、具体的施工方案等确定清单项目的工作内容，是进行清单项目组价的基础。

42. 【答案】B

【解析】设置在建筑物墙体外起装饰作用的幕墙，不计算建筑面积。高低跨内部连通时，其变形缝应计算在低跨面积内。当建筑物外已计算建筑面积的构件（如阳台、室外走廊、门斗、落地橱窗等部件）有保温隔热层时，其保温隔热层也不再计算建筑面积。保温隔热层的建筑面积是以保温隔热材料的厚度来计算的，不包含抹灰层、防潮层、保护层（墙）的厚度。有顶盖无围护结构的车棚、货棚、站台、加油站、收费站等，应按其顶盖水平投影面积的 1/2 计算建筑面积。

43. 【答案】D

【解析】场馆看台下的建筑空间，结构净高在 2.10m 及以上的部位应计算全面积；结构净高在 1.20m 及以上至 2.10m 以下的部位应计算 1/2 面积；结构净高在 1.20m 以下的部位不应计算建筑面积。室内单独设置的有围护设施的悬挑看台，应按看台结构底板水平投影面积计算建筑面积。有顶盖无围护结构的场馆看台应按其顶盖水平投影面积的 1/2 计算面积。场馆区分三种不同的情况：看台下的建筑空间，对“场”（顶盖不闭合）和“馆”（顶盖闭合）都适用；室内单独悬挑看台，仅对“馆”适用；有顶盖无围护结构的看台，仅对“场”适用。

44. 【答案】D

【解析】建筑物间的架空走廊，有顶盖和围护结构的，应按其围护结构外围水平面积计算全面积。

45. 【答案】A

【解析】设在建筑物顶部的、有围护结构的楼梯间、水箱间、电梯机房等，结构层高在 2.20m 及以上的应计算全面积；结构层高在 2.20m 以下的，应计算 1/2 面积。

46.【答案】B

【解析】A 选项错，管道结构宽：有管座的按基础外缘计算，无管座的按管道外径计算。C 选项错，沟槽、基坑中土类别不同时，分别按其放坡起点、放坡系数、依不同土类别厚度加权平均计算。D 选项错，无管沟设计时，直埋管深度应按管底外表面标高至交付施工场地标高的平均高度计算。

47.【答案】B

【解析】沟槽、基坑、一般土方的划分为：底宽≤7m，底长>3 倍底宽为沟槽；底长≤3 倍底宽，底面积≤150m^2 为基坑；超出上述范围则为一般土方。

48.【答案】B

【解析】挖基坑土方按设计图示尺寸以基础垫层底面积乘以挖土深度计算。基础土方开挖深度应按基础垫层底表面标高至交付施工场地标高确定，无交付施工场地标高时，应按自然地面标高确定。

49.【答案】D

【解析】回填方，按设计图示尺寸以体积“m^3”计算。①场地回填：回填面积乘以平均回填厚度；②室内回填：主墙间净面积乘以回填厚度，不扣除间隔墙；③基础回填：挖方清单项目工程量减去自然地坪以下埋设的基础体积（包括基础垫层及其他构筑物）。

50.【答案】D

【解析】A 选项错，防潮层在清单项目综合单价中考虑，不单独列项计算工程量。B 选项错，实心砖墙、多孔砖墙、空心砖墙，按设计图示尺寸以体积“m^3”计算。扣除门窗、洞口、嵌入墙内的钢筋混凝土柱、梁、圈梁、挑梁、过梁及凹进墙内的壁龛、管槽、暖气槽、消火栓箱所占体积，不扣除梁头、板头、檩头、垫木、木楞头、沿缘木、木砖、门窗走头、砖墙内加固钢筋、木筋、铁件、钢管及单个面积≤0.3m^2 的孔洞所占的体积。C 选项错，内墙位于屋架下弦者，算至屋架下弦底；无屋架者算至天棚底另加 100mm；有钢筋混凝土楼板隔层者算至楼板顶；有框架梁时算至梁底。

51.【答案】C

【解析】实心砖墙、多孔砖墙、空心砖墙，按设计图示尺寸以体积“m^3”计算。扣除门窗、洞口、嵌入墙内的钢筋混凝土柱、梁、圈梁、挑梁、过梁及凹进墙内的壁龛、管槽、暖气槽、消火栓箱所占体积，不扣除梁头、板头、檩头、垫木、木楞头、沿缘木、木砖、门窗走头、砖墙内加固钢筋、木筋、铁件、钢管及单个面积≤0.3m^2 的孔洞所占的体积。

52.【答案】D

【解析】A 选项错，现浇混凝土小型池槽、垫块、门框等，应按其他构件项目编码列项。B 选项错，台阶，以“m^2”计量，按设计图示尺寸水平投影面积计算；以“m^3”计量，按设计图示尺寸以体积计算。C 选项错，扶手、压顶，以“m”计量，按设计图示尺寸的中心线延长米计算；以“m^3”计量，按设计图示尺寸以体积“m^3”计算。

53.【答案】B

【解析】现浇混凝土梁包括基础梁、矩形梁、异形梁、圈梁、过梁、弧形梁（拱形梁）等项目，按设计图示尺寸以体积“m^3”计算，不扣除构件内钢筋、预埋铁件所占体积，伸入墙内的梁头、梁垫并入梁体积内。

54. 【答案】A

【解析】低合金钢筋两端均采用螺杆锚具时，钢筋长度按孔道长度减 0.35m 计算，螺杆另行计算。

55. 【答案】B

【解析】A 选项错，现浇构件中伸出构件的锚固钢筋应并入钢筋工程量内。C 选项错，钢筋工程量=图示钢筋长度×单位理论质量。D 选项错，低合金钢筋（钢绞线）采用 JM、XM、QM 型锚具，孔道长度≤20m 时，钢筋长度按增加 1m 计算；孔道长度>20m 时，钢筋长度按增加 1.8m 计算。

56. 【答案】D

【解析】钢屋架，以“榀”计量时，按设计图示数量计算；以“t”计量时，按设计图示尺寸以质量计算，不扣除孔眼的质量，焊条、铆钉、螺栓等不另增加质量。钢托架、钢桁架、钢架桥，按设计图示尺寸以质量“t”计算，不扣除孔眼的质量，焊条、铆钉、螺栓等不另增加质量。

57. 【答案】A

【解析】整体面层按设计图示尺寸以面积计算，扣除凸出地面的构筑物、设备基础、室内铁道、地沟所占面积，门洞、空圈、暖气包槽、壁龛开口部分不增加面积。

58. 【答案】C

【解析】瓦屋面、型材屋面，按设计图示尺寸以斜面积“m^2”计算，不扣除房上烟囱、风帽底座、风道、小气窗、斜沟等所占面积，小气窗的出檐部分不增加面积。阳光板、玻璃钢屋面，按设计图示尺寸以斜面积“m^2”计算，不扣除屋面面积≤0.3m^2 孔洞所占面积。膜结构屋面，按设计图示尺寸以需要覆盖的水平投影面积“m^2”计算。

59. 【答案】B

【解析】墙面一般抹灰、墙面装饰抹灰、墙面勾缝、立面砂浆找平层，按设计图示尺寸以面积“m^2”计算。扣除墙裙、门窗洞口及单个>0.3m^2 的孔洞面积，不扣除踢脚线、挂镜线和墙与构件交接处的面积，门窗洞口和孔洞的侧壁及顶面不增加面积。附墙柱、梁、垛、烟囱侧壁并入相应的墙面面积内。飘窗凸出外墙面增加的抹灰并入外墙工程量内。

（1）外墙抹灰面积按外墙垂直投影面积计算。

（2）外墙裙抹灰面积按其长度乘以高度计算。

（3）内墙抹灰面积按主墙间的净长乘以高度计算。无墙裙的内墙高度按室内楼地面至天棚底面计算；有墙裙的内墙高度按墙裙顶至天棚底面计算。但有吊顶天棚的内墙面抹灰，抹至吊顶以上部分在综合单价中考虑，不另计算。

（4）内墙裙抹灰面积按内墙净长乘以高度计算。

60. 【答案】C

【解析】窗台板拆除、筒子板拆除以“块”计量，按拆除数量计算；以“m”计量，按拆除的延长米计算。

二、多项选择题（共 20 题，每题 2 分。每题的备选项中，有 2 个或 2 个以上符合题意，至少有 1 个错项。错选，本题不得分；少选，所选的每个选项得 0.5 分）

61. 【答案】ACD

【解析】喷出岩是指喷出地表形成的岩浆岩。一般呈原生孔隙和节理发育，产状不规则，厚度变化大，岩性很不均匀，比侵入岩强度低，透水性强，抗风能力差，如流纹岩、粗面岩、安山岩、玄武岩、火山碎屑岩。

62. 【答案】CE

【解析】松散、软弱土层强度、刚度低，承载力低，抗渗性差。对不满足承载力要求的松散土层，如砂和砂砾石地层等可挖除，也可采用固结灌浆、预制桩或灌注桩、地下连续墙或沉井等加固；对不满足抗渗要求的，可灌水泥浆或水泥黏土浆，或地下连续墙防渗；对于影响边坡稳定的，可喷混凝土护面和打土钉支护。

63. 【答案】ABDE

【解析】由于地基土层松散软弱或岩层破碎等工程地质原因，不能采用条形基础，而要采用片筏基础甚至箱形基础。对较深松散地层有的要采用桩基础加固。还要根据地质缺陷的不同程度，加大基础的结构尺寸。

64. 【答案】ABCE

【解析】房屋中跨度较小的房间（如厨房、厕所、贮藏室、走廊）及雨篷、遮阳等常采用现浇钢筋混凝土板式楼板。无梁楼板的底面平整，增加了室内的净空高度，有利于采光和通风，但楼板厚度较大，这种楼板比较适用于荷载较大、管线较多的商店和仓库等。

65. 【答案】BC

【解析】屋顶上搁置屋架，用来搁置檩条以支承屋面荷载。通常屋架搁置在房屋的纵向外墙或柱上，使房屋有一个较大的使用空间。屋架的形式较多，有三角形、梯形、矩形、多边形等。如教材图 2. 1. 27（b）所示。

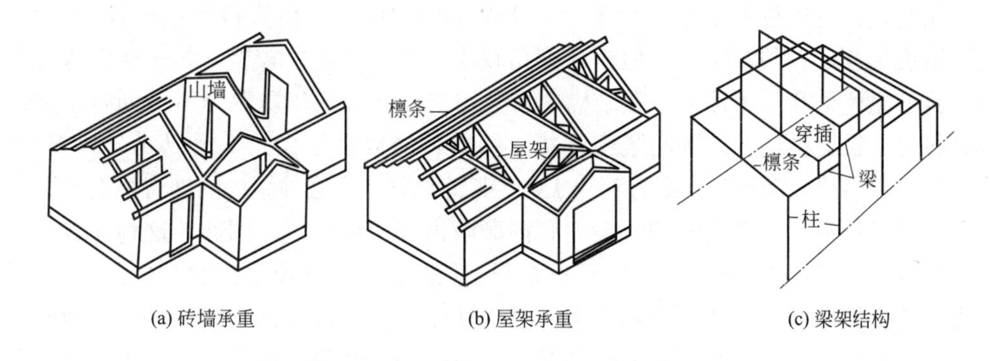

图 2. 1. 27　坡屋顶的承重结构方式

当坡屋面房屋内部需要较大空间时，可把部分横向山墙取消，用屋架作为横向承重构件。坡屋面的屋架多为三角形（分豪式和芬克式两种）。屋架可选用木材（Ⅰ级杉圆木)、型钢（角钢或槽钢）制作，也可用钢木混合制作（屋架中受压杆件为木材，受拉杆件为钢材），或钢筋混凝土制作。若房屋内部有一道或两道纵向承重墙，可以考虑选用三点支承或四点支承屋架。

为了防止屋架的倾覆，提高屋架及屋面结构的空间稳定性，屋架间要设置支撑。屋架支撑主要有垂直剪刀撑和水平系杆等。

房屋的平面有凸出部分时，屋面承重结构有两种做法。当凸出部分的跨度比主体跨度小时，可把凸出部分的檩条搁置在主体部分屋面檩条上，也可在屋面斜天沟处设置斜梁，把凸出部分檩条搭接在斜梁上。当凸出部分跨度比主体部分跨度大时，可采用半屋架。半屋架的一端支承在外墙上，另一端支承在内墙上；当无内墙时，支承在中间屋架上。对于四坡形屋顶，当跨度较小时，在四坡屋顶的斜屋脊下设斜梁，用于搭接屋面檩条；当跨度较大时，可选用半屋架或梯形屋架，以增加斜梁的支承点。

66. **【答案】** ADE

【解析】 根据桥梁主跨结构所用材料，桥梁可划分为木桥、圬工桥（包括砖、石、混凝土桥)、钢筋混凝土桥、预应力混凝土桥和钢桥。

67. **【答案】** ABC

【解析】 钢结构常用热轧型钢有：工字钢、H 型钢、T 型钢、槽钢、等边角钢、不等边角钢等。

68. **【答案】** ADE

【解析】 引气剂及引气减水剂，除用于抗冻、防渗、抗硫酸盐混凝土外，还宜用于泌水严重的混凝土、贫混凝土以及对饰面有要求的混凝土和轻骨料混凝土，不宜用于蒸养混凝土和预应力混凝土。

69. **【答案】** DE

【解析】 沥青混合料按矿质骨架的结构状况，其组成结构分为以下三个类型：①悬浮密实结构。当采用连续密级配矿质混合料与沥青组成的沥青混合料时，矿料由大到小形成连续级配的密实混合料，由于粗集料的数量较少，细集料的数量较多，较大颗粒被小一档颗粒挤开，使粗集料以悬浮状态存在于细集料之间，不能直接互相嵌锁形成骨架，因此该结构具有较大的黏聚力，但内摩擦角较小，高温稳定性较差，如普通沥青混合料（AC）属于此种类型。②骨架空隙结构。当采用连续开级配矿质混合料与沥青组成的沥青混合料时，粗集料较多，彼此紧密相接，细集料的数量较少，不足以充分填充空隙，形成骨架空隙结构。沥青碎石混合料（AM）多属此类型。这种结构的沥青混合料，粗骨料能充分形成骨架，骨料之间的嵌挤力和内摩阻力起重要作用。因此，这种沥青混合料内摩擦角较高，但黏聚力较低，受沥青材料性质的变化影响较小，因而热稳定性较好，但沥青与矿料的粘结力较小、空隙率大、耐久性较差。③骨架密实结构。采用间断型级配矿质混合料与沥青组成的沥青混合料时，是综合以上两种结构之长的一种结构。既有一定数量的粗骨料形成骨架，又根据粗集料空隙的多少加入细集料，形成较高的密实度。这种结构的沥青混合料不仅内摩擦角较高，黏聚力较高，密实度、强度和稳定性都较好，是一种较理想的结构类型。如沥青玛蹄脂混合料（SMA）属于此类型。

70. **【答案】** AC

【解析】对外墙涂料、内墙涂料、地面涂料的基本要求如下表所示。

题 70 表　　对外墙涂料、内墙涂料和地面涂料的要求

外墙涂料	内墙涂料	地面涂料
(1) 装饰性良好 (2) 耐水性良好 (3) 耐候性良好 (4) 耐污染性好 (5) 施工及维修容易	(1) 色彩丰富、细腻、调和 (2) 耐碱性、耐水性、耐粉化性良好 (3) 透气性良好 (4) 涂刷方便，重涂容易	(1) 耐碱性良好 (2) 耐水性良好 (3) 耐磨性良好 (4) 抗冲击性良好 (5) 与水泥砂浆有好的粘结性能 (6) 涂刷施工方便，重涂容易

71. 【答案】ADE

【解析】见教材图 4.1.27 预应力混凝土工程施工先张法工艺流程。

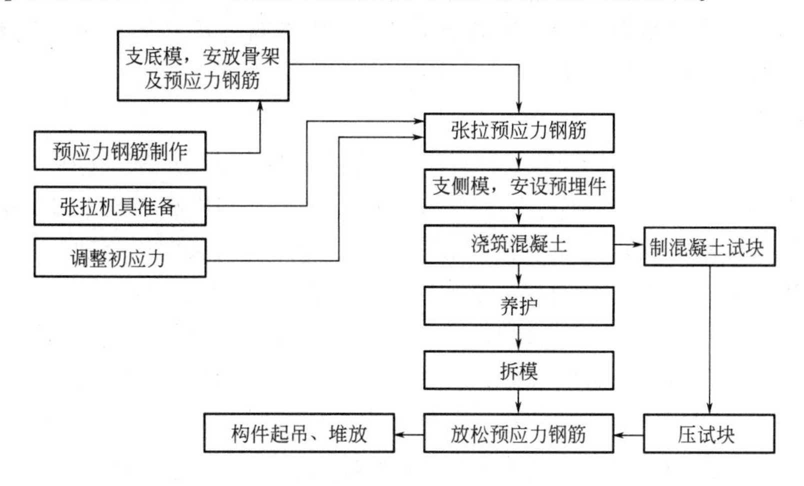

图 4.1.27　先张法工艺流程

72. 【答案】DE

【解析】A 选项错，当卷材防水层上有重物覆盖或基层变形较大时，应优先采用空铺法、点粘法、条粘法或机械固定法。B 选项错，合成高分子防水卷材的施工方法一般有冷粘法、自粘法、焊接法和机械固定法。C 选项错，立面或大坡面铺贴卷材时，应采用满粘法。

73. 【答案】CE

【解析】浅孔爆破通常用手提式凿岩机凿孔，深孔爆破常用冲击式钻机或潜孔钻机凿孔。分散药包：炸药沿孔深的高度分散安装，爆炸后可以使岩石均匀地破碎。集中药包：炸药完全装在炮孔的底部，爆炸后对于工作面较高的岩石崩落效果较好，但不能保证岩石均匀破碎。药壶药包：将炮孔底部打成葫芦形，集中埋置炸药，以提高爆破效果。它适用于结构均匀致密的硬土、次坚石和坚石、量大而集中的石方施工。分层压实法（碾压法）：自下而上水平分层，逐层填筑，逐层压实，是普遍采用并能保证填石路堤质量的方法。清方：当石方爆破后，必须按爆破次数分次清理。

74. 【答案】ABE

【解析】岩石为倾斜或齿状等时，锚杆的方向要尽可能与岩层层面垂直相交，以达到较好的锚固效果。粘结砂浆应拌合均匀，随拌随用，一次拌合的砂浆应在初凝前用完。采用树脂药包时，还应注意：搅拌时间应根据现场气温决定。安设锚杆前应吹孔，并核对孔深是否符合设计要求，安设前应检查风压，不得<0.4MPa。若作为永久支护，则应作防锈处理，并灌注有膨胀性的砂浆。

75.【答案】ADE

【解析】地下连续墙的优缺点：施工全盘机械化，速度快、精度高，并且振动小、噪声低，适用于城市密集建筑群及夜间施工。具有多功能用途，如防渗、截水、承重、挡土、防爆等，由于采用钢筋混凝土或素混凝土，强度可靠，承压力大。开挖基坑无须放坡，土方量小，浇混凝土无须支模和养护，并可在低温下施工，降低成本，缩短施工时间。制浆及处理系统占地较大，管理不善易造成现场泥泞和污染。由于地下连续墙优点多，适用范围广，广泛应用在建筑物的地下基础、深基坑支护结构、地下车库、地下铁道、地下城、地下电站及水坝防渗等工程中。

76.【答案】AC

【解析】立体书库、立体仓库、立体车库，有围护结构的，应按其围护结构外围水平面积计算建筑面积；无围护结构、有围护设施的，应按其结构底板水平投影面积计算建筑面积。无结构层的应按一层计算，有结构层的应按其结构层面积分别计算。结构层高在2.20m及以上的，应计算全面积；结构层高在2.20m以下的，应计算1/2面积。窗台与室内楼地面高差在0.45m以下且结构净高在2.10m及以上的凸（飘）窗，应按其围护结构外围水平面积计算1/2面积。有围护设施的室外走廊（挑廊），应按其结构底板水平投影面积计算1/2面积。建筑物房顶上的建筑部件属于建筑空间的可以计算建筑面积，不属于建筑空间的则归为屋顶造型（装饰性结构构件），不计算建筑面积。在主体结构内的阳台，应按其结构外围水平面积计算全面积。

77.【答案】AE

【解析】建筑物架空层及坡地建筑物吊脚架空层，应按其顶板水平投影计算建筑面积。建筑物间的架空走廊，有顶盖和围护结构的，应按其围护结构外围水平面积计算全面积。附属在建筑物外墙的落地橱窗，应按其围护结构外围水平面积计算。

78.【答案】CE

【解析】土方体积应按挖掘前的夯实体积计算。土方体积应按挖掘前的天然密实体积计算。挖淤泥、流砂，按设计图示位置、界限以体积计算。冻土开挖，按设计图示尺寸开挖面积乘以厚度以体积“m^3”计算。建筑物场地厚度≤±300mm的挖、填、运、找平，应按平整场地项目编码列项。厚度>±300mm的竖向布置挖土或山坡切土应按一般土方项目编码列项。

79.【答案】BCE

【解析】现浇混凝土基础、柱、梁、墙板等主要构件模板及支架工程量按模板与现浇混凝土构件的接触面积“m^2”计算。附墙柱、暗梁、暗柱并入墙内工程量计算。D选项错，楼梯，按楼梯（包括休息平台、平台梁、斜梁和楼层板的连接梁）的水平投影面积“m^2”计算，不扣除宽度≤500mm的楼梯井所占面积，楼梯踏步、踏步板、平台梁等侧面模板不另计算，伸入墙内部分亦不增加。

80. **【答案】** CDE

【解析】 A 选项错，在编制清单项目时，当列出了综合脚手架项目时，不得再列出外脚手架、里脚手架等单项脚手架项目。B 选项错，突出主体建筑物屋顶的电梯机房、楼梯出口间、水箱间、瞭望塔、排烟机房等不计入檐口高度。

专家权威详解

模拟题四答案与解析

一、单项选择题（共60题，每题1分，每题的备选项中，只有一个最符合题意）

1. **【答案】** B

【解析】 由于成分和结构的不同，每种矿物都有自己特有的物理性质，如颜色、光泽、硬度等。物理性质是鉴别矿物的主要依据。矿物的颜色分为自色、他色和假色，自色可以作为鉴别矿物的特征，而他色和假色则不能。例如，依据颜色鉴定矿物的成分和结构，依据光泽鉴定风化程度，依据硬度鉴定矿物类别。

2. **【答案】** B

【解析】 风化裂隙水分布在风化裂隙中，多数为层状裂隙水，多属潜水。成岩裂隙水分布在成岩裂隙中，可以是潜水，也可以是承压水，当成岩裂隙的岩层出露地表时，常赋存成岩裂隙潜水。

3. **【答案】** C

【解析】 对落水洞及浅埋的溶沟（槽）、溶蚀（裂隙、漏斗）等，宜采用跨越法、充填法进行处理。

4. **【答案】** C

【解析】 对于含有黏土质页岩、泥岩、煤层、泥灰岩、石膏等夹层的沉积岩边坡，最易发生顺层滑动，或因下部蠕滑而造成上部岩体的崩塌。

5. **【答案】** A

【解析】 对于地下工程的选址，工程地质的影响要考虑区域稳定性的问题。对区域性深大断裂交汇、近期活动断层和现代构造运动较为强烈的地段，要给予足够的注意。也要注意避免工程走向与岩层走向交角太小甚至近乎平行。

6. **【答案】** C

【解析】 由于岩层发生强烈的断裂变动，致使岩体裂隙增多、岩石破碎、风化严重、地下水发育，从而降低了岩石的强度和稳定性，对工程建筑造成了种种不利的影响。在公路工程建设中，应尽量避开大的断层破碎带。

7. **【答案】** C

【解析】 剪力墙体系是利用建筑物的墙体（内墙和外墙）来抵抗水平力。因为剪力墙既承受垂直荷载，也承受水平荷载。高层建筑主要荷载为水平荷载，墙体既受剪又受弯，所以称剪力墙。剪力墙一般为钢筋混凝土墙，厚度不小于160mm，剪力墙的墙段长度一般不超过8m，适用于小开间的住宅和旅馆等。在180m高的范围内都可以适用。剪力墙结构的优点是侧向刚度大，水平荷载作用下侧移小；缺点是间距小，建筑平面布置不灵活，不适用于大空间的公共建筑，另外结构自重也较大。

8. **【答案】** C

【解析】悬索结构，是比较理想的大跨度结构形式之一。目前，悬索屋盖结构的跨度已达160m，主要用于体育馆、展览馆中。悬索结构的主要承重构件是受拉的钢索，钢索是用高强度钢绞线或钢丝绳制成。

9.【答案】A

【解析】厂房、仓库、食堂等空旷单层房屋应按下列规定设置圈梁：①砖砌体结构房屋，檐口标高为5~8m时，应在檐口标高处设置一道圈梁，檐口标高大于8m时，应增加设置数量。

10.【答案】C

【解析】构造柱一般在外墙四角、错层部位、横墙与外纵墙交接处、较大洞口两侧等处设置。

11.【答案】C

【解析】支撑系统构件：支撑系统包括柱间支撑和屋盖支撑两大部分。支撑构件设置在屋架之间的称为屋盖支撑；设置在纵向柱列之间的称为柱间支撑。支撑构件主要传递水平荷载，起保证厂房空间刚度和稳定性的作用。

12.【答案】C

【解析】刚性路面：行车荷载作用下产生板体作用，抗弯拉强度大，弯沉变形很小，呈现出较大的刚性，它的破坏取决于极限弯拉强度。刚性路面的主要代表是水泥混凝土路面。

13.【答案】B

【解析】坚硬岩石地段陡山坡上的半填半挖路基，当填方不大，但边坡伸出较远不易修筑时，可修筑护肩。护肩应采用当地不易风化片石砌筑，高度一般不超过2m，其内外坡均直立，基底面以1∶5坡度向内倾斜。

14.【答案】C

【解析】框架式桥台是一种在横桥向呈框架式结构的桩基础轻型桥台，它所承受的土压力较小，适用于地基承载力较低、台身较高、跨径较大的梁桥。其构造形式有柱式、肋墙式、半重力式和双排架式、板凳式等。

15.【答案】D

【解析】冷弯试验能揭示钢材是否存在内部组织不均匀，内应力、夹杂物未熔合和微裂缝等缺陷，而这些缺陷在拉力试验中常因塑性变形导致应力重分布而得不到反映，因此冷弯试验是一种比较严格的试验，对钢材的焊接质量也是一种严格的检验，能揭示焊件在受弯表面存在的未熔合、裂纹和夹杂物等问题。

16.【答案】C

【解析】蛛网式路网由多条辐射状线路与环形线路组成，其运送能力很强，可减少旅客的换乘次数，又能避免客流集中堵塞，还能减轻多线式存在的市中心区换乘负担。

17.【答案】C

【解析】本题考查城市地下贮库工程布局的基本要求。地下贮库必须依靠一定的地质条件才能存在。从宏观上看，存在条件有岩层和土层两类，一般地下贮库都是通过在岩层中挖掘洞室或在土层中建造地下建筑来实现的。地下贮库的建设应遵循如下技术要求：

①地下贮库应设置在地质条件较好的地区。②靠近市中心的一般性地下贮库，出入口的设置，除满足货物的进出方便外，在建筑形式上应与周围环境相协调。③布置在郊区的大型贮能库、军事用地下贮存库等，应注意洞口的隐蔽性，多布置一些绿化用地。④与城市无多大关系的转运贮库，应布置在城市的下游，以免干扰城市居民的生活。⑤由于水运是一种最经济的运输方式，因此，有条件的城市应沿江河多布置一些贮库，但应保证堤岸的工程稳定性。

18. 【答案】A

【解析】引气剂是在混凝土搅拌过程中，能引入大量分布均匀的稳定而封闭的微小气泡，以减少拌合物泌水离析、改善和易性，同时显著提高硬化混凝土抗冻融耐久性的外加剂。

19. 【答案】C

【解析】碾压混凝土的特点：①内部结构密实、强度高。碾压混凝土使用的骨料级配孔隙率低，经振动碾压内部结构骨架十分稳定，因此能够充分发挥骨料的强度，使混凝土表现出较高的抗压强度。②干缩性小、耐久性好。振动碾压后，一方面内部结构密实且稳定性好，使其抵抗变形的能力增加；另一方面，由于用水量少，混凝土的干缩减少，水泥石结构中易被腐蚀的氢氧化钙等物质含量也很少，这些都为其改善耐久性打下了良好的基础。③节约水泥、水化热低。因为碾压混凝土的孔隙率很低，填充孔隙所需胶结材料比普通混凝土明显减少；振动碾压工艺对水泥有良好的强化分散和塑化作用，对混凝土流动性要求低，多为干硬性混凝土，需要起润滑作用的水泥浆量减少，所以碾压混凝土的水泥用量大为减少。这不仅节约水泥，而且使水化热大为减少，使其特别适用于大体积混凝土工程。

20. 【答案】A

【解析】泵送剂是指能改善混凝土拌合物的泵送性能，使混凝土具有能顺利通过输送管道，不阻塞，不离析，黏塑性良好的外加剂。其组分包含缓凝及减水组分、增稠组分(保水剂)、引气组分及高比表面无机掺合料。应用泵送剂温度不宜高于35℃，掺泵送剂过量可能造成堵泵现象。泵送剂不宜用于蒸汽养护混凝土和蒸压养护的预制混凝土。

21. 【答案】D

【解析】湿拌砂浆是指将水泥、细骨料、矿物掺合料、外加剂、添加剂和水按一定比例，在搅拌站经计量、拌制后，运至使用地点，并在规定时间内使用的拌合物。湿拌砂浆按用途可分为湿拌砌筑砂浆、湿拌抹灰砂浆、湿拌地面砂浆和湿拌防水砂浆。因特种用途的砂浆黏度较大，无法采用湿拌形式生产，因而湿拌砂浆中仅包括普通砂浆。

22. 【答案】A

【解析】合成树脂是塑料的主要组成材料，在塑料中的含量为30%~60%，在塑料中起胶粘剂的作用。按合成树脂受热时的性质不同，可分为热塑性树脂和热固性树脂。热塑性树脂刚度小，抗冲击韧性好，但耐热性较差；热固性树脂耐热性好，刚度较大，但质地脆硬。

23. 【答案】C

【解析】氯化聚乙烯-橡胶共混型防水卷材兼有塑料和橡胶的特点。它不仅具有氯化聚乙烯所特有的高强度和优异的耐臭氧、耐老化性能，而且具有橡胶类材料所特有的高弹性、高延伸性和良好的低温柔性。因此，该类卷材主要适用于寒冷地区或变形较大的土木建筑防水工程。

24. **【答案】** D

【解析】 高强混凝土的延性比普通混凝土差；高强混凝土致密坚硬，其抗渗性、抗冻性、耐蚀性、抗冲击性等诸方面性能均优于普通混凝土。高强混凝土的水泥用量大，早期强度发展较快，特别是加入高效减水剂促进水化，早期强度更高，早期强度高的后期强度增长较小，掺高效减水剂的混凝土后期强度增长幅度要低于没有掺减水剂的混凝土。

25. **【答案】** B

【解析】 对固体声最有效的隔绝措施是隔断其声波的连续传递，即采用不连续的结构处理，如在墙壁和梁之间、房屋的框架和隔墙及楼板之间加弹性垫，如毛毡、软木、橡胶等材料。

26. **【答案】** B

【解析】 在土的渗透系数大、地下水量大的土层中，宜采用管井井点降水。管井直径为 150~250mm。管井的间距，一般为 20~50m。

27. **【答案】** C

【解析】 预压地基又称排水固结法地基，在建筑物建造前，直接在天然地基或在设置有袋状砂井、塑料排水带等竖向排水体的地基上先行加载预压，使土体中孔隙水排出，提前完成土体固结沉降，逐步增加地基强度的一种软土地基加固方法。适用于处理道路、仓库、罐体、飞机跑道、港口等各类大面积淤泥质土、淤泥及冲填土等饱和黏性土地基。预压荷载是其中的关键问题，因为施加预压荷载后才能引起地基土的排水固结。

28. **【答案】** B

【解析】 水泥粉煤灰碎石桩（CFG 桩）是在碎石桩基础上加进一些石屑、粉煤灰和少量水泥，加水拌合制成的具有一定粘结强度的桩。桩的承载能力来自桩全长产生的摩阻力及桩端承载力。桩越长承载力越高，桩土形成的复合地基承载力提高幅度可达 4 倍以上且变形量小，适用于多层和高层建筑地基，是近年来新开发的一种地基处理技术。

29. **【答案】** C

【解析】 长度在 10m 以下的短桩，一般多在工厂预制，较长的桩，因不便于运输，通常就在打桩现场附近露天预制。现场预制桩多用重叠法预制，重叠层数不宜超过 4 层。桩堆放时应设置垫木，垫木的位置与吊点位置相同，各层垫木应上下对齐。不同规格的桩应分别堆放。

30. **【答案】** B

【解析】 锤击沉桩法适用于桩径较小（一般桩径 0. 6m 以下），地基土土质为可塑性黏土、砂性土、粉土、细砂以及松散的碎卵石类土的情况。静力压桩施工适用于软土地区、城市中心或建筑物密集处的桩基础工程，以及精密工厂的扩建工程。射水沉桩法适用于砂土和碎石土。振动沉桩主要适用于砂土、砂质黏土、亚黏土层。

31. **【答案】** B

【解析】 一般当基坑不大时，打桩应从中间分头向两边或四周进行；当基坑较大时，应将基坑分为数段，而后在各段范围内分别进行。打桩应避免自外向内，或从周边向中间进行。当桩基的设计标高不同时，打桩顺序易先深后浅；当桩的规格不同时，打桩顺序宜先大后小、先长后短。

32. 【答案】C

【解析】射水沉桩法的选择应视土质情况而异，在砂夹卵石层或坚硬土层中，一般以射水为主，锤击或振动为辅；在亚黏土或黏土中，为避免降低承载力，一般以锤击或振动为主，射水为辅，并应适当控制射水时间和水量；下沉空心桩，一般用单管内射水。

33. 【答案】D

【解析】套管成孔灌注桩成桩过程：桩机就位→锤击（振动）沉管→上料→边锤击（振动）边拔管，并继续浇筑混凝土→下钢筋笼，继续浇筑混凝土及拔管→成桩。

34. 【答案】C

【解析】调整混凝土的配合比提高密实度。一般应在保证混凝土拌合物和易性的前提下，减小水灰比，降低孔隙率，减少渗水通道。适当提高水泥用量、砂率和灰砂比，在粗骨料周围形成质量良好的、足够厚度的砂浆包裹层，阻断沿粗骨料表面的渗水孔隙。改善骨料颗粒级配，降低混凝土孔隙率。

35. 【答案】B

【解析】见教材图 4. 1. 26。

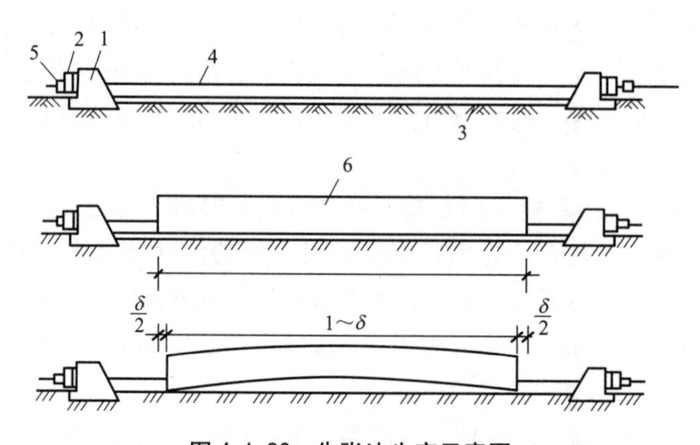

图 4. 1. 26 先张法生产示意图

1—台座承力结构；2—横梁；3—台面；4—预应力筋；
5—锚固夹具；6—混凝土构件

36. 【答案】C

【解析】路堤下层用竖向填筑，而上层用水平分层填筑，使路堤上部经分层压实获得需要的压实度。如因地形限制或堤身较高时，不宜采用水平分层填筑或横向填筑法进行填筑时，可采用混合填筑法。在施工中，单机或多机作业均可，一般沿线路分段进行，每段距离以 20~40m 为宜，多在地势平坦，或两侧有可利用的山地土场等场合采用。沿线的土质经常在变化，为避免将不同性质的土任意混填，而造成路基病害，应确定正确的填筑方法。

37. 【答案】A

【解析】分段纵挖法是沿路堑纵向选择一个或几个适宜处，将较薄一侧路堑横向挖穿，使路堑分成两段或数段，各段再进行纵向开挖的方法，如教材图 4.2.6（c）。该法适用于弃土运距过长的傍山路堑，其一侧堑壁不厚的路堑开挖。

38. 【答案】C

【解析】基坑侧壁安全等级宜为二、三级；水泥土墙施工范围内地基承载力不宜大于 150kPa；基坑深度不宜大于 6m；基坑周围具备水泥土墙的施工宽度。

39. 【答案】D

【解析】A 选项错，混凝土浇灌前应按作业设计规定的位置安装好混凝土导管。导管的数量与槽段长度有关，槽段长度小于 4m 时，可使用一根导管。B 选项错，混凝土浇灌前，应利用混凝土导管进行 15min 以上的泥浆循环，以改善泥浆质量。C 选项错，在钢筋笼入槽后须尽快浇灌混凝土，混凝土要连续浇灌，不能长时间中断，一般可允许中断 5~10min，最长也只允许中断 20~30min，以保持混凝土的均匀性。

40. 【答案】A

【解析】浅埋暗挖法与明挖法相比，具有灵活多变，对地面建筑、道路和地下管网影响小，拆迁占地少，不扰民，不干扰交通，不污染城市；与盾构法相比，具有简单易行，不需太多专用设备，灵活多变，适用范围广等特点。

41. 【答案】D

【解析】工程量清单项目工程量计算依据：①国家发布的工程量计算规范和国家、地方与行业发布的消耗量定额及其工程量计算规则。②经审定的施工设计图纸及其说明。③经审定的施工组织设计或施工方案。④经审定通过的其他有关技术经济文件。如工程施工合同、招标文件的商务条款等。

42. 【答案】A

【解析】独立基础的编号如答 42 表所示。

答 42 表 独立基础的编号

类型	基础底板截面形状	代号	序号
普通独立基础	阶形	DJ_J	××
	锥形	DJ_Z	××
杯口独立基础	阶形	BJ_J	××
	锥形	BJ_Z	××

43. 【答案】C

【解析】A 选项错误，当轴网向心布置时，切向为 X 向，径向为 Y 向。B 选项错误，对于普通楼面，两向均以一跨为一板块。D 选项错误，板支座上部非贯通筋自边线向跨内的伸出长度，注写在线段的上方位置。

44. 【答案】B

【解析】对于场馆看台下的建筑空间，结构净高在 2.10m 及以上的部位应计算全面积；结构净高在 1.20m 及以上至 2.10m 以下的部位应计算 1/2 面积；结构净高在 1.20m 以下的部位不应计算建筑面积（适用于场和馆）。室内单独设置的有围护设施的悬挑看台，应按看台结构底板水平投影面积计算建筑面积（适用于馆）。有顶盖无围护结构的场馆看台应按其顶盖水平投影面积的 1/2 计算面积（适用于场）。

45. **【答案】** D

【解析】 建筑物内设有局部楼层时，对于局部楼层的二层及以上楼层，有围护结构的应按其围护结构外围水平面积计算，无围护结构的应按其结构底板水平面积计算，且结构层高在 2.20m 及以上的，应计算全面积，结构层高在 2.20m 以下的，应计算 1/2 面积。

46. **【答案】** D

【解析】 单层建筑的建筑面积=5.44×（5.44+2.80）=44.83（m^2）；阳台建筑面积=1.48×4.53/2=3.35（m^2）；吊脚架空层建筑面积=5.44×2.8=15.23（m^2）。建筑面积合计为 63.41m^2。

47. **【答案】** A

【解析】 建筑物的门厅、大厅应按一层计算建筑面积，门厅、大厅内设置的走廊应按走廊结构底板水平投影面积计算建筑面积。结构层高在 2.20m 及以上的，应计算全面积；结构层高在 2.20m 以下的，应计算 1/2 面积。

48. **【答案】** A

【解析】 有围护结构的舞台灯光控制室，应按其围护结构外围水平面积计算。结构层高在 2.20m 及以上的，应计算全面积；结构层高在 2.20m 以下的，应计算 1/2 面积。

49. **【答案】** A

【解析】 A 选项正确，建筑物场地厚度≤±300mm 的挖、填、运、找平，应按平整场地项目编码列项。B 选项错误，挖一般土方按设计图示尺寸以体积计算。C 选项错误，沟槽、基坑、一般土方的划分为：底宽≤7m，底长>3 倍底宽为沟槽；底长≤3 倍底宽、底面积≤150m^2 为基坑；超出上述范围则为一般土方。D 选项错误，流砂，按设计图示位置、界限以体积“m^3”计算。

50. **【答案】** D

【解析】 基础与墙身划分为：基础与墙身使用同一种材料时，以设计室内地坪为界（有地下室的以地下室室内设计地坪为界），以下为基础，以上为墙身。基础与墙身使用不同材料时，材料分界线位于设计室内地坪±300mm 以内时，以不同材料为界；超过±300mm 时，以设计室内地坪为界，以下为基础，以上为墙身。

51. **【答案】** C

【解析】 A 选项错，挖一般石方，按设计图示尺寸以体积“m^3”计算。B 选项错，基础石方开挖深度应按基础垫层底表面标高至交付施工场地标高确定，无交付施工场地标高时，应按自然地面标高确定。D 选项错，沟槽、基坑、一般石方的划分为：底宽≤7m 且底长>3 倍底宽为沟槽；底长≤3 倍底宽且底面积≤150m^2 为基坑；超出上述范围则为一般石方。

52. **【答案】** C

【解析】 水泥粉煤灰碎石桩、夯实水泥土桩、石灰桩、灰土（土）挤密桩，按设计图示尺寸以桩长（包括桩尖）“m”计算。

53. 【答案】A

【解析】B 选项错，咬合灌注桩以“m”计量，按设计图示尺寸以桩长计算。C 选项错，型钢桩以“t”计量，按设计图示尺寸以质量计算。D 选项错，喷射混凝土（水泥砂浆），按设计图示尺寸以面积计算。

54. 【答案】C

【解析】A 选项错，钢管桩以“t”计量，按设计图示尺寸以质量计算。B 选项错，打斜桩应在工程量清单中单独列项。D 选项错，打桩的工程内容中包括了接桩和送桩，不需要单独列项，应在综合单价中考虑。

55. 【答案】C

【解析】A 选项错，实心砖墙凸出墙面的砖垛并入墙体体积内计算。B 选项错，墙角、内外墙交接处、门窗洞口立边、窗台砖、屋檐处的实砌部分体积并入空斗墙体积内。D 选项错，砖砌体勾缝按墙面抹灰中“墙面勾缝”项目编码列项，实心砖墙、多孔砖墙、空心砖墙等项目工作内容中不包括勾缝，包括刮缝。

56. 【答案】C

【解析】A 选项错，砌块墙，同实心砖墙的工程量计算规则。实心砖墙、多孔砖墙、空心砖墙，按设计图示尺寸以体积“m^3”计算。B 选项错，砌块砌体中工作内容包括了勾缝。D 选项错，砌体垂直灰缝宽>30mm 时，采用 C20 细石混凝土灌实。

57. 【答案】D

【解析】A 选项错，现浇混凝土梁包括基础梁、矩形梁、异形梁、圈梁、过梁、弧形梁（拱形梁）等项目，按设计图示尺寸以体积“m^3”计算，不扣除构件内钢筋、预埋铁件所占体积，伸入墙内的梁头、梁垫并入梁体积内。B 选项错，现浇混凝土墙包括直形墙、弧形墙、短肢剪力墙、挡土墙，按设计图示尺寸以体积“m^3”计算，不扣除构件内钢筋，预埋铁件所占体积，扣除门窗洞口及单个面积>0. 3m^2 的孔洞所占体积，墙垛及突出墙面部分并入墙体体积内计算。C 选项错，有梁板、无梁板、平板、拱板、薄壳板、栏板，按设计图示尺寸以体积“m^3”计算。不扣除构件内钢筋、预埋铁件及单个面积≤0. 3m^2 的柱、垛以及孔洞所占体积，压形钢板混凝土楼板扣除构件内压形钢板所占体积。

58. 【答案】D

【解析】D 选项错，现浇混凝土墙包括直形墙、弧形墙、短肢剪力墙、挡土墙。按设计图示尺寸以体积“m^3”计算。不扣除构件内钢筋、预埋铁件所占体积，扣除门窗洞口及单个面积>0. 3m^2 的孔洞所占体积，墙垛及突出墙面部分并入墙体体积内计算。

59. 【答案】C

【解析】A 选项错，异形柱各方向上截面高度与厚度之比的最小值大于 4 时，不再按异形柱列项。B 选项错，依附柱上的牛腿和升板的柱帽，并入柱身体积计算。D 选项错，无梁板的柱高，应自柱基上表面（或楼板上表面）至柱帽下表面之间的高度计算。

60. 【答案】B

【解析】B 选项错，钢梁拆除、钢柱拆除以“t”计量，按拆除构件的质量计算；以

“m”计量，按拆除延长米计算。

二、多项选择题（共 20 题，每题 2 分。每题的备选项中，有 2 个或 2 个以上符合题意，至少有 1 个错项。错选，本题不得分；少选，所选的每个选项得 0.5 分）

61. **【答案】** AC

【解析】 扭（剪）性裂隙，一般多是平直闭合的裂隙，分布较密、走向稳定，延伸较深、较远，裂隙面光滑，常有擦痕，一般出现在褶曲的翼部和断层附近。

62. **【答案】** ABC

【解析】 当基坑底为隔水层且层底作用有承压水时，应进行坑底突涌验算，必要时可采取水平封底隔渗或钻孔减压措施，保证坑底土层稳定。

63. **【答案】** ABD

【解析】 例如，按功能要求可以选用砖混结构的、框架结构的，因工程地质原因造成的地基承载力、承载变形及其不均匀性的问题，要采用框架结构、筒体结构；可以选用钢筋混凝土结构的，要采用钢结构；可以选用砌体的，要采用混凝土或钢筋混凝土。

64. **【答案】** ABCE

【解析】 钢结构的特点是强度高、自重轻、整体刚性好、变形能力强、抗震性能好，适用于建造大跨度和超高、超重型的建筑物。

65. **【答案】** CE

【解析】 A 选项错，钢筋混凝土屋面梁构造简单、高度小、重心低、较稳定、耐腐蚀、施工方便。B 选项错，两铰或三铰拱屋架都可现场集中预制，现场组装，用料省，自重轻，构造简单。但其刚度较差，尤其是屋架平面的刚度更差，对有重型吊车和振动较大的厂房不宜采用。D 选项错，一般是中型以上特别是重型厂房，因其对厂房的横向刚度要求较高，采用无檩方案比较合适。

66. **【答案】** ACDE

【解析】 级配碎石可用于各级公路的基层和底基层，可用作较薄沥青面层与半刚性基层之间的中间层。级配砾石可用于二级和二级下公路的基层及各级公路的底基层。

67. **【答案】** CE

【解析】 热轧光圆钢筋由碳素结构钢或低合金结构钢经热轧而成，其强度较低，但具有塑性好、伸长率高、便于弯折成形、容易焊接等特点，可用于中小型混凝土结构的受力钢筋或箍筋，以及作为冷加工（冷拉、冷拔、冷轧）的原料。热轧带肋钢筋采用低合金钢热轧而成，具有较高的强度，塑性和可焊性较好。钢筋表面有纵肋和横肋，从而加强了钢筋与混凝土中间的握裹力，可用于混凝土结构受力筋，以及预应力钢筋。

68. **【答案】** ACD

【解析】 热处理钢筋强度高，用材省，锚固性好，预应力稳定，主要用作预应力钢筋混凝土轨枕，也可以用于预应力混凝土板、吊车梁等构件。

69. **【答案】** ABD

【解析】 细度是指硅酸盐水泥及普通水泥颗粒的粗细程度，用比表面积法表示。水泥的细度直接影响水泥的活性和强度。颗粒越细，与水反应的表面积越大，水化速度快，早期强度高，但硬化收缩较大，且粉磨时能耗大，成本高。但颗粒过粗，又不利于水泥活性的发挥，强度也低。《通用硅酸盐水泥》GB 175 规定，硅酸盐水泥比表面积不小于 300m²/kg。

70. 【答案】BD

【解析】混凝土的密实度、孔隙的构造特征是影响抗冻性的重要因素。

71. 【答案】BCD

【解析】答 71 表为各种井点的适用范围。

答 71 表　　各种井点的适用范围

井点类别	土的渗透系数（m/d）	降低水位深度（m）
单级轻型井点	0.005～20	<6
多级轻型井点	0.005～20	<20
喷射井点	0.005～20	<20
电渗井点	<0.1	根据选用的井点确定
管井井点	0.1～200	不限
深井井点	0.1～200	>15

72. 【答案】AD

【解析】中小型爆破可用雷管、引火剂或导火索等从炮孔的外部引入炮孔的药室使炸药爆炸。导爆线起爆爆速快（6800～7200m/s），主要用于深孔爆破和药室爆破，使几个药室能同时起爆，可以提高爆破效果。塑料导爆管起爆具有抗杂电、操作简单、使用安全可靠、成本较低等优点，有逐渐取代导火索和导爆线起爆的趋势。

73. 【答案】AE

【解析】隧道施工方法分类如答 73 图所示。

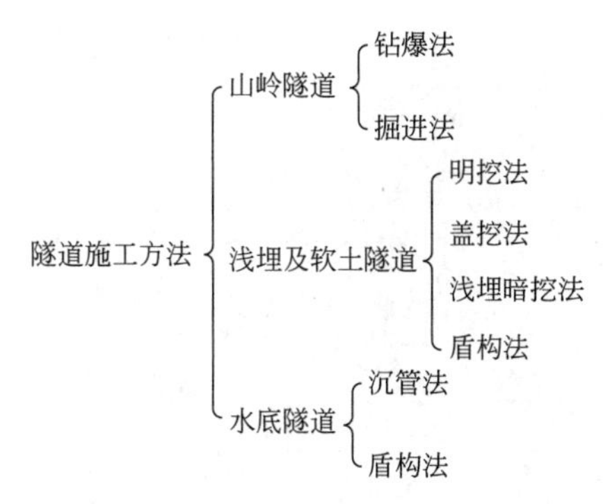

答 73 图　隧道施工方法分类

74. 【答案】ADE

【解析】B 选项错，有顶盖无围护结构的场馆看台应按其顶盖水平投影面积的 1/2 计算面积。C 选项错，出入口外墙外侧坡道有顶盖的部位，应按其外墙结构外围水平面积的 1/2 计算面积。

75. 【答案】ABDE

【解析】C 选项错，骑楼、过街楼底层的开放公共空间和建筑物通道不计算建筑面积。

76.【答案】DE

【解析】A 选项错，挖沟槽（基坑）石方，按设计图示尺寸沟槽（基坑）底面积乘以挖石深度以体积“m^3”计算。B 选项错，挖一般石方，按设计图示尺寸以体积“m^3”计算。C 选项错，石方体积应按挖掘前的天然密实体积计算。

77.【答案】BCE

【解析】A 选项错，天沟、檐沟、电缆沟、地沟、散水、扶手、后浇带、化粪池、检查井，按模板与现浇混凝土构件的接触面积“m^2”计算。D 选项错，现浇框架分别按梁、板、柱有关规定计算；附墙柱、暗梁、暗柱并入墙内工程量计算。

78.【答案】ADE

【解析】B 选项错，现浇混凝土梁包括基础梁、矩形梁、异形梁、圈梁、过梁、弧形梁（拱形梁）等项目，按设计图示尺寸以体积“m^3”计算。C 选项错，有梁板、无梁板、平板、拱板、薄壳板、栏板，按设计图示尺寸以体积“m^3”计算，不扣除构件内钢筋、预埋铁件及单个面积≤0.3m^2 的柱、垛以及孔洞所占体积，压形钢板混凝土楼板扣除构件内压形钢板所占体积。

79.【答案】ACDE

【解析】B 选项错，垛突出部分按展开面积并入墙面积。

80.【答案】ACDE

【解析】B 选项错，现浇钢筋混凝土墙、板单孔面积≤0.3m^2 的孔洞不予扣除，洞侧壁模板亦不增加；单孔面积>0.3m^2 时应予扣除，洞侧壁模板面积并入墙、板工程量内计算。

模拟题五答案与解析

一、单项选择题（共60题，每题1分，每题的备选项中，只有一个最符合题意）

1. 【答案】D

【解析】答1表为裂隙发育程度分级及对工程的影响。

答1表　　裂隙发育程度分级及对工程的影响

发育程度等级	基本特征	对工程的影响
裂隙不发育	裂隙1~2组，规则，构造型，间距在1m以上，多为密闭裂隙。岩体被切割成巨块状	对基础工程无影响，在不含水且无其他不良因素时，对岩体稳定性影响不大
裂隙较发育	裂隙2~3组，呈X形，较规则，以构造型为主，多数间距大于0.4m，多为密闭裂隙，少有填充物。岩体被切割成大块状	对基础工程影响不大，对其他工程可能产生相当影响
裂隙发育	裂隙3组以上，不规则，以构造型或风化型为主，多数间距小于0.4m，大部分为张开裂隙，部分有填充物。岩体被切割成小块状	对工程建筑物可能产生很大影响
裂隙很发育	裂隙3组以上，杂乱，以风化型和构造型为主，多数间距小于0.2m，以张开裂隙为主，一般均有填充物。岩体被切割成碎石状	对工程建筑物产生严重影响

2. 【答案】C

【解析】A选项错，包气带水埋藏浅，分布区和补给区一致；水量与水质受气候控制，季节性明显，变化大，雨季水量多，旱季水量少，甚至干涸。B选项错，风化裂隙水由于风化裂隙彼此相连通，因此在一定范围内形成的地下水也是相互连通的。水平方向透水性均匀，垂直方向随深度而减弱，多属潜水，有时也存在上层滞水。如果风化壳上部的覆盖层透水性很差时，其下部的裂隙带有一定的承压性。D选项错，在岩溶地区进行工程建设，特别是地下工程，必须弄清岩溶的发育与分布规律，因为岩溶的发育可能使工程地质条件恶化。

3. 【答案】A

【解析】当地下水的动水压力大于土粒的浮容重或地下水的水力坡度大于临界水力坡度时，就会产生流砂。

4. 【答案】C

【解析】褶皱剧烈地区，一般断裂也很发育，特别是褶皱核部岩层完整性最差。在背斜核部，岩层呈上拱形，虽岩层破碎，然犹如石砌的拱形结构，能将上覆岩层的荷重传递至两侧岩体中去，所以有利于洞顶的稳定。向斜核部岩层呈倒拱形，顶部被张裂隙切割的岩块上窄下宽，易于塌落。另外，向斜核部往往是承压水储存的场所，地下工程开挖时地下水会突然涌入洞室。因此，在向斜核部不宜修建地下工程。从理论而言，背斜核部较向斜优越，但实际上由于背斜核部外缘受拉伸处于张力带，内缘受挤压，加上风化作用，岩层往往很破碎。因此，在布置地下工程时，原则上应避开褶皱核部。若必须在褶皱岩层地段修建地下工程，可以将地下工程放在褶皱的两侧。

5.【答案】D

【解析】锚杆有楔缝式金属锚杆、钢丝绳砂浆锚杆、普通砂浆金属锚杆、预应力锚杆及木锚杆等。目前在大中型工程中，常用的是楔缝式金属锚杆和砂浆金属锚杆两种。为了防止锚杆之间的碎块塌落，可采用喷层和钢丝网来配合。

6.【答案】D

【解析】工程地质是建设工程地基及其一定影响区域的地层性质。

7.【答案】D

【解析】砖混结构是指建筑物中竖向承重结构的墙、柱等采用砖或砌块砌筑，横向承重的梁、楼板、屋面板等采用钢筋混凝土结构。砖混结构是以小部分钢筋混凝土及大部分砖墙承重的结构。适合开间进深较小、房间面积小、多层或低层的建筑物。

8.【答案】A

【解析】拱式结构体系：拱是一种有推力的结构，其主要内力是轴向压力，因此可利用抗压性能良好的混凝土建造大跨度的拱式结构。由于拱式结构受力合理，在建筑和桥梁中被广泛应用。它适用于体育馆、展览馆等建筑中。按照结构的组成和支承方式，拱可分为三铰拱、两铰拱和无铰拱。

9.【答案】A

【解析】倒置式做法即把传统屋面中防水层和隔热层的层次颠倒一下，防水层在下面，保温隔热层在上面。

10.【答案】C

【解析】房屋中跨度较小的房间（如厨房、厕所、贮藏室、走廊）及雨篷、遮阳等常采用现浇钢筋混凝土板式楼板。

11.【答案】C

【解析】冷摊瓦屋面是一种构造简单的瓦屋面，在檩条上钉上断面 35mm×60mm，中距 500mm 的椽条，在椽条上钉挂瓦条（注意挂瓦条间距符合瓦的标志长度），在挂瓦条上直接铺瓦。由于构造简单，它只用于简易或临时建筑。

12.【答案】A

【解析】参见答 12 表。

答 12 表　　各级路面所具有的面层类型及其所适用的公路等级

公路等级	采用的路面等级	面层类型
高速，一、二级公路	高级路面	沥青混凝土
		水泥混凝土

续表

公路等级	采用的路面等级	面层类型
三、四级公路	次高级路面	沥青贯入式
		沥青碎石
		沥青表面处治
四级公路	中级路面	碎石、砾石（泥结或级配）
		半整齐石块
		其他粒料
	低级路面	粒料加固土

13.【答案】C

【解析】简支板桥主要用于小跨度桥梁。跨径在4~8m时，采用钢筋混凝土实心板桥；跨径在6~13m时，采用钢筋混凝土空心倾斜预制板桥；跨径在8~16m时，采用预应力混凝土空心预制板桥。

14.【答案】B

【解析】见教材图2.2.12。

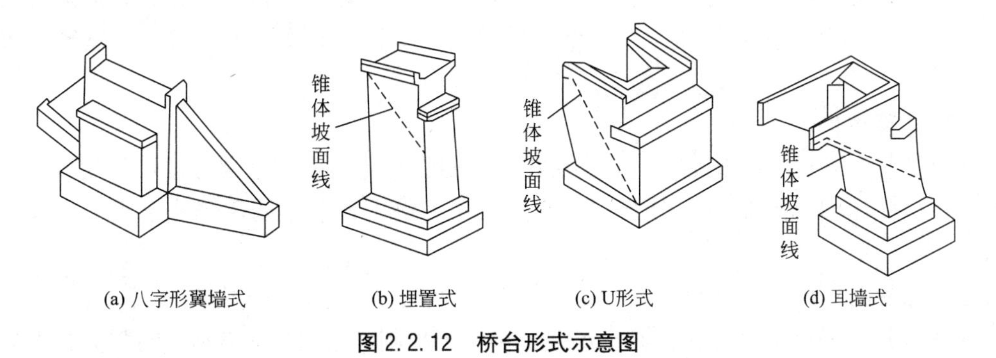

图2.2.12 桥台形式示意图

15.【答案】B

【解析】常用的洞口建筑形式有端墙式、八字式、井口式；涵洞与路线斜交分为斜洞口与正洞口。八字翼墙泄水能力较端墙式洞口好，多用于较大孔径的涵洞。

16.【答案】C

【解析】副都心型，即为了达到大城市中心职能疏解的目的，往往需在城市的部分重点地区新建一些反磁力中心（亦称分中心、副都心）。

17.【答案】B

【解析】一些常规做法是：建筑物与红线之间的地带，用于敷设电缆；人行道用于敷设热力管网或通行式综合管道；分车带用于敷设自来水、污水、煤气管及照明电缆；街道宽度超过60m时，自来水和污水管道都应设在街道内两侧；在小区范围内，地下工程管网多数应走专门的地方。此外，地下管网的布置，还应符合相应的建筑规范要求。

18.【答案】B

【解析】A选项错，钢材主要化学成分是铁和碳元素，此外，还有少量的硅、锰、硫、磷等，在不同情况下往往还需考虑氧、氮及各种合金元素。C 选项错，氧有促进时效倾向的作用，还能使热脆性增加，焊接性能较差。D 选项错，硫化物造成的低熔点使钢在焊接时易于产生热裂纹，加大钢材的热脆性，显著降低焊接性能。

19.【答案】C

【解析】沥青脂胶中绝大部分属于中性树脂，中性树脂能溶于三氯甲烷、汽油和苯等有机溶剂，但在酒精和丙酮中难溶解或溶解度低，赋予沥青以良好的粘结性、塑性和可流动性。沥青树脂中还含有少量的酸性树脂，是沥青中的表面活性物质，改善了石油沥青对矿物材料的浸润性，特别是提高了对碳酸盐类岩石的黏附性，并有利于石油沥青的可乳化性。

20.【答案】A

【解析】对高强混凝土组成材料的要求：①应选用质量稳定的硅酸盐水泥或普通硅酸盐水泥；②粗骨料应采用连续级配，其最大公称粒径不应大于 25.0mm，岩石抗压强度应比混凝土强度等级标准值高 30%；③细骨料的细度模数 2.6~3.0 的 2 区中砂，含泥量不大于 2.0%；④高强度混凝土的水泥用量不应大于 550kg/m^3。

21.【答案】A

【解析】缓凝剂用于大体积混凝土、炎热气候条件下施工的混凝土或长距离运输的混凝土，不宜单独用于蒸养混凝土。最常用的缓凝剂是糖蜜和木质素磺酸钙，糖蜜的效果最好。

22.【答案】D

【解析】与普通混凝土小型空心砌块相比，轻骨料混凝土小型空心砌块密度较小、热工性能较好，但干缩值较大，使用时更容易产生裂缝，目前主要用于非承重的隔墙和围护墙。

23.【答案】B

【解析】铝酸盐水泥（又称矾土水泥）可用于配制不定型耐火材料；与耐火粗细集料（如铬铁矿等）可制成耐高温的耐热混凝土；用于工期紧急的工程，如国防、道路和特殊抢修工程等；也可用于抗硫酸盐腐蚀的工程和冬期施工的工程。

24.【答案】B

【解析】防水涂料按成膜物质的主要成分可分为高聚物改性沥青防水涂料和合成高分子防水涂料两类：

（1）高聚物改性沥青防水涂料。指以沥青为基料，用合成高分子聚合物进行改性，制成的水乳型或溶剂型防水涂料。这类涂料在柔韧性、抗裂性、拉伸强度、耐高低温性能、使用寿命等方面比沥青基涂料有很大改善。品种有再生橡胶改性防水涂料、氯丁橡胶改性沥青防水涂料、SBS 橡胶改性沥青防水涂料、聚氯乙烯改性沥青防水涂料等。

（2）合成高分子防水涂料。指以合成橡胶或合成树脂为主要成膜物质制成的单组分或多组分的防水涂料。这类涂料具有高弹性、高耐久性及优良的耐高低温性能，品种有聚氨酯防水涂料、丙烯酸酯防水涂料、环氧树脂防水涂料和有机硅防水涂料等。

25.【答案】C

【解析】泡沫玻璃以碎玻璃、发泡剂在 800℃烧成，具有闭孔结构，气孔直径 0.1~

5mm，表观密度 150～600kg/m³，热导率 0.058～0.128W/（m·K），抗压强度 0.8～15MPa，最高使用温度 500℃，是一种高级保温绝热材料，可用于砌筑墙体或冷库隔热。

26.【答案】A

【解析】采用明排水开挖基坑时，集水坑应设置在基础范围以外，地下水走向的上游（答 26 图）。

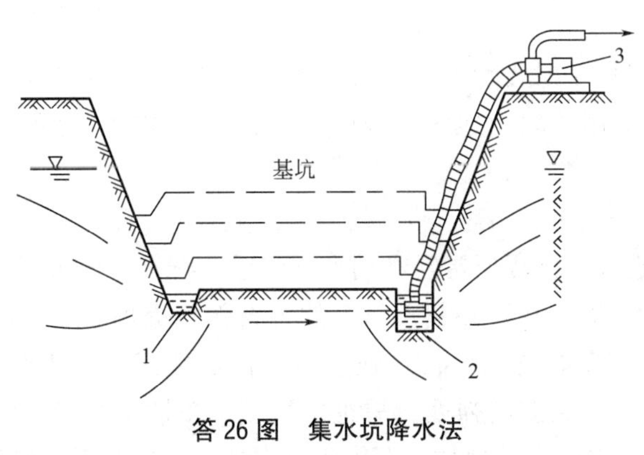

答 26 图 集水坑降水法

1—排水沟；2—集水坑；3—水泵

27.【答案】C

【解析】砂和砂石地基（垫层）系采用砂或砂砾石（碎石）混合物，经分层夯（压）实，作为地基的持力层，提高基础下部地基强度，并通过垫层的压力扩散作用，降低地基的压应力，减小变形量；同时垫层可起排水作用，地基土中孔隙水可通过垫层快速地排出，能加速下部土层的沉降和固结。适于处理 3m 以内的软弱、透水性强的黏性土地基，包括淤泥、淤泥质土；不宜用于加固湿陷性黄土地基及渗透系数小的黏性土地基。

28.【答案】A

【解析】硬聚氯乙烯（PVC-U）管道内壁光滑、阻力小、不结垢、无毒、无污染、耐腐蚀。抗老化性能好、难燃，可采用橡胶圈柔性接口安装。主要应用于给水管道（非饮用水）、排水管道、雨水管道。

29.【答案】C

【解析】A 选项错，钢管抽芯法只可留设直线孔道。B 选项错，预埋波纹管法中波纹管与混凝土有良好的粘结力，波纹管预埋在构件中，浇筑混凝土后永不抽出。D 选项错，孔道应平顺，端部的预埋锚垫板应垂直于孔道中心线。

30.【答案】D

【解析】钢结构采用喷涂防火涂料保护时，应符合下列规定：室内隐蔽构件，宜选用非膨胀型防火涂料；设计耐火极限大于 1.50h 的构件，不宜选用膨胀型防火涂料；室外、半室外钢结构采用膨胀型防火涂料时，应选用符合环境对其性能要求的产品。

31.【答案】C

【解析】反铲挖掘机的特点是：后退向下，强制切土。其挖掘力比正铲小，能开挖停机面以下的Ⅰ～Ⅲ级的砂土或黏土，适宜开挖深度 4m 以内的基坑，对地下水位较高处也适用。反铲挖掘机的开挖方式，可分为沟端开挖与沟侧开挖。

32. 【答案】D

【解析】升板结构及其施工特点：柱网布置灵活，设计结构单一；各层板叠浇制作，节约大量模板；提升设备简单，不用大型机械；高空作业减少，施工较为安全；劳动强度减轻，机械化程度提高；节省施工用地，适宜狭窄场地施工；但用钢量较大，造价偏高。

33. 【答案】B

【解析】静力压桩施工时无冲击力，噪声和振动较小，桩顶不易损坏，且无污染，对周围环境的干扰小，适用于软土地区、城市中心或建筑物密集处的桩基础工程，以及精密工厂的扩建工程。

34. 【答案】C

【解析】填料的选择：路堤通常是利用沿线就近土石作为填筑材料。选择填料时应尽可能选择当地强度高、稳定性好并利于施工的土石作路堤填料。一般情况下，碎石、卵石、砾石、粗砂等具有良好透水性，且强度高、稳定性好，因此可优先采用。亚砂土、亚黏土等经压实后也具有足够的强度，故也可采用。粉性土水稳定性差，不宜作路堤填料。重黏土、黏性土、捣碎后的植物土等由于透水性差，作路堤填料时应慎重采用。

35. 【答案】C

【解析】轮胎起重机的优点是行驶速度较高，能迅速地转移工作地点，对路面破坏小。但这种起重机不适合在松软或泥泞的地面上工作。

36. 【答案】C

【解析】药壶药包是将炮孔底部打成葫芦形，集中埋置炸药，以提高爆破效果。它适用于结构均匀致密的硬土、次坚石和坚石、量大而集中的石方施工。

37. 【答案】A

【解析】选项 B 错误，当墩台高度大于或等于 30m 时常用滑动模板施工；选项 C 错误，墩台混凝土特别是实体墩台均为大体积混凝土，水泥应优先选用矿山渣水泥、火山灰水泥，采用普通水泥时强度等级不宜过高；选项 D 错误，较高的墩台可用悬吊脚手架，6m 以下的一般用固定式轻型脚手架。

38. 【答案】C

【解析】导墙是地下连续墙挖槽之前修筑的导向墙，两片导墙之间的距离即为地下连续墙的厚度。导墙宜采用混凝土结构，且混凝土强度等级不宜低于 C20。导墙底面不宜设置在新近填土上，且埋深不宜小于 1.5m。导墙的强度和稳定性应满足成槽设备和顶拔接头管施工的要求。虽属于临时结构，但它除了引导挖槽方向之外，还起着多方面的重要作用。

导墙作用：在施工过程中，导墙有作为挡土墙、测量的基准、重物的支承、存储泥浆等作用。此外，导墙还可以防止雨水等地面水流入槽内。

39. 【答案】B

【解析】在钢筋笼入槽后须尽快浇灌混凝土，混凝土要连续浇灌，不能长时间中断，一般可允许中断 5~10min，最长也只允许中断 20~30min，以保持混凝土的均匀性。混凝土搅拌好之后，以 1.5h 内浇筑完毕为原则。在夏天由于混凝土凝结较快，所以必须在搅拌好之后 1h 内尽快浇完，否则应掺入适量的缓凝剂。多根导管进行混凝土浇灌时，应注意浇灌的同步性，保持混凝土面呈水平波状上升，波状峰谷高差不得大于 300mm。

40. 【答案】C

【解析】C 选项错，同一基坑内当深浅不同时，土方开挖宜先从浅基坑处开始。

41. 【答案】C

【解析】定额项目表是消耗量定额的核心内容，包括工作内容、定额编号、定额项目名称、定额计量单位及消耗量指标。

42. 【答案】D

【解析】①剖面注写方式需在楼梯平法施工图中绘制楼梯平面布置图和楼梯剖面图，注写方式分平面注写、剖面注写两部分。②楼梯平面布置图注写内容，包括楼梯间的平面尺寸、楼层结构标高、层间结构标高、楼梯的上下方向、梯板的平面几何尺寸、梯板类型及编号、平台板配筋、梯梁及梯柱配筋等。③楼梯剖面图注写内容，包括梯梁梯柱编号、梯板水平及竖向尺寸、楼层结构标高、层间结构标高等。

43. 【答案】A

【解析】当围护结构下部为砌体，上部为彩钢板围护的建筑物，其建筑面积的计算：当 $h<0.45$m 时，建筑面积按彩钢板外围水平面积计算；当 $h\geqslant 0.45$m 时，建筑面积按下部砌体外围水平面积计算。

44. 【答案】C

【解析】看台上部空间建筑面积计算，取决于看台上部有无顶盖。按顶盖计算建筑面积的范围应是看台与顶盖重叠部分的水平投影面积。对有双层看台的，各层分别计算建筑面积，顶盖及上层看台均视为下层看台的盖。无顶盖的看台不计算建筑面积。

45. 【答案】C

【解析】A 选项错，有围护结构且有顶盖，计算全面积。B 选项错，无围护结构、有围护设施，无论是否有顶盖，均计算 1/2 面积。D 选项错，无围护结构的，按底板计算面积。

46. 【答案】B

【解析】地下室、半地下室应按其结构外围水平面积计算。结构层高在 2.20m 及以上的，应计算全面积；结构层高在 2.20m 以下的，应计算 1/2 面积。

47. 【答案】A

【解析】有顶盖无围护结构的车棚、货棚、站台、加油站、收费站等，应按其顶盖水平投影面积的 1/2 计算建筑面积。

48. 【答案】A

【解析】凸（飘）窗须同时满足两个条件方能计算建筑面积：一是结构高差在 0.45m 以下，二是结构净高在 2.10m 及以上。窗台与室内楼地面高差为 0.6m，超出了 0.45m，并且结构净高 1.9m<2.1m，两个条件均不满足，故该凸（飘）窗不计算建筑面积。

49. 【答案】C

【解析】地下连续墙按设计图示墙中心线长乘以厚度乘以槽深，以体积计算。

50. 【答案】C

【解析】振冲桩（填料）以“m”计量，按设计图示尺寸以桩长计算；以“m^3”计量，按设计桩截面乘以桩长以体积计算。项目特征应描述：地层情况，空桩长度、桩长，桩径，填充材料种类。

51. 【答案】A

【解析】砖围墙应以设计室外地坪为界，以下为基础，以上为墙身。

52. 【答案】B

【解析】A 选项错，砖基础，按设计图示尺寸以体积“m^3”计算。包括附墙垛基础宽出部分体积，扣除地梁（圈梁）、构造柱所占体积，不扣除基础大放脚 T 形接头处的重叠部分及嵌入基础内的钢筋、铁件、管道、基础砂浆防潮层和单个面积≤0.3m^2 的孔洞所占体积，靠墙暖气沟的挑檐不增加。C 选项错，实心砖柱、多孔砖柱，按设计图示尺寸以体积“m^3”计算。扣除混凝土及钢筋混凝土梁垫、梁头、板头所占体积。D 选项错，框架间墙工程量计算不分内外墙，按墙体净尺寸以体积计算。

53. 【答案】B

【解析】现浇混凝土楼梯包括直形楼梯、弧形楼梯。以“m^2”计量，按设计图示尺寸以水平投影面积计算，不扣除宽度≤500mm 的楼梯井，伸入墙内部分不计算；以“m^3”计量，按设计图示尺寸以体积计算。

54. 【答案】B

【解析】木柱、木梁，按设计图示尺寸以体积“m^3”计算。

55. 【答案】B

【解析】①木质门、木质门带套、木质连窗门、木质防火门，以“樘”计量，按设计图示数量计算；以“m^2”计量，按设计图示洞口尺寸以面积计算。项目特征描述：门代号及洞口尺寸，镶嵌玻璃品种、厚度。②木门框以“樘”计量，按设计图示数量计算；以“m”计量，按设计图示框的中心线以延长米计算。单独制作安装木门框按木门框项目编码列项。木门框项目特征除了描述门代号及洞口尺寸、防护材料的种类，还需描述框截面尺寸。③门锁安装，按设计图示数量“个（套）”计算。

56. 【答案】D

【解析】A 选项错，瓦屋面若是在木基层上铺瓦，项目特征不必描述粘结层砂浆的配合比。B 选项错，型材屋面的金属檩条应包含在综合单价内计算。C 选项错，楼（地）面防水搭接及附加层用量不另行计算，在综合单价中考虑。

57. 【答案】B

【解析】①楼地面混凝土垫层另按现浇混凝土基础中垫层项目编码列项，除混凝土外的其他材料垫层按砌筑工程中垫层项目编码列项；②间壁墙指墙厚≤120mm 的墙；③水泥砂浆面层处理是拉毛还是提浆压光应在面层做法要求中描述；④地面做法中，垫层需单独列项计算，而找平层综合在地面清单项目中，在综合单价中考虑，不需另行计算。如“某地面做法：3∶7 灰土垫层 300mm 厚，40mm 厚 C20 细石混凝土找平层，细石混凝土现场搅拌，20mm 厚 1∶3 水泥砂浆面层”。则该地面中涉及垫层（010404001）、水泥砂浆楼地面（011101001）两个清单项目，而找平层属于水泥砂浆楼地面的工作内容，不单独列项。

58.【答案】C

【解析】斜屋顶按斜面积计算；平屋顶按水平投影面积计算。屋面的女儿墙、伸缩缝和天窗等处的弯起部分，并入屋面工程量内。屋面排水管按设计图示尺寸以长度计算，设计未标注尺寸的，以檐口至地面散水上表面垂直距离计算。屋面天沟、檐沟，按设计图示尺寸以展开面积“m^2”计算。

59.【答案】D

【解析】AB 选项，木扶手油漆，窗帘盒油漆，封檐板及顺水板油漆，挂衣板及黑板框油漆，挂镜线、窗帘棍、单独木线油漆，按设计图示尺寸以长度“m”计算。C 选项，抹灰线条油漆，按设计图示尺寸以长度“m”计算。

60.【答案】C

【解析】A 选项错，以“m”作为计量单位时，则必须描述构件的规格尺寸。B 选项错，项目特征描述中构件表面的附着物种类指抹灰层、块料层、龙骨及装饰面层等。D 选项错，以“m^3”作为计量单位时，可不描述构件的规格尺寸。

二、多项选择题（共 20 题，每题 2 分。每题的备选项中，有 2 个或 2 个以上符合题意，至少有 1 个错项。错选，本题不得分；少选，所选的每个选项得 0.5 分）

61.【答案】AC

【解析】正断层是上盘沿断层面相对下降，下盘相对上升的断层。它一般是受水平张应力或垂直作用力使上盘相对向下滑动而形成的，所以在构造变动中多垂直于张应力的方向上发生，但也有沿已有的剪节理发生。

62.【答案】CD

【解析】①对于深成侵入岩、厚层坚硬的沉积岩以及片麻岩、石英岩等构成的边坡，一般稳定程度是较高的。只有在节理发育、有软弱结构面穿插且边坡高陡时，才易发生崩塌或滑坡现象。②对于喷出岩边坡，如玄武岩、凝灰岩、火山角砾岩、安山岩等，其原生的节理，尤其是柱状节理发育时，易形成直立边坡并易发生崩塌。③对于含有黏土质页岩、泥岩、煤层、泥灰岩、石膏等夹层的沉积岩边坡，最易发生顺层滑动，或因下部蠕滑而造成上部岩体的崩塌。④对于千枚岩、板岩及片岩，岩性较软弱且易风化，在产状陡立的地段，邻近斜坡表部容易出现蠕动变形现象。当受节理切割遭风化后，常出现顺层（或片理）滑坡。⑤对于黄土，当具有垂直节理、疏松透水，浸水后易崩解湿陷。当受水浸泡或作为水库岸边时，极易发生崩塌或塌滑现象。⑥对于崩塌堆积、坡积及残积层地区，其下伏基岩面常常是一个倾向河谷的斜坡面。当有地下水在此受阻，并有黏土质成分沿其分布时，极易形成滑动面，从而使上部松散堆积物形成滑坡。

63.【答案】DE

【解析】按其主要承重结构的形式分为：①排架结构型。排架结构型是将厂房承重柱的柱顶与屋架或屋面梁作铰接连接，而柱下端则嵌固于基础中，构成平面排架，各平面排架再经纵向结构构件连接组成一个空间结构，它是目前单层厂房中最基本、应用最普遍的结构形式。②刚架结构型。刚架结构的基本特点是柱和屋架合并为同一个刚性构件。柱与基础的连接通常为铰接，如吊车吨位较大，也可做成刚接。一般重型单层厂房多采用刚架结构。③空间结构型。空间结构型是一种屋面体系为空间结构的结构体系。这种结构体系充分发挥了建筑材料的强度潜力，使结构由单向受力的平面结构，成为能多向受力的空间结构体系，提高了结构的稳定性。一般常见的有膜结构、网架结构、薄壳结构、悬索结构等。

64. 【答案】BCDE

【解析】门的最小宽度一般为700mm，常用于住宅中的厕所、浴室。住宅中卧室、厨房、阳台的门应考虑一人携带物品通行，卧室常取900mm，厨房可取800mm。住宅入户门考虑家具尺寸增大的趋势，常取1000mm。普通教室、办公室等的门应考虑一人正在通行，另一人侧身通行，常采用1000mm。

65. 【答案】BC

【解析】为了防止屋面防水层出现龟裂现象，一是阻断来自室内的水蒸气，构造上常采取在屋面结构层上的找平层表面做隔汽层，阻断水蒸气向上渗透。在北纬40°以北地区，室内湿度大于75%或其他地区室内空气湿度常年大于80%时，保温屋面应设隔汽层。二是在屋面防水层下保温层内设排汽通道，并使通道开口露出屋面防水层，使防水层下水蒸气能直接从透气孔排出。

66. 【答案】BDE

【解析】沥青路面面层可由一层或数层组成，表面层应根据使用要求设置抗滑耐磨、密实稳定的沥青层；中间层、下面层应根据公路等级、沥青层厚度、气候条件等选择适当的沥青结构。

67. 【答案】ABD

【解析】扣件式钢管脚手架目前广泛应用，属于多立杆式脚手架的一种，不仅可用作外脚手架，还可用作里脚手架、大跨度建筑内部的满堂脚手架和钢筋混凝土结构模板系统的支架等，其特点是：一次性投资较大，但其周转次数多，摊销费用低；装拆方便，杆配件数量少，利于施工操作；搭设灵活，搭设高度大，使用方便。

68. 【答案】ABC

【解析】改善混凝土耐久性的外加剂，包括引气剂、防水剂、防冻剂和阻锈剂等。

69. 【答案】CDE

【解析】磷、硫是有害元素。硅在钢中是有益元素。氧是冶炼氧化过程中进入钢水，经脱氧处理后残留下来的，是钢中的有害杂质。氧含量增加使钢的力学性能降低，塑性和韧性降低。氧有促进时效倾向的作用，还能使热脆性增加，焊接性能较差。

70. 【答案】ACE

【解析】沥青混合料是一种黏弹塑性材料，具有良好的力学性能，一定的高温稳定性和低温柔性，修筑路面不需设置接缝，行车较舒适。而且，施工方便、速度快，能及时开放交通，因此，是高等级道路修筑中的一种主要路面材料。

71. 【答案】ABCD

【解析】E选项错，在抗压强度相同的条件下，其干表观密度比普通混凝土低25%~50%。

72. 【答案】BCD

【解析】铺贴卷材应采用搭接法，卷材搭接缝应符合下列规定：①平行屋脊的搭接缝应顺流水方向，搭接缝宽度应符合现行国家标准《屋面工程质量验收规范》GB 50207 的规定。②同一层相邻两幅卷材短边搭接缝错开不应小于 500mm。③上下层卷材长边搭接缝应错开，且不应小于幅宽的 1/3。④叠层铺贴的各层卷材，在天沟与屋面的交接处，应采用叉接法搭接，搭接缝应错开；搭接缝宜留在屋面与天沟侧面，不宜留在沟底。

73. **【答案】** ACD

【解析】 B 选项错，在超高路段和坡道上由低处向高处碾压。E 选项错，为防止沥青混合料粘轮，对压路机钢轮可涂刷隔离剂或防胶粘剂，严禁刷柴油。

74. **【答案】** BCDE

【解析】 采用移动模架逐孔施工的主要特点：①移动模架法不需设置地面支架，不影响通航和桥下交通，施工安全、可靠；②有良好的施工环境，保证施工质量，一套模架可多次周转使用，具有在预制场生产的优点；③机械化、自动化程度高，节省劳力，降低劳动强度，上下部结构可以平行作业，缩短工期；④通常每一施工梁段的长度取用一孔梁长，接头位置一般可选在桥梁受力较小的部位；⑤移动模架设备投资大，施工准备和操作都较复杂；⑥移动模架逐孔施工宜在桥梁跨径小于 50m 的多跨长桥上使用。

75. **【答案】** BCDE

【解析】 普通水泥砂浆锚杆，是以普通水泥砂浆作为胶粘剂的全长粘结式锚杆。①砂浆强度等级不低于 M20；砂浆配合比一般为水泥：砂：水 = 1：（1 ~ 15）：（0. 45 ~ 0. 50）。水灰比宜为 0. 45 ~ 0. 50，砂的粒径 ≥ 3mm。②杆体材料宜用 HRB335 钢筋，一般采用 HPB300 钢筋；直径 14 ~ 22mm 为宜，长度 2. 0 ~ 3. 5m，为增加锚固力，杆体内端可以劈口叉开。③钻孔方向宜尽量与岩层主要结构面垂直。孔钻好后用高压水将孔眼冲洗干净，并用塞子塞紧孔口，以防止石渣或泥土掉入钻孔内。④锚杆及胶粘剂的材料制作，应符合设计要求，锚杆应按实际要求尺寸截取，外端不用垫板的锚杆应先弯制弯头。⑤粘结砂浆应拌合均匀，随拌随用，一次拌合的砂浆应在初凝前用完。

76. **【答案】** AB

【解析】 一般常遇到的几种情况及采用的方法如下：

①分段计算法。当基础断面不同，在计算基础工程量时，就应分段计算。②分层计算法。如遇多层建筑物，各楼层的建筑面积或砌体砂浆强度等级不同时，均可分层计算。③补加计算法。即在同一分项工程中，遇到局部外形尺寸或结构不同时，为便于利用基数进行计算，可先将其看作相同条件计算，然后再加上多出部分的工程量。如基础深度不同的内外墙基础、宽度不同的散水等工程。④补减计算法。与补加计算法相似，只是在原计算结果上减去局部不同部分工程量。如在楼地面工程中，各层楼面除每层盥洗间为水磨石面层外，其余均为水泥砂浆面层，则可先按各楼层均为水泥砂浆面层计算，然后补减盥洗间的水磨石地面工程量。

77. **【答案】** ABDE

【解析】 选项 C 错，与室内相通的变形缝，应按其自然层合并在建筑物建筑面积内计算。

78. **【答案】** ABE

【解析】 门斗应按其围护结构外围水平面积计算建筑面积。结构层高在 2. 20m 及以上的，应计算全面积；结构层高在2.20m以下的，应计算1/2面积。有围护设施的室外走廊（挑廊），应按其结构底板水平投影面积计算1/2面积；有围护设施（或柱）的檐廊，应按其围护设施（或柱）外围水平面积计算1/2面积。在主体结构内的阳台，应按其结构外围水平面积计算全面积；在主体结构外的阳台，应按其结构底板水平投影面积计算1/2面积。

79. **【答案】** ABCD

【解析】 E选项错，金属（塑钢、断桥）窗、金属防火窗、金属百叶窗、金属格栅窗工程量，以“樘”计量，按设计图示数量计算；以“m^2”计量，按设计图示洞口尺寸以面积计算。

80. **【答案】** AC

【解析】 垂直运输，按建筑面积“m^2”计算，或按施工工期日历天数“天”计算。垂直运输设备基础应计入综合单价，不单独编码列项计算工程量，但垂直运输机械的场外运输及安拆按大型机械设备进出场及安拆编码列项计算工程量。

模拟题六答案与解析

一、单项选择题（共60题，每题1分，每题的备选项中，只有一个最符合题意）

1. **【答案】** A

【解析】 对于道路选线，因为线性展布跨越地域多，受技术经济和地形地貌各方面的限制，对地质缺陷难以回避，工程地质的影响更为复杂。道路选线尽量避开断层裂谷边坡，尤其是不稳定边坡；避开岩层倾向与坡面倾向一致的顺向坡，尤其是岩层倾角小于坡面倾角的；避免路线与主要裂隙发育方向平行，尤其是裂隙倾向与边坡倾向一致的；避免经过大型滑坡体、不稳定岩堆和泥石流地段及其下方。

2. **【答案】** A

【解析】 B选项错，体波经过反射、折射而沿地面附近传播的波称为面波，面波的传播速度最慢。C选项错，体波分为纵波和横波，纵波的质点振动方向与震波传播方向一致，周期短、振幅小、传播速度快。D选项错，横波的质点振动方向与震波传播方向垂直，周期长、振幅大、传播速度较慢。

3. **【答案】** C

【解析】 脉状构造裂隙水，多赋存于张开裂隙中，由于裂隙分布不连续，所以形成的裂隙各有自己独立的系统、补给源及排泄条件，水位不一致，有一定压力，压力分布不均，水量少，水位、水量变化大。

4. **【答案】** C

【解析】 如果喷混凝土再配合锚杆加固围岩，则会更有效地提高围岩自身的承载力和稳定性。锚杆有楔缝式金属锚杆、钢丝绳砂浆锚杆、普通砂浆金属锚杆、预应力锚杆及木锚杆等。目前在大中型工程中，常用的是楔缝式金属锚杆和砂浆金属锚杆两种。为了防止锚杆之间的碎块塌落，可采用喷层和钢丝网来配合。

5. **【答案】** C

【解析】 为了防止大气降水向岩体中渗透，一般是在滑坡体外围布置截水沟槽，以截断流至滑坡体上的水流。

6. **【答案】** B

【解析】 由于地基土层松散软弱或岩层破碎等工程地质原因，不能采用条形基础，而要采用片筏基础甚至箱形基础。

7. **【答案】** B

【解析】 生产辅助厂房是指为生产厂房服务的厂房，如机械制造厂房的修理车间、工具车间等。

8. **【答案】** B

【解析】 根据建筑物的建造材料及高度、荷载等要求，主要分为砌体墙承重的混合结构系统和钢筋混凝土墙承重系统。前者由于抗震主要用于限定高度下的建筑，而后者则适用于各种高度的建筑，特别是高层建筑。

9. 【答案】D

【解析】挡板式遮阳板主要适用于东、西向以及附近朝向的窗口，该种形式的遮阳的不足之处是容易挡住室内人的视线，对眺望和通风影响大，使用时应慎重。

10. 【答案】B

【解析】在墙身中设置防潮层的目的是防止土壤中的水分沿基础墙上升和勒脚部位的地面水影响墙身，其作用是提高建筑物的耐久性，保持室内干燥卫生。当室内地面均为实铺时，外墙墙身防潮层在室内地坪以下 60mm 处；当建筑物墙体两侧地坪不等高时，在每侧地表下 60mm 处，防潮层应分别设置，并在两个防潮层间的墙上加设垂直防潮层；当室内地面采用架空木地板时，外墙防潮层应设在室外地坪以上，地板木搁栅垫木之下。墙身防潮层一般有油毡防潮层、防水砂浆防潮层、细石混凝土防潮层和钢筋混凝土防潮层等。

11. 【答案】C

【解析】当柱间需要通行、需设置设备或柱距较大，采用交叉式支撑有困难时，可采用门架式支撑。

12. 【答案】C

【解析】坚硬岩石地段陡山坡上的半填半挖路基，当填方不大，但边坡伸出较远不易修筑时，可修筑护肩。

13. 【答案】B

【解析】交通标志应设置在驾驶人员和行人易于见到，并能准确判断的醒目位置。一般安设在车辆行进方向道路的右侧或车行道上方。

14. 【答案】C

【解析】柔性墩是桥墩轻型化的途径之一，它是在多跨桥的两端设置刚性较大的桥台，中墩均为柔性墩。同时，全桥除在一个中墩上设置活动支座外，其余墩台均采用固定支座。典型的柔性墩为柔性排架桩墩，是由成排的预制钢筋混凝土沉入桩或钻孔灌注桩顶端连以钢筋混凝土盖梁组成。多用在墩台高度 5~7m，跨径一般不宜超过 13m 的中、小型桥梁上。柔性排架桩墩分单排架和双排架墩。单排架墩一般适用高度不超过 5m。桩墩高度大于 5.0m 时，为避免行车时可能发生的纵向晃动，宜设置双排架墩；当受桩上荷载或支座布置等条件限制不能采用单排架墩时，也可采用双排架墩。

15. 【答案】B

【解析】在要求通过较大的排洪量、地质条件较差、路堤高度较小的设涵处，常采用盖板涵，且常采用明涵。

16. 【答案】C

【解析】中层地下工程是指-30~-10m 深度空间内建设的地下工程，主要用于地下交通、地下污水处理厂及城市水、电、气、通信等公用设施。

17. 【答案】C

【解析】建筑物与红线之间的地带，用于敷设电缆；人行道用于敷设热力管网或通行式综合管道；分车带用于敷设自来水、污水、煤气管及照明电缆；街道宽度超过60m时，自来水和污水管道都应设在街道两侧；在小区范围内，地下工程管网多数应走专门的地方。此外，地下管网的布置，还应符合相应的建筑规范要求。

18. 【答案】B

【解析】冷轧带肋钢筋克服了冷拉、冷拔钢筋握裹力低的缺点，具有强度高、握裹力强、节约钢材、质量稳定等优点，但塑性降低，强屈比变小。

19. 【答案】A

【解析】铝酸盐水泥可用于配制不定型耐火材料；与耐火粗细集料（如铬铁矿等）可制成耐高温的耐热混凝土；用于工期紧急的工程，如国防、道路和特殊抢修工程等；也可用于抗硫酸盐腐蚀的工程和冬期施工的工程。

20. 【答案】B

【解析】建筑石油沥青针入度较小（黏性较大），软化点较高（耐热性较好），但延伸度较小（塑性较小），主要用作制造油纸、油毡、防水涂料和沥青嵌缝膏。绝大部分用于屋面及地下防水、沟槽防水防腐蚀及管道防腐等工程。

21. 【答案】A

【解析】低温抗裂性：沥青混合料不仅应具备高温的稳定性，同时，还要具有低温的抗裂性，以保证路面在冬季低温时不产生裂缝。沥青混合料的低温开裂是由混合料的低温脆化、低温收缩和温度疲劳引起的。混合料的低温脆化一般用不同温度下的弯拉破坏试验来评定。低温收缩可采用低温收缩试验评定。而温度疲劳则可以用低频疲劳试验来评定。

22. 【答案】B

【解析】烧结多孔砖主要用于六层以下建筑物的承重墙体。

23. 【答案】C

【解析】民用建筑工程根据控制室内环境污染的不同要求，划分为以下两类：Ⅰ类民用建筑工程包括住宅、医院、老年建筑、幼儿园、学校教室等；Ⅱ类民用建筑工程包括办公楼、商店、旅馆、文化娱乐场所、书店、图书馆、展览馆、体育馆、公共交通等候室、餐厅、理发店等。但绝大多数的天然石材中所含放射物质极微，不会对人体造成任何危害。但部分花岗石产品放射性指标超标，会在长期使用过程中对环境造成污染，因此有必要给予控制。

24. 【答案】A

【解析】单面镀膜玻璃在安装时，应将膜层面向室内，以提高膜层的使用寿命和取得节能的最大效果。

25. 【答案】B

【解析】聚氨酯密封胶弹性、粘结性及耐候性特别好，与混凝土的粘结性也很好，同时不需要打底。聚氨酯密封材料可以作屋面、墙面的水平或垂直接缝。尤其适用于游泳池工程。它还是公路及机场跑道补缝、接缝的好材料，也可用于玻璃、金属材料的嵌缝。

26. 【答案】B

【解析】井点系统的安装顺序是：挖井点沟槽、铺设集水总管；冲孔，沉设井点管，灌填砂滤料；弯联管将井点管与集水总管连接；安装抽水设备；试抽。

27. 【答案】C

【解析】①碾压法：羊足碾一般用于碾压黏性土，不适于砂性土。②夯实法：夯实法主要用于小面积回填土。可以夯实黏性土或非黏性土。夯实法分人工夯实和机械夯实两种。③振动压实法：这种方法用于振实填料为爆破石渣、碎石类土、杂填土和粉土等非黏性土，效果较好。

28. 【答案】C

【解析】灰土地基是将基础底面下要求范围内的软弱土层挖去，用一定比例的石灰与土在最佳含水量情况下，充分拌合分层回填夯实或压实而成。适用于加固深 1~4m 厚的软弱土、湿陷性黄土、杂填土等，还可用作结构的辅助防渗层。

29. 【答案】A

【解析】锤击沉桩法适用于桩径较小（一般桩径 0. 6m 以下），地基土土质为可塑性黏土、砂性土、粉土、细砂以及松散的碎卵石类土的情况，此方法施工速度快，机械化程度高，适用范围广，现场文明程度高，但施工时有挤土、噪声和振动等公害，对城市中心和夜间施工有所限制。

30. 【答案】B

【解析】横向扫地杆宜采用直角扣件固定在紧靠纵向扫地杆下方的立杆上。当立杆的基础不在同一高度上时，必须将高处的纵向扫地杆向低处延长两跨与立杆固定，高低差不应大于 1m。靠边坡上方的立杆轴线到边坡的距离不应小于 500mm。

31. 【答案】C

【解析】小砌块应将生产时的底面朝上反砌于墙上。

32. 【答案】B

【解析】需铺设胎体增强材料时，屋面坡度小于 15%时，可平行屋脊铺设，屋面坡度大于 15%时应垂直于屋脊铺设。胎体长边搭接宽度不应小于 50mm，短边搭接宽度不应小于 70mm。采用二层胎体增强材料时，上下层不得相互垂直铺设，搭接缝应错开，其间距不应小于幅宽的 1/3。

33. 【答案】B

【解析】采取防火构造措施后，胶粉聚苯颗粒复合型外墙外保温系统可适用于建筑高度在 100m 以下的住宅建筑和 50m 以下的非幕墙建筑，基层墙体可以是混凝土或砌体结构。

34. 【答案】B

【解析】浮雕涂饰的中层涂料应颗粒均匀，用专用塑料辊蘸煤油或水均匀滚压，厚薄一致，待完全干燥固化后，才可进行面层涂饰，面层为水性涂料时应采用喷涂，溶剂型涂料时应采用刷涂。

35. 【答案】B

【解析】分层压实法施工中填方和挖方作业面形成台阶状，选项 A 错误。强力夯实法有效解决了大块石填筑地基厚层施工的夯实难题，选项 C 错误。冲击压实法缺点是在周围有建筑物时，使用受到限制，选项 D 错误。

36. 【答案】A

【解析】砌石时所采用的施工脚手架应环绕墩台搭设，主要用以堆放材料。轻型脚手架有适用于6m以下墩台的固定式轻型脚手架、适用于25m以下墩台的简易活动脚手架；较高的墩台可用悬吊脚手架。

37.【答案】A

【解析】就地灌筑的混凝土拱圈及端墙的施工，应铺好底模及堵头板，并标整出拱圈中线。混凝土的灌筑应由拱脚向拱顶同时对称进行，要求全拱一次灌完，不能中途间歇，如因工程量大，一次难以完成全拱时，可按基础沉降缝分节进行，每节应一次连续灌完，绝不可水平分段（因为拱圈受力是沿着拱轴线），也不宜按拱圈辐射方向分层（无模板控制，很难保证辐射方向）。

38.【答案】D

【解析】排桩与板墙式适于基坑侧壁安全等级一、二、三级；悬臂式结构在软土场地中不宜大于5m。

39.【答案】A

【解析】地下工程的主要通风方式有两种：一种是压入式，即新鲜空气从洞外鼓风机一直送到工作面附近；一种是吸出式，用抽风机将混浊空气由洞内排向洞外。前者风管为柔性的管壁，一般是加强的塑料布之类；后者则需要刚性的排气管，一般由薄钢板卷制而成。我国大多数工地均采用压入式。

40.【答案】A

【解析】本题考查的是隧道工程施工技术。当围岩是软弱破碎带时，若用常规的掘进，常会因围岩塌落，造成事故，要采用带盾构的TBM掘进法。

41.【答案】B

【解析】项目编码的十二位数字的含义是：一、二位为专业工程代码（01-房屋建筑与装饰工程；02-仿古建筑工程；03-通用安装工程；04-市政工程；05-园林绿化工程；06-矿山工程；07-构筑物工程；08-城市轨道交通工程；09-爆破工程。以后进入国标的专业工程代码以此类推）；三、四位为附录分类顺序码（如房屋建筑与装饰工程中的“土石方工程”为0101）；五、六位为分部工程顺序码（如房屋建筑与装饰工程中的“土方工程”为010101）；七、八、九位为分项工程项目名称顺序码（如房屋建筑与装饰工程中的“挖一般土方”为010101002）；十至十二位为清单项目名称顺序码。

42.【答案】B

【解析】梁编号由梁类型代号、序号、跨数及有无悬挑代号组成。梁的类型代号有楼层框架梁（KL）、楼层框架扁梁（KBL）、屋面框架梁（WKL）、框支梁（KZL）、托柱转换梁（TZL）、非框架梁（L）、悬挑梁（XL）、井字梁（JZL），A为一端悬挑，B为两端悬挑，悬挑不计跨数。如KL7（5A）表示7号楼层框架梁，5跨，一端悬挑。

43.【答案】A

【解析】每个专业工程由前向后，按“先平面→再立面→再剖面；先基本图→再详图”的顺序计算。

44.【答案】B

【解析】形成建筑空间的坡屋顶，结构净高在2.10m及以上的部位应计算全面积；结构净高在 1. 20m 及以上至 2. 10m 以下的部位应计算 1/2 面积；结构净高在 1. 20m 以下的部位不应计算建筑面积。

45. 【答案】A

【解析】出入口外墙外侧坡道有顶盖的部位，应按其外墙结构外围水平面积的 1/2 计算面积。出入口坡道分有顶盖出入口坡道和无顶盖出入口坡道，顶盖以设计图纸为准，对后增加及建设单位自行增加的顶盖等，不计算建筑面积。

46. 【答案】D

【解析】立体书库、立体仓库、立体车库，有围护结构的，应按其围护结构外围水平面积计算建筑面积；无围护结构、有围护设施的，应按其结构底板水平投影面积计算建筑面积。无结构层的应按一层计算，有结构层的应按其结构层面积分别计算。结构层高在 2. 20m 及以上的，应计算全面积；结构层高在 2. 20m 以下的，应计算 1/2 面积。

47. 【答案】B

【解析】有围护设施（或柱）的檐廊，其建筑面积应按其围护设施（或柱）外围水平面积计算 1/2 面积。

48. 【答案】D

【解析】A 选项错，挖沟槽（基坑）石方，按设计图示尺寸沟槽（基坑）底面积乘以挖石深度以体积"m^3"计算。B 选项错，有管沟设计时，平均深度以沟垫层底面标高至交付施工场地标高计算。C 选项错，挖石应按自然地面测量标高至设计地坪标高的平均厚度确定。

49. 【答案】C

【解析】锚杆（锚索）、土钉以"m"计量，按设计图示尺寸以钻孔深度计算；以"根"计量，按设计图示数量计算。

50. 【答案】D

【解析】石护坡，按设计图示尺寸以体积"m^3"计算。石护坡项目适用于各种石质和各种石料（粗料石、细料石、片石、块石、毛石、卵石等）。

51. 【答案】B

【解析】沟盖板、井盖板、井圈，以"m^3"计量时，按设计图示尺寸以体积计算；以"块"计量时，按设计图示尺寸以数量计算。

52. 【答案】B

【解析】成品雨篷，以"m"计量时，按设计图示接触边以长度"m"计算。

53. 【答案】D

【解析】木质窗以"樘"计量，按设计图示数量计算；以"m^2"计量，按设计图示洞口尺寸以面积计算。

54. 【答案】D

【解析】A 选项错，保温隔热天棚柱帽应并入天棚保温隔热工程量内。B 选项错，保温柱、梁，按设计图示尺寸以面积"m^2"计算。其中柱按设计图示柱断面保温层中心线展开长度乘保温层高度以面积计算，扣除面积>0. $3m^2$ 梁所占面积。C 选项错，保温柱、梁适用于不与墙、天棚相连的独立柱、梁，与墙、天棚相连的柱、梁并入墙、天棚工程量内。

55. 【答案】A

【解析】石材零星项目、碎拼石材零星项目、块料零星项目、水泥砂浆零星项目，按设计图示尺寸以面积“m^2”计算。

56. 【答案】A

【解析】干挂石材钢骨架，按设计图示尺寸以质量“t”计算。

57. 【答案】D

【解析】灯带（槽），按设计图示尺寸以框外围面积“m^2”计算。

58. 【答案】B

【解析】不扣除踢脚线、挂镜线和墙与构件交接处的面积，门窗洞口和孔洞的侧壁及顶面不增加面积。

59. 【答案】A

【解析】排水、降水，按排水、降水日历天数“昼夜”计算。

60. 【答案】D

【解析】混凝土构件拆除、钢筋混凝土构件拆除以“m^3”计量，按拆除构件的混凝土体积计算；以“m^2”计量，按拆除部位的面积计算；以“m”计量，按拆除部位的延长米计算。①以“m^3”作为计量单位时，可不描述构件的规格尺寸；以“m^2”作为计量单位时，则应描述构件的厚度；以“m”作为计量单位时，则必须描述构件的规格尺寸。②项目特征描述中构件表面的附着物种类指抹灰层、块料层、龙骨及装饰面层等。

二、多项选择题（共20题，每题2分。每题的备选项中，有2个或2个以上符合题意，至少有1个错项。错选，本题不得分；少选，所选的每个选项得0.5分）

61. 【答案】ABD

【解析】岩体结构是指岩体中结构面与结构体的组合方式。岩体结构的基本类型可分为整体块状结构、层状结构、碎裂结构和散体结构。①整体块状结构。岩体结构面稀疏、延展性差、结构体块度大且常为硬质岩石，整体强度高、变形特征接近于各向同性的均质弹性体，变形模量、承载能力与抗滑能力均较高，抗风化能力一般也较强。因而，这类岩体具有良好的工程地质性质，往往是较理想的各类工程建筑地基、边坡岩体及地下工程围岩。②层状结构。岩体中结构面以层面与不密集的节理为主，结构面多闭合微张状、一般风化微弱、结合力一般不强，结构体块度较大且保持着母岩岩块性质，故这类岩体总体变形模量和承载能力均较高。作为工程建筑地基时，其变形模量和承载能力一般均能满足要求。但当结构面结合力不强，有时又有层间错动面或软弱夹层存在，则其强度和变形特性均具各向异性特点，一般沿层面方向的抗剪强度明显比垂直层面方向的更低，特别是当有软弱结构面存在时，更为明显。这类岩体作为边坡岩体时，一般来说，当结构面倾向坡外时要比倾向坡里时的工程地质性质差得多。③碎裂结构。岩体中节理、裂隙发育，常有泥质充填物质，结合力不强，其中层状岩体常有平行层面的软弱结构面发育，结构体块度不大，岩体完整性破坏较大。其中镶嵌结构岩体结构体为硬质岩石，具有较高的变形模量和承载能力，工程地质性能尚好。而层状碎裂结构和碎裂结构岩体变形模量、承载能力均不高，工程地质性质较差。④散体结构。岩体节理、裂隙很发育，岩体十分破碎，岩石手捏即碎，属于碎石土类。

62.【答案】ADE

【解析】对塌陷或浅埋溶（土）洞宜采用挖填夯实法、跨越法、充填法、垫层法进行处理；对深埋溶（土）洞宜采用充填法进行处理。对落水洞及浅埋的溶沟（槽）、溶蚀（裂隙、漏斗）等，宜采用跨越法、充填法进行处理。

63.【答案】BE

【解析】框架结构是利用梁、柱组成的纵、横两个方向的框架形成的结构体系，同时承受竖向荷载和水平荷载。其主要优点是建筑平面布置灵活，可形成较大的建筑空间，建筑立面处理也比较方便；缺点是侧向刚度较小，当层数较多时，会产生较大的侧移，易引起非结构性构件（如隔墙、装饰等）破坏，而影响使用。

64.【答案】ABC

【解析】在墙身中设置防潮层的目的是防止土壤中的水分沿基础墙上升和勒脚部位的地面水影响墙身，其作用是提高建筑物的耐久性，保持室内干燥卫生。当室内地面均为实铺时，外墙墙身防潮层在室内地坪以下 60mm 处；当建筑物墙体两侧地坪不等高时，在每侧地表下 60mm 处，防潮层应分别设置，并在两个防潮层间的墙上加设垂直防潮层；当室内地面采用架空木地板时，外墙防潮层应设在室外地坪以上，地板木搁栅垫木之下。

65.【答案】BCD

【解析】无檩钢屋架是将大型屋面直接支承在钢屋架上，屋架间距就是大型屋面板的跨度。一般为 6m。特点是：构件的种类和数量少，安装效率高，施工进度快，易于进行铺设保温层等屋面工序的施工。其突出的优点是屋盖横向刚度大、整体性好、屋面构造简单、较为耐久。但因屋面自重较重，对抗震不利。一般是中型以上特别是重型厂房，因其对厂房的横向刚度要求较高，采用无檩方案比较合适。

66.【答案】ABE

【解析】机动车交通道路照明应以路面平均亮度（或路面平均照度）、路面亮度均匀度和纵向均匀度（或路面照度均匀度）、眩光限制、环境比和诱导性为评价指标。人行道路照明应以路面平均照度、路面最小照度和垂直照度为评价指标。曲线路段、平面交叉、立体交叉、铁路道口、广场、停车场、桥梁、坡道等特殊地点应比平直路段连续照明的亮度（照度）高、眩光限制严、诱导性好。

67.【答案】CD

【解析】石油沥青的黏滞性是反映沥青材料内部阻碍其相对流动的一种特性，以绝对黏度表示。黏滞性的大小与组分及温度有关。地沥青质含量较高，同时又有适量树脂，而油分含量较少时，则黏滞性较大。在一定温度范围内，当温度升高时，则黏滞性随之降低，反之则随之增大。工程上常用相对黏度（条件黏度）来衡量石油沥青的黏滞性。测定相对黏度的主要方法是用标准黏度计和针入度仪。对于黏稠石油沥青的相对黏度是用针入度仪测定的针入度来表示，反映石油沥青抵抗剪切变形的能力。针入度值越小，表明黏度越大。对于液体石油沥青或较稀的石油沥青的相对黏度，可用标准黏度计测定的标准黏度表示。石油沥青的塑性用延度（伸长度）表示。延度愈大，塑性愈好。

68.【答案】BD

【解析】烧结多孔砖是以黏土、页岩、煤矸石、粉煤灰等为主要原料烧制的主要用于结构承重的多孔砖。烧结空心砖是以黏土、页岩、煤矸石、粉煤灰等为主要原料烧制的主要用于非承重部位的空心砖。普通混凝土小型空心砌块作为烧结砖的替代材料，可用于承重结构和非承重结构。轻骨料混凝土小型空心砌块密度较小、热工性能较好，但干缩值较大，使用时更容易产生裂缝，目前主要用于非承重的隔墙和围护墙。加气混凝土砌块广泛用于一般建筑物墙体，还用于多层建筑物的非承重墙及隔墙，也可用于低层建筑的承重墙。

69.【答案】ABE

【解析】常用于内墙的涂料有聚乙烯醇水玻璃涂料（106 内墙涂料）、聚醋酸乙烯乳液涂料、醋酸乙烯-丙烯酸酯有光乳液涂料、多彩涂料等。

70.【答案】AD

【解析】板式支护结构由两大系统组成：挡墙系统和支撑（或拉锚）系统。悬臂式板桩支护结构则不设支撑（或拉锚）。

71.【答案】ABC

【解析】钻孔压浆桩的优点：①振动小，噪声低。②由于钻孔后的土柱和钻杆是被孔底的高压水泥浆置换后提出孔外的，所以能在流砂、淤泥、砂卵石、易塌孔和地下水的地质条件下，采用水泥浆护壁而顺利地成孔成桩。③由于高压注浆对周围的地层有明显的渗透、加固挤密作用，可解决断桩、缩颈、桩底虚土等问题，还有局部膨胀扩径现象。④不用泥浆护壁，没有因大量泥浆制备和处理而带来的污染环境、影响施工速度和质量等弊端。⑤施工速度快、工期短。⑥单承载力较高。钻孔压浆桩的缺点：①因为桩身用无砂混凝土，故水泥消耗量较普通钢筋混凝土灌注桩多，其脆性比普通钢筋混凝土桩要大。②桩身上部的混凝土密实度比桩身下部差，静载试验时有发生桩顶压裂现象。③注浆结束后，地面上水泥浆流失较多。④遇到厚流砂层，成桩较难。

72.【答案】ABCD

【解析】清方：当石方爆破后，必须按爆破次数分次清理。在选择清方机械时应考虑以下技术经济条件：①工期所要求的生产能力；②工程单价；③爆破岩石的块度和岩堆的大小；④机械设备进入工地的运输条件；⑤爆破时机械撤离和重新进入工作面是否方便等。

73.【答案】ACE

【解析】转体施工的主要特点：①可以利用地形，方便预制构件；②施工期间不断航，不影响桥下交通，并可在跨越通车线路上进行桥梁施工；③施工设备少，装置简单，容易制作并便于掌握；④节省木材，节省施工用料；采用转体施工与缆索无支架施工比较，可节省木材 80%，节省施工用钢 60%；⑤减少高空作业，施工工序简单，施工迅速，当主要结构先期合拢后，给后序施工带来方便；⑥转体施工适合于单跨和三跨桥梁，可在深水、峡谷中建桥采用，同时也适用于平原区以及城市跨线桥；⑦大跨径桥梁采用转体施工将会取得良好的技术经济效益，转体重量轻型化、多种工艺综合利用，是大跨及特大路桥施工有力的竞争方案。

74.【答案】AD

【解析】边坡稳定式系用土钉或预应力锚杆加固的基坑侧壁土体与喷射钢筋混凝土护

面组成的支护结构。具有结构简单、承载力较高、可阻水、变形小、安全可靠、适应性强、施工机具简单、施工灵活、污染小、噪声低、对周边环境影响小、支护费用低等特点。其适用条件如下：基坑侧壁安全等级宜为二、三级非软土场地；土钉墙基坑深度不宜大于12m；喷锚支护适用于无流砂、含水量不高、不是淤泥等流塑土层的基坑，开挖深度不大于18m；当地下水位高于基坑底面时，应采取降水或截水措施。

75.【答案】ACDE

【解析】气动夯管锤具有以下特点：①地层适用范围广。夯管锤铺管几乎适用于除岩层以外的所有地层。②铺管精度较高。气动夯管锤铺管属不可控向铺管，但由于其以冲击方式将管道夯入地层，在管端无土楔形成，且在遇到障碍物时可将其击碎穿越，所以具有较好的目标准确性。③对地表的影响较小。夯管锤由于是将钢管开口夯入地层，除了钢管管壁部分需排挤土体之外，切削下来的土芯全部进入管内，因此即使钢管铺设深度很浅，地表也不会产生隆起或沉降现象。④夯管锤铺管适合较短长度的管道铺设，为保证铺管精度，在实际施工中，可铺管长度按钢管直径（以“mm”为单位）除以10就得到夯进长度（以“m”为单位）。⑤对铺管材料的要求。夯管锤铺管要求管道材料必须是钢管，若要铺设其他材料的管道，可铺设钢套管，再将工作管道穿入套管内。⑥投资和施工成本低。施工条件要求简单，施工进度快，材料消耗少，施工成本较低。⑦工作坑要求低。通常只需很小的施工深度，无须进行很复杂的深基坑支护作业。⑧穿越河流时，无须在施工中清理管内土体，无渗水现象，能确保施工人员安全。

76.【答案】BE

【解析】A选项错，场馆看台下的建筑空间，结构净高在2.10m及以上的部位应计算全面积；结构净高在1.20m及以上至2.10m以下的部位应计算1/2面积；结构净高在1.20m以下的部位不应计算建筑面积。C选项错，建筑物内的操作平台、上料平台、安装箱和罐体的平台，不计算建筑面积。D选项错，有顶盖的采光井应按一层计算面积，结构净高在2.10m及以上的，应计算全面积，结构净高在2.10m以下的，应计算1/2面积。

77.【答案】ABDE

【解析】C选项错，对于建筑物内的设备层、管道层、避难层等有结构层的楼层，结构层高在2.20m及以上的，应计算全面积；结构层高在2.20m以下的，应计算1/2面积。

78.【答案】CDE

【解析】A选项错，项目特征中的桩截面、混凝土强度等级、桩类型等可直接用标准图代号或设计桩型进行描述。B选项错，预制钢筋混凝土方桩、预制钢筋混凝土管桩项目以成品桩编制，应包括成品桩购置费，如果用现场预制，应包括现场预制桩的所有费用。

79.【答案】ABCD

【解析】E选项错，屋架中钢拉杆、钢夹板等应包括在清单项目的综合单价内。

80.【答案】CDE

【解析】①原槽浇灌的混凝土基础、垫层不计算模板工程量；②若现浇混凝土梁、板支撑高度超过3.6m时，项目特征应描述支撑高度；③采用清水模板时，应在特征中注明；④有梁板计算模板与支架（撑），不另计算脚手架的工程量；⑤柱、梁、墙、板相互连接的重叠部分，均不计算模板面积。

模拟题七答案与解析

一、单项选择题（共60题，每题1分，每题的备选项中，只有一个最符合题意）

1. **【答案】** B

【解析】 裂隙宽度：密闭裂隙<1mm；微张裂隙为1～3mm；张开裂隙为3～5mm；宽张裂隙>5mm。

2. **【答案】** D

【解析】 岩石孔隙度的大小，主要取决于岩石的结构和构造，同时也受外力因素的影响。

3. **【答案】** C

【解析】 海滨砂丘水属于潜水。

4. **【答案】** B

【解析】 如果基础位于粉土、砂土、碎石土和节理裂隙发育的岩石地基上，则按地下水位100%计算浮托力；如果基础位于节理裂隙不发育的岩石地基上，则按地下水位50%计算浮托力；如果基础位于黏性土地基上，其浮托力较难确切地确定，应结合地区的实际经验考虑。

5. **【答案】** B

【解析】 本题考查的是影响边坡稳定的因素。对于喷出岩边坡，如玄武岩、凝灰岩、火山角砾岩、安山岩等，其原生的节理，尤其是柱状节理发育时，易形成直立边坡并易发生崩塌。

6. **【答案】** C

【解析】 当隧道轴线与断层走向平行时，应尽量避免与断层破碎带接触。

7. **【答案】** B

【解析】 多层厂房指层数在二层以上的厂房，常用的层数为2~6层。适用于生产设备及产品较轻，可沿垂直方向组织生产的厂房，如食品、电子精密仪器工业等厂房。

8. **【答案】** C

【解析】 在设计中，应尽量使基础大放脚与基础材料的刚性角相一致，以确保基础底面不产生拉应力，最大限度地节约基础材料。

9. **【答案】** D

【解析】 过梁可直接用砖砌筑，也可用木材、型钢和钢筋混凝土制作。钢筋混凝土过梁采用得最为广泛。

10. **【答案】** D

【解析】 为避免落入阳台的雨水泛入室内，阳台地面应低于室内地面30～50mm，并应沿排水方向做排水坡，阳台板的外缘设挡水边坎，在阳台的一端或两端埋设泄水管直接将雨水排出。泄水管可采用镀锌钢管或塑料管，管口外伸至少80mm。对高层建筑应将雨水导入雨水管排出。

11. 【答案】A

【解析】倒置式做法即把传统屋面中防水层和隔热层的层次颠倒一下，防水层在下面，保温隔热层在上面。

12. 【答案】A

【答案】快速路是城市中有较高车速为长距离交通服务的重要道路，车行道间设中央分隔带。

13. 【答案】D

【解析】保护性路肩横坡度可比路面横坡度加大1.0%。路肩横向坡度一般应较路面横向坡度大1%。

14. 【答案】B

【解析】在简单体系拱桥中，拱桥的传力结构不与主拱形成整体共同承受荷载。桥上的全部荷载由主拱单独承受，它们是桥跨结构的主要承重构件。拱的水平推力直接由墩台或基础承受。

15. 【答案】C

【解析】新建涵洞应采用无压力式涵洞；当涵前允许积水时，可采用压力式或半压力式涵洞；当路基顶面高程低于横穿沟渠的水面高程时，也可设置倒虹吸管涵。

16. 【答案】D

【解析】半地下道路：该种道路有两种结构形式，即堑壕构造和U形构造。其主要特点是：有利于减少噪声和排放的废气；能得到充足的日照和上部的开敞空间；在绿化带有自然气息较足的地区，能与周围环境较好地和谐共存；造价介于全地下道路与地面道路之间。缺点主要是排水、除雪不易。

17. 【答案】B

【解析】一些常规做法是：建筑物与红线之间的地带，用于敷设电缆；人行道用于敷设热力管网或通行式综合管道；分车带用于敷设自来水、污水、煤气管及照明电缆；街道宽度超过60m时，自来水和污水管道都应设在街道内两侧；在小区范围内，地下工程管网多数应走专门的地方。此外，地下管网的布置，还应符合相应的建筑规范要求。

18. 【答案】C

【解析】CRB680H既可作为普通钢筋混凝土用钢筋，也可作为预应力混凝土用钢筋。

19. 【答案】A

【解析】水泥初凝时间不合要求，该水泥报废；终凝时间不合要求，视为不合格。

20. 【答案】A

【解析】滑石粉亲油性好（憎水），易被沥青润湿，可直接混入沥青中，以提高沥青的机械强度和抗老化性能，可用于具有耐酸、耐碱、耐热和绝缘性能的沥青制品中。

21. 【答案】B

【解析】当采用连续开级配矿质混合料与沥青组成的沥青混合料时，粗集料较多，彼此紧密相接，细集料的数量较少，不足以充分填充空隙，形成骨架空隙结构。沥青碎石混合料（AM）多属此类型。这种结构的沥青混合料，粗骨料能充分形成骨架，骨料之间的嵌挤力和内摩阻力起重要作用。因此，这种沥青混合料内摩擦角较高，但黏聚力较低，受沥青材料性质的变化影响较小，因而热稳定性较好，但沥青与矿料的粘结力较小、空隙率大、耐久性较差。

22. **【答案】**B

【解析】与普通混凝土小型空心砌块相比，轻骨料混凝土小型空心砌块密度较小、热工性能较好，但干缩值较大，使用时更容易产生裂缝，目前主要用于非承重的隔墙和围护墙。

23. **【答案】**B

【解析】烧结型人造石材是把斜长石、石英、辉石石粉和赤铁矿以及高岭土等混合成矿粉，再配以40%左右的黏土混合制成泥浆，经制坯、成型和艺术加工后，再经1000℃左右的高温焙烧而成。如仿花岗石瓷砖、仿大理石陶瓷艺术板等。

24. **【答案】**B

【解析】影响木材物理力学性质和应用的最主要的含水率指标是纤维饱和点和平衡含水率。纤维饱和点是木材仅细胞壁中的吸附水达饱和而细胞腔和细胞间隙中无自由水存在时的含水率。其值随树种而异，一般为25%~35%，平均值为30%。它是木材物理力学性质是否随含水率而发生变化的转折点。平衡含水率是木材和木制品使用时避免变形或开裂而应控制的含水率指标。

25. **【答案】**C

【解析】以碎玻璃、发泡剂在800℃烧成，具有闭孔结构，气孔直径0.1~5mm，表观密度150~600kg/m^3，热导率0.058~0.128W/（m·K），抗压强度0.8~15MPa，最高使用温度500℃，是一种高级保温绝热材料，可用于砌筑墙体或冷库隔热。

26. **【答案】**D

【解析】开挖较窄的沟槽，多用横撑式土壁支撑。横撑式土壁支撑根据挡土板的不同，分为水平挡土板式［见教材图4.1.1（a）］以及垂直挡土板式［见教材图4.1.1（b）］两类。前者挡土板的布置又分间断式和连续式两种。湿度小的黏性土挖土深度小于3m时，可用间断式水平挡土板支撑；对松散、湿度大的土可用连续式水平挡土板支撑，挖土深度可达5m。对松散和湿度很高的土可用垂直挡土板式支撑，其挖土深度不限。挡土板、立柱及横撑的强度、变形及稳定等可根据实际布置情况进行结构计算。

27. **【答案】**B

【解析】松土不宜用重型碾压机械直接滚压，否则土层有强烈起伏现象，效率不高。如果先用轻碾压实，再用重碾压实就会取得较好效果。

28. **【答案】**B

【解析】褥垫层是保证桩和桩间土共同作用承担荷载，是水泥粉煤灰碎石桩形成复合地基的重要条件。褥垫层材料宜用中砂、粗砂、级配砂石和碎石，最大粒径不宜大于30mm。不宜采用卵石，由于卵石咬合力差，施工时扰动较大、褥垫厚度不容易保证均匀。褥垫层的位置位于CFG桩和建筑物基础之间，厚度可取200~300mm。褥垫层不仅用于CFG桩，也用于碎石桩、管桩等，以形成复合地基，保证桩和桩间土的共同作用。

29. 【答案】C

【解析】灌注桩后压浆的施工流程：准备工作→管阀制作→灌注桩施工（后压浆管埋设）→压浆设备选型及加筋软管与桩身压浆管连接安装→打开排气阀并开泵放气调试→关闭排气阀压清水开塞→按设计水灰比拌制水泥浆液→水泥浆经过滤至储浆桶（不断搅拌）→待压浆管道通畅后压注水泥浆液→桩检测。

30. 【答案】A

【解析】砖砌体的转角处和交接处应同时砌筑，严禁无可靠措施的内外墙分砌施工。在抗震设防烈度为8度及8度以上地区，对不能同时砌筑而又必须留置的临时间断处应砌成斜槎，普通砖砌体斜槎水平投影长度不应小于高度的2/3，多孔砖砌体的斜槎长高比不应小于1/2。斜槎高度不得超过一步脚手架的高度。

31. 【答案】D

【解析】A选项错，立杆接长除顶层顶步可采用搭接外，其余各层各步接头必须采用对接扣件连接。B选项错，立杆上的对接扣件应交错布置，两根相邻立杆的接头不应设置在同步内。C选项错，搭接长度不应小于1m，应采用不少于2个旋转扣件固定，端部扣件盖板的边缘至杆端距离不应小于100mm。

32. 【答案】D

【解析】本题考查的是屋面防水。上下层胎体增强材料的长边搭接缝应错开，且不得小于幅宽的1/3；上下层胎体增强材料不得相互垂直铺设。

33. 【答案】D

【解析】倒置式屋面保温层要求：①倒置式屋面基本构造自下而上宜由结构层、找坡层、找平层、防水层、保温层及保护层组成。②倒置式屋面坡度不宜小于3%。当大于3%时，应在结构层采取防止防水层、保温层及保护层下滑的措施。坡度大于10%时，应在结构层上沿垂直于坡度方向设置防滑条。③当采用两道防水设防时，宜选用防水涂料作为其中一道防水层；硬泡聚氨酯防水保温复合板可作为次防水层。④倒置式屋面保温层的厚度应根据《民用建筑热工设计规范》GB 50176进行计算；其设计厚度应按照计算厚度增加25%取值，且最小厚度不得小于25mm；⑤低女儿墙和山墙的保温层应铺到压顶下；高女儿墙和山墙内侧的保温层应铺到顶部；保温层应覆盖变形缝挡墙的两侧；屋面设施基座与结构层相连时，保温层应包裹基座的上部；⑥保温层板材施工，坡度不大于3%的不上人屋面可采用干铺法，上人屋面宜采用粘结法；坡度大于3%的屋面应采用粘结法，并应采用固定防滑措施。

34. 【答案】B

【解析】种植屋面绝热材料可采用喷涂硬泡聚氨酯、硬泡聚氨酯板、挤塑聚苯乙烯泡沫塑料保温板、硬质聚异氰脲酸酯泡沫保温板、酚醛硬泡保温板等轻质绝热材料，不得采用散状绝热材料。

35. 【答案】A

【解析】砂垫层施工简便，不需特殊机具设备，占地较少。但需放慢填筑速度，严格控制加荷速率，使地基有充分时间进行排水固结。因此，表层处理法适用于施工期限不紧迫、材料来源充足、运距不远的施工环境。

36.【答案】B

【解析】墩台混凝土特别是实体墩台均为大体积混凝土，水泥应优先选用矿渣水泥、火山灰水泥，采用普通水泥时强度等级不宜过高。

37.【答案】C

【解析】管道接缝基本硬化后就进行护管，即浇捣管座。

38.【答案】C

【解析】复合土钉墙支护具有轻型、复合、机动灵活、针对性强、适用范围广、支护能力强的特点，可作超前支护，并兼备支护、截水等效果。

39.【答案】A

【解析】在寒冷或严寒地区所用石料及混凝土块，应符合冻融试验指标。采用混凝土块砌拱圈时，砌块应提前制作，宜比封顶时间提前4个月。混凝土块砌拱圈时，也应在拱脚处开始砌筑，向拱顶方向进行。

40.【答案】C

【解析】若沉井穿过的土层中有较厚的亚砂土和粉砂土，地下水丰富，土层不稳定，有产生流砂的可能性时，沉井就宜采用不排水挖土下沉，下沉中要使井内水面高出井外水面1~2m，以防流砂。

41.【答案】B

【解析】项目编码的十二位数字的含义是：一、二位为专业工程代码（01-房屋建筑与装饰工程；02-仿古建筑工程；03-通用安装工程；04-市政工程；05-园林绿化工程；06-矿山工程；07-构筑物工程；08-城市轨道交通工程；09-爆破工程。以后进入国标的专业工程代码以此类推）；三、四位为附录分类顺序码（如房屋建筑与装饰工程中的“土石方工程”为0101）；五、六位为分部工程顺序码（如房屋建筑与装饰工程中的“土方工程”为010101）；七、八、九位为分项工程项目名称顺序码（如房屋建筑与装饰工程中的“挖一般土方”为010101002）；十至十二位为清单项目名称顺序码。

42.【答案】D

【解析】不同的计量单位汇总后的有效位数也不相同，根据工程量计算规范，工程计量时每一项目汇总的有效位数应遵守下列规定：

（1）以“t”为单位，应保留小数点后三位数字，第四位小数四舍五入；

（2）以“m、m^2、m^3、kg”为单位，应保留小数点后两位数字，第三位小数四舍五入；

（3）以“个、件、根、组、系统”为单位，应取整数。

43.【答案】A

【解析】例如AT1，$h=120$表示梯板类型、编号，以及梯板板厚；1800/12表示踏步段总高度/踏步级数；ф10@200、ф12@150表示上部纵筋、下部纵筋；Fф8@250表示梯板分布筋。

44.【答案】C

【解析】场馆看台上部空间建筑面积计算，取决于看台上部有无顶盖。按顶盖计算建筑面积的范围应是看台与顶盖重叠部分的水平投影面积。对有双层看台的，各层分别计算建筑面积，顶盖及上层看台均视为下层看台的盖。无顶盖的看台不计算建筑面积。

45. **【答案】** D

【解析】 结构层是指整体结构体系中承重的楼板层，包括板、梁等构件，而非局部结构起承重作用的分隔层。立体车库中的升降设备，不属于结构层，不计算建筑面积；仓库中的立体货架、书库中的立体书架都不算结构层，故该部分分层不计算建筑面积。

46. **【答案】** D

【解析】 在主体结构内的阳台，应按其结构外围水平面积计算全面积；在主体结构外的阳台，应按其结构底板水平投影面积计算 1/2 面积。

47. **【答案】** A

【解析】 露台是设置在屋面、首层地面或雨篷上的供人室外活动的有围护设施的平台，不计算建筑面积。

48. **【答案】** C

【解析】 C 选项错，厚度>±300mm 的竖向布置挖石或山坡凿石应按挖一般石方项目编码列项。

49. **【答案】** B

【解析】 A 选项错，项目特征中地层情况的描述规定，应根据岩土工程勘察报告按单位工程各地层所占比例（包括范围值）进行描述或分别列项，对无法准确描述的地层情况，可注明由投标人根据岩土工程勘察报告自行决定报价。C 选项错，预制钢筋混凝土方桩、预制钢筋混凝土管桩项目以成品桩编制，应包括成品桩购置费，如果用现场预制，应包括现场预制桩的所有费用。D 选项错，桩基础项目（打桩和灌注桩）均未包括承载力检测、桩身完整性检测等内容，相关的费用应单独计算（属于研究试验费的范畴），不包括在本清单项目中。

50. **【答案】** C

【解析】 砌块柱，按设计图示尺寸以体积“m^3”计算，扣除混凝土及钢筋混凝土梁垫、梁头、板头所占体积。

51. **【答案】** C

【解析】 现浇混凝土梁包括基础梁、矩形梁、异形梁、圈梁、过梁、弧形梁（拱形梁）等项目。按设计图示尺寸以体积“m^3”计算，不扣除构件内钢筋、预埋铁件所占体积，伸入墙内的梁头、梁垫并入梁体积内。

52. **【答案】** B

【解析】 钢网架工程量按设计图示尺寸以质量“t”计算，不扣除孔眼的质量，焊条、铆钉等不另增加质量。项目特征描述：钢材品种、规格；网架节点形式、连接方式；网架跨度、安装高度；探伤要求；防火要求等。其中防火要求指耐火极限。工作内容中不含，需要单独列项计算。

53. **【答案】** D

【解析】 木楼梯的栏杆（栏板）、扶手，应按其他装饰工程中的相关项目编码列项。

54. **【答案】** B

【解析】 门窗套工程量可以按设计图示数量计算；按照设计图示尺寸以展开面积计

算；按设计图示中心以延长米计算。

55. 【答案】A

【解析】砌筑沥青浸渍砖，按设计图示尺寸以体积“m^3”计算。

56. 【答案】A

【解析】地面做法中，垫层需单独列项计算，而找平层综合在地面清单项目中，在综合单价中考虑，不需另行计算。

57. 【答案】A

【解析】外墙抹灰面积按外墙垂直投影面积计算。

58. 【答案】D

【解析】A 选项错，天棚中的灯槽及跌级、锯齿形、吊挂式、藻井式天棚面积不展开计算。B 选项错，不扣除间壁墙、检查口、附墙烟囱、柱垛和管道所占面积。C 选项错，天棚的检查口应在综合单价中考虑，计算工程量时不扣除，但灯带（槽）、送风口和回风口单独列项计算工程量。

59. 【答案】B

【解析】木扶手油漆，窗帘盒油漆，封檐板及顺水板油漆，挂衣板及黑板框油漆，挂镜线、窗帘棍、单独木线油漆，按设计图示尺寸以长度“m”计算。

60. 【答案】C

【解析】木构件拆除以“m^3”计量，按拆除构件的体积计算；以“m^2”计量，按拆除面积计算；以“m”计量，按拆除延长米计算。

二、多项选择题（共 20 题，每题 2 分。每题的备选项中，有 2 个或 2 个以上符合题意，至少有 1 个错项。错选，本题不得分；少选，所选的每个选项得 0.5 分）

61. 【答案】ABD

【解析】由于软土的生成环境及其粒度、矿物组成和结构特征，结构性显著且处于形成初期，故具有高含水量、高孔隙性、低渗透性、高压缩性、低抗剪强度、较显著的触变性和蠕变性等特性。

62. 【答案】ACE

【解析】锚固措施，有锚杆（或锚索）和混凝土锚固桩两种类型，其原理都是提高岩体抗滑（或抗倾倒）能力。预应力锚索或锚杆锚固不稳定岩体的方法，适用于加固岩体边坡和不稳定岩块。其作用是先在不稳定岩体上布置若干钻孔，钻至滑动面以下的坚固稳定的岩层中，然后在孔中放入锚索或锚杆，将下端固定，上端拉紧。上端一般用混凝土墩、混凝土梁或配合以挡墙将其固定。锚固桩（或称抗滑桩）适用于浅层或中厚层的滑坡体。它是在滑坡体的中、下部开挖竖井或大口径钻孔，然后浇灌钢筋混凝土而成。一般垂直于滑动方向布置一排或两排，桩径通常 1~3m，深度一般要求滑动面以下桩长占全桩长的 1/4~1/3。

63. 【答案】BCD

【解析】A、E 选项错，绿色建筑评价应在建筑工程竣工后进行。在建筑工程施工图设计完成后，可进行预评价。

64. 【答案】BCDE

【解析】与内保温墙体比较，外保温墙体有下列优点：一是外墙外保温系统不会产生热桥，因此具有良好的建筑节能效果。二是外保温对提高室内温度的稳定性有利。三是外保温墙体能有效减少温度波动对墙体的破坏，保护建筑物的主体结构，延长建筑物的使用寿命。四是外保温墙体构造可用于新建的建筑物墙体，也可以用于旧建筑外墙的节能改造。在旧房的节能改造中，外保温结构对居住者影响较小。五是外保温有利于加快施工进度，室内装修不致破坏保温层。

65. 【答案】ABD

【解析】菱苦土地面易于清洁，有一定弹性，热工性能好，适用于有清洁、弹性要求的房间。由于这种地面不耐水也不耐高温，因此，不宜用于经常有水存留及地面温度经常处在35℃以上的房间。

66. 【答案】BCDE

【解析】桥梁及其引道的平、纵、横技术指标应与路线总体布设相协调，各项技术指标应符合路线布设的要求。桥上纵坡机动车道不宜大于4%，非机动车道不宜大于2.5%；桥头引道机动车道纵坡不宜大于5%。高架桥桥面应设不小于0.3%的纵坡。桥面的横坡，一般采用1.5%~3.0%。

67. 【答案】AE

【解析】A选项对，碳还可显著降低钢材的可焊性，增加钢的冷脆性和时效敏感性，降低抗大气腐蚀能力。B选项错，硅在钢中是有益元素，是我国钢筋用钢的主要合金元素，炼钢时起脱氧作用。当硅在钢中的含量较低（小于1%）时，随着含量的加大可提高钢材的强度、疲劳极限、耐腐蚀性和抗氧化性，而对塑性和韧性影响不明显。C选项错，磷是有害元素，含量提高，钢材的强度提高，塑性和韧性显著下降，特别是温度愈低，对韧性和塑性的影响愈大。D选项错，氮对钢材性质的影响与碳、磷相似，可使钢材的强度提高，但塑性特别是韧性明显下降。氮还会加剧钢的时效敏感性和冷脆性，使其焊接性能变差。E选项对，钛是强脱氧剂，可显著提高钢的强度，但稍降低塑性。由于钛能细化晶粒，故可改善韧性。钛能减少时效倾向，改善焊接性能。

68. 【答案】ABC

【解析】混凝土早强剂是指能提高混凝土早期强度，并对后期强度无显著影响的外加剂。若外加剂兼有早强和减水作用则称为早强减水剂。早强剂多用于抢修工程和冬期施工的混凝土。目前常用的早强剂有氯盐、硫酸盐、三乙醇胺和以它们为基础的复合早强剂。早强剂宜用于蒸养、常温、低温和最低温度不低于-5℃环境中施工的有早强要求的混凝土工程。炎热条件以及环境温度低于-5℃时不宜使用早强剂。早强剂不宜用于大体积混凝土。

69. 【答案】BCE

【解析】夹丝玻璃具有安全性、防火性和防盗抢性。①安全性：夹丝玻璃由于钢丝网的骨架作用，不仅提高了玻璃的强度，而且遭受到冲击或温度骤变而破坏时，碎片也不会飞散，避免了碎片对人的伤害作用。②防火性：当遭遇火灾时，夹丝玻璃受热炸裂，但由于金属丝网的作用，玻璃仍能保持固定，可防止火焰蔓延。③防盗抢性：当遇到盗抢等意外情况时，夹丝玻璃虽玻璃碎但金属丝仍可保持一定的阻挡性，起到防盗、防抢的安全作用。

夹丝玻璃应用于建筑的天窗、采光屋顶、阳台及须有防盗、防抢功能要求的营业柜台的遮挡部位。当用作防火玻璃时，要符合相应耐火极限的要求。夹丝玻璃可以切割，但断口处裸露的金属丝要作防锈处理，以防锈体体积膨胀，引起玻璃“锈裂”。

70. 【答案】DE

【解析】正铲挖掘机的挖土特点是：前进向上，强制切土。其挖掘力大，生产率高，能开挖停机面以内的Ⅰ~Ⅳ级土，开挖大型基坑时需设下坡道，适宜在土质较好、无地下水的地区工作。根据挖掘机与运输工具的相对位置不同，正铲挖土和卸土的方式有以下两种：正向挖土、侧向卸土；正向挖土、后方卸土。

71. 【答案】BDE

【解析】A 选项错，当在使用中对水泥质量有怀疑或水泥出厂超过三个月（快硬硅酸盐水泥超过一个月）时，应复查试验，并按复验结果使用。C 选项错，沉淀池中储存的石灰膏，其熟化时间应防止干燥、冻结和污染，严禁采用脱水硬化的石灰膏；建筑生石灰粉、消石灰粉不得替代石灰膏配制水泥石灰砂浆。

72. 【答案】BCD

【解析】A 选项错，当设计有隔汽层时，先施工隔汽层，然后再施工保温层。E 选项错，保温层施工环境温度要求：干铺的保温材料可在负温度下施工；用水泥砂浆粘贴的块状保温材料不宜低于5℃；喷涂硬泡聚氨酯宜为15~35℃，空气相对湿度宜小于85%，风速不宜大于三级；现浇泡沫混凝土宜为5~35℃；雨天、雪天、五级风以上的天气停止施工。

73. 【答案】ABCE

【解析】石灰粉煤灰稳定砂砾（碎石）基层（也可称二灰混合料）施工：

（1）材料与拌合。对石灰、粉煤灰等原材料应进行质量检验，符合要求后方可使用。按规范要求进行混合料配合比设计，使其符合设计与检验标准的要求。采用厂拌（异地集中拌合）方式，强制式拌合机拌制，配料应准确，拌合应均匀。拌合时应先将石灰、粉煤灰拌合均匀，再加入砂砾（碎石）和水均匀拌合。混合料含水量宜略大于最佳含水量。

（2）运输与摊铺。运送混合料应覆盖，防止水分蒸发和遗撒、扬尘。应在春末和夏季组织施工，施工期的最低气温应在5℃以上。根据试验确定的松铺系数控制虚铺厚度。

（3）压实与养护。每层最大压实厚度为200mm，且不宜小于100mm。碾压时采用先轻型、后重型压路机碾压。禁止用薄层贴补的方法进行找平。混合料的养护采用湿养，始终保持表面潮湿，也可采用沥青乳液和沥青下封层进行养护，养护期视季节而定，常温下不宜小于7d。

74. 【答案】BD

【解析】悬臂浇筑施工的主要特点：①悬臂浇筑施工宜在营运状态的结构受力与施工阶段的受力状态比较近的桥梁中选用，如预应力混凝土T形刚构桥、变截面连续梁桥和斜拉桥等；②非墩梁固接的预应力混凝土梁桥，采用悬臂浇筑施工时应采取措施，使墩、梁临时固结；③采用悬臂浇筑施工的机具设备种类较多，可根据实际情况选用；④悬臂浇筑施工简便，结构整体性好，施工中可不断调整位置，常在跨径大于 100m 的桥梁上选用；悬臂拼装法施工速度快，桥梁上下部结构可平行作业，但施工精度要求比较高，可在跨径 100m 以下的大桥中选用；⑤悬臂浇筑施工法可不用或少用支架，施工不影响通航或桥下交通。

75. **【答案】** BCDE

【解析】 A 选项错，泥浆要与地下水、砂和混凝土接触，并一同返回泥浆池，经过处理后再继续使用。

76. **【答案】** AD

【解析】 辅助面积是指建筑物各层平面布置中为辅助生产或生活所占净面积的总和。例如：住宅建筑的楼梯、走道、卫生间、厨房等。

77. **【答案】** CDE

【解析】 结构层高在 2. 20m 及以上的，应计算全面积；结构层高在 2. 20m 以下的，应计算 1/2 面积。建筑物的门厅、大厅应按一层计算建筑面积，门厅、大厅内设置的走廊应按走廊结构底板水平投影面积计算建筑面积。结构层高在 2. 20m 及以上的，应计算全面积；结构层高在 2. 20m 以下的，应计算 1/2 面积。

78. **【答案】** ACD

【解析】 B 选项错，地面防水反边高度小于 300mm 时，算作地面防水。E 选项错，楼（地）面防水搭接及附加层用量不另行计算，在综合单价中考虑。

79. **【答案】** ABE

【解析】 C 选项错，钢梁拆除、钢柱拆除以“t”计量，按拆除构件的质量计算；以“m”计量，按拆除延长米计算。D 选项错，砖砌体拆除以“m^3”计量，按拆除的体积计算；以“m”计量，按拆除的延长米计算。

80. **【答案】** ACE

【解析】 在编制清单项目时，当列出了综合脚手架项目时，不得再列出外脚手架、里脚手架等单项脚手架项目。突出主体建筑物屋顶的电梯机房、楼梯出口间、水箱间、瞭望塔、排烟机房等不计入檐口高度。根据《房屋建筑与装饰工程消耗量定额》TY01-31-2015，满堂脚手架高度在 3. 6～5. 2m 时计算基本层，5. 2m 以外，每增加 1. 2m 计算一个增加层，不足 0. 6m 按一个增加层乘以系数 0. 5 计算。脚手架按垂直投影面积计算工程量时，不应扣除门窗洞口、空圈等所占面积。

模拟题八答案与解析

一、单项选择题（共 60 题，每题 1 分，每题的备选项中，只有一个最符合题意）

1.【答案】A

【解析】答 1 表为矿物硬度表。

答 1 表　　矿物硬度表

硬度	1	2	3	4	5	6	7	8	9	10
矿物	滑石	石膏	方解石	萤石	磷灰石	长石	石英	黄玉	刚玉	金刚石

在实际工作中常用可刻划物品来大致测定矿物的相对硬度，如指甲为 2～2.5 度，小刀为 5～5.5 度，玻璃为 5.5～6 度，钢刀为 6～7 度。

2.【答案】D

【解析】组成岩石的矿物比重大，或岩石的孔隙性小，则岩石的重度就大。在相同条件下的同一种岩石，重度大就说明岩石的结构致密、孔隙性小，岩石的强度和稳定性也较高。

3.【答案】B

【解析】地下水分类参见答 3 表。

答 3 表　　地下水分类表

基本类型	亚类			水头性质	补给区与分布区关系	动态特点	成因
	孔隙水	裂隙水	岩溶水				
包气带水	土壤水、沼泽水、不透水透镜体上的上层滞水。主要是季节性存在的地下水	基岩风化壳（黏土裂隙）中季节性存在的水	垂直渗入带中季节性及经常性存在的水	无压水	补给区与分布区一致	一般为暂时性水	基本上是渗入成因，局部才能凝结成因
潜水	坡积、洪积、冲积、湖积、冰碛和冰水沉积物中的水；当经常出露或接近地表时，成为沼泽水、沙漠和海滨砂丘水	基岩上部裂隙中的水	裸露岩溶化岩层中的水	常为无压水	补给区与分布区一致	水位升降决定于地表水的渗入和地下蒸发，并在某些地方决定于水压的传递	基本上是渗入成因，局部才能凝结成因
承压水	松散沉积物构成的向斜和盆地—自流盆地中的水、松散沉积物构成的单斜和山前平原—自流斜地中的水	构成盆地或向斜中基岩的层状裂隙水、单斜岩层中层状裂隙水、构造断裂带及不规则裂隙中的深部水	构造盆地或向斜中岩溶化岩层中的水，单斜岩溶化岩层中的水	承压水	补给区与分布区不一致	水位的升降决定于水压的传递	渗入成因或海洋成因

4.【答案】A

【解析】对于裂隙发育影响地基承载能力和抗渗要求的，可以用水泥浆灌浆加固或防渗。

5.【答案】D

【解析】当地下水的动水压力大于土粒的浮容重或地下水的水力坡度大于临界水力坡度时，就会产生流砂。其严重程度按现象可分三种：一是轻微流砂，细小的土颗粒会随着地下水渗漏穿过缝隙而流入基坑；二是中等流砂，在基坑底部，尤其是靠近围护桩墙的地方，出现粉细砂堆及其许多细小土粒缓慢流动的渗水沟纹；三是严重流砂，流砂冒出速度增加，甚至像开水初沸翻泡。流砂易产生于细砂、粉砂、粉质黏土等中，致使地表塌陷或建筑物的地基破坏，给施工带来很大困难，或直接影响工程建设及附近建筑物的稳定。因此，必须进行处置。常用的处置方法有人工降低地下水位和打板桩等，特殊情况下也可采取化学加固法、爆炸法及加重法等。在基槽开挖的过程中局部地段突然出现严重流砂时，可立即抛入大块石等阻止流砂。

6.【答案】A

【解析】对工程造价的影响可归结为三个方面：一是选择工程地质条件有利的路线，对工程造价起着决定作用；二是勘察资料的准确性直接影响工程造价；三是由于对特殊不良工程地质问题认识不足导致的工程造价增加。

7.【答案】D

【解析】产能型住宅一般被定义为其所产生的能量超过自身运行所需要能量的住宅，这是一种新的住宅类型，在现今国家对建筑低碳节能标准不断提高的社会大背景下应运而生。

8.【答案】C

【解析】油毡防潮层是在防潮层部位先抹 20mm 厚砂浆找平，然后干铺油毡一层或用热沥青粘贴油毡一层。油毡防潮层具有一定的韧性、延伸性和良好的防潮性能，但降低了上下砖砌体之间的粘结力，且降低了砖砌体的整体性，对抗震不利，故油毡防潮层不宜用于下端按固定端考虑的砖砌体和有抗震要求的建筑中。

9.【答案】C

【解析】填充块与肋和面板相接触的部位带有凹槽，用来与现浇肋或板咬接，使楼板的整体性更好。

10.【答案】B

【解析】平屋顶倒置式保温材料可采用：挤塑聚苯板、泡沫玻璃保温板等。平屋顶正置式保温材料可采用：膨胀聚苯板、挤塑聚苯板、硬泡聚氨酯、石膏玻璃棉板、水泥聚苯板、加气混凝土等。

11.【答案】C

【解析】当柱较高，自重较重，因受吊装设备的限制，为减轻柱重量时一般采用钢-钢筋混凝土组合柱。其组合形式为上柱为钢柱，下柱为钢筋混凝土双肢柱。

12.【答案】C

【解析】路面结构的设计使用年限见答 12 表。

答 12 表　路面结构的设计使用年限

路面等级	路面结构类型（年）		
	沥青路面	水泥混凝土路面	砌块路面
快速路	15	30	—
主干路	15	30	—
次干路	15	20	—
支路	10	20	混凝土预制块路面：10 年 石材路面：20 年

13. **【答案】** D

【解析】 对于耐磨性差的面层，为延长其使用年限，改善行车条件，常在其上面用石砾或石屑等材料铺成 20~30mm 厚的磨耗层。为保证路面的平整度，有时在磨耗层上再用砂土材料铺成厚度不超过 10mm 的保护层。

14. **【答案】** C

【解析】 简支梁桥是梁式桥中应用最早、使用最广泛的桥形之一。它受力明确、设计计算较容易，且构造简单、施工方便。简支梁桥是静定结构，其各跨独立受力。

15. **【答案】** D

【解析】 石盖板涵适用于石料丰富且过水流量较小的小型涵洞。

16. **【答案】** C

【解析】 城市具有几条方向各异或客流量大的街道，可设置多线路网，这几条线路往往在市中心交会，这样，便于乘客自一条线路换乘另一条线路，也有利于线路的延长扩建。

17. **【答案】** A

【解析】 对小城市的贮库布置，起决定作用的是对外运输设备（如车站、码头）的位置；大城市除了要考虑对外交通外，还要考虑市内供应线的长短问题。

18. **【答案】** C

【解析】 本题考查冷拔低碳钢丝。低碳钢热轧圆盘条或热轧光圆钢筋经一次或多次冷拔制成的光圆钢丝，在使用中应符合《冷拔低碳钢丝应用技术规程》JGJ 19 规定。冷拔低碳钢丝宜作为构造钢筋使用，作为结构构件中纵向受力钢筋使用时应采用钢丝焊接网。冷拔低碳钢丝不得作预应力钢筋使用。

19. **【答案】** B

【解析】 A 选项错，地沥青质为深褐色至黑色固态无定形物质（固体粉末），不溶于酒精、正戊烷，但溶于三氯甲烷和二硫化碳，染色力强，对光的敏感性强，感光后就不能溶解。C 选项错，沥青脂胶中绝大部分属于中性树脂。D 选项错，石油沥青中还含有蜡，会降低石油沥青的粘结性和塑性，同时对温度特别敏感（即温度稳定性差）。

20. **【答案】** A

【解析】 只能在空气中硬化，也只能在空气中保持和发展其强度的称气硬性胶凝材料，如石灰、石膏等；既能在空气中，还能更好地在水中硬化、保持和继续发展其强度的称水硬性胶凝材料，如各种水泥。气硬性胶凝材料一般只适用于干燥环境中，而不宜用于潮湿环境，更不可用于水中。

21. **【答案】** D

【解析】 沥青路面的抗滑性能与集料的表面结构（粗糙度）、级配组成、沥青用量等因素有关。

22. **【答案】** C

【解析】 加气混凝土砌块广泛用于一般建筑物墙体，还用于多层建筑物的非承重墙及隔墙，也可用于低层建筑的承重墙。体积密度级别低的砌块还用于屋面保温。

23. **【答案】** A

【解析】 镜面板材主要用于室内外地面、墙面、柱面、台面、台阶等，特别适宜做大型公共建筑大厅的地面。

24. **【答案】** D

【解析】 丁烯管（PB 管）具有较高的强度，韧性好，无毒，易燃，热胀系数大，价格高。主要应用于饮用水、冷热水管。特别适用于薄壁小口径压力管道，如地板辐射采暖系统的盘管。

25. **【答案】** B

【解析】 APP 改性沥青防水卷材广泛适用于各类建筑防水、防潮工程，尤其适用于高温或有强烈太阳辐射地区的建筑物防水。

26. **【答案】** B

【解析】 重力式支护结构是指主要通过加固基坑周边土形成一定厚度的重力式墙，以达到挡土的目的。水泥土搅拌桩（或称深层搅拌桩）支护结构是近年来发展起来的一种重力式支护结构。它是用搅拌机械将水泥、石灰等和地基土相搅拌，形成相互搭接的格栅状结构形式，也可相互搭接成实体结构形式，这种支护墙具有防渗和挡土的双重功能。

27. **【答案】** C

【解析】 根据现场土质条件，应能保持开挖边坡的稳定。边坡坡面上如有局部渗出地下水时，应在渗水处设置过滤层，防止土粒流失，并设置排水沟，将水引出坡面。

28. **【答案】** B

【解析】 强夯法适用于加固碎石土、砂土、低饱和度粉土、黏性土、湿陷性黄土、高填土、杂填土以及“围海造地”地基、工业废渣、垃圾地基等的处理；也可用于防止粉土及粉砂的液化，消除或降低大孔隙土的湿陷性；对于高饱和度淤泥、软黏土、泥炭、沼泽土，如采取一定技术措施也可采用，还可用于水下夯实。强夯不得用于不允许对工程周围建筑物和设备有一定振动影响的地基加固，必需时，应采取防振、隔振措施。

29. **【答案】** C

【解析】 柱锤冲扩桩法是指反复将柱状重锤提到高处使其自由下落冲击成孔，然后分层填料夯实形成扩大桩体，与桩间土组成复合地基的处理方法。该方法施工简便，振动及噪声小。适用于处理杂填土、粉土、黏性土、素填土、黄土等地基，对地下水位以下的饱和松软土层应通过现场试验确定其适用性。地基处理深度不宜超过 6m，复合地基承载力特征值不宜超过 160kPa。

30. 【答案】D

【解析】升板结构及其施工特点：柱网布置灵活，设计结构单一；各层板叠浇制作，节约大量模板；提升设备简单，不用大型机械；高空作业减少，施工较为安全；劳动强度减轻，机械化程度提高；节省施工用地，适宜狭窄场地施工；但用钢量较大，造价偏高。

31. 【答案】D

【解析】脚手架的拆除：①拆除作业必须由上而下逐层进行，严禁上下同时作业。②同层杆件和构配件必须按先外后内的顺序拆除；剪刀撑、斜撑杆等加固杆件必须在拆卸至该部位杆件时再拆除。③连墙件必须随脚手架逐层拆除，严禁先将连墙件整层拆除后再拆脚手架；分段拆除高差不应大于 2 步，如高差大于 2 步，应增设连墙件加固。④拆除的构配件应采用起重设备吊运或人工传递到地面，严禁抛掷。

32. 【答案】C

【解析】卷材防水层完工并经验收合格后应及时做保护层。保护层应符合下列规定：①顶板的细石混凝土保护层与防水层之间宜设置隔离层。细石混凝土保护层厚度：机械回填时不宜小于 70mm，人工回填时不宜小于 50mm。②底板的细石混凝土保护层厚度不应小于 50mm。③侧墙宜采用软质保护材料或铺抹 20mm 厚 1∶2.5 水泥砂浆。

33. 【答案】D

【解析】种植平屋面的基本构造层次包括（从下而上）：基层、绝热层、找（坡）平层、普通防水层、耐根穿刺防水层、保护层、排（蓄）水层、过滤层、种植土层和植被层等。可根据各地区气候特点、屋面形式、植物种类等情况，增减构造层次。

34. 【答案】B

【解析】玻璃四周与构件凹槽应保持一定空隙，每块玻璃下部应设不少于 2 块的弹性定位垫块。垫块宽度与槽宽相同，长度不小于 100mm。

35. 【答案】A

【解析】正铲挖掘机的挖土特点是：前进向上，强制切土。其挖掘力大，生产率高，能开挖停机面以内的Ⅰ~Ⅳ级土，开挖大型基坑时需设下坡道，适宜在土质较好、无地下水的地区工作。

36. 【答案】B

【解析】射水沉桩法的选择应视土质情况而异，在砂夹卵石层或坚硬土层中，一般以射水为主，锤击或振动为辅；在亚黏土或黏土中，为避免降低承载力，一般以锤击或振动为主，射水为辅，并应适当控制射水时间和水量；下沉空心桩，一般用单管内射水。

37. 【答案】A

【解析】涵管需用吊车下管。中小型涵管可采用外壁边线排管，大型涵管须用中心线法排管。

38. 【答案】C

【解析】逆作拱墙式，系在平面上将支护墙体或排桩做成的闭合拱形支护结构。该种结构主要承受压应力，可充分发挥材料特性，结构截面小，底部不用嵌固，可减小埋深，具有受力安全可靠、变形小、外形简单、施工方便快速、质量易保证、费用低等特点。

其适用条件如下：基坑侧壁安全等级宜为二、三级；淤泥和淤泥质土场地不宜采用；基坑平面尺寸近似方形或圆形，施工场地适合拱圈布置；拱墙轴线的矢跨比不宜小于 1/8，坑深不宜大于 12m；地下水位高于基坑底面时，应采取降水或截水措施。

39. **【答案】** C

【解析】 装药与放炮：隧洞开挖时，掏槽孔装药最多，周边孔装药较少，中间塌落孔在二者之间。有的掏槽孔药卷直径大些，连续装药；周边孔药卷直径小些，间隔装药。

40. **【答案】** A

【解析】 独臂钻是另一种形式的掘进机，它是在一个悬管上装设一个可以切削岩土的大钻头，这个大钻头可以上下左右运动。大钻头切削开挖的同时，皮带扒料机将石渣装上后面的斗车，开挖速度很快。该种设备适宜于开挖软岩，不适宜于开挖地下水较多、围岩不太稳定的地层。

41. **【答案】** B

【解析】 项目特征体现的是清单项目质量或特性的要求或标准，工作内容体现的是完成一个合格的清单项目需要具体做的施工作业内容。

42. **【答案】** C

【解析】 梁编号由梁类型代号、序号、跨数及有无悬挑代号组成。梁的类型代号有楼层框架梁（KL）、楼层框架扁梁（KBL）、屋面框架梁（WKL）、框支梁（KZL）、托柱转换梁（TZL）、非框架梁（L）、悬挑梁（XL）、井字梁（JZL），A 为一端悬挑，B 为两端悬挑，悬挑不计跨数。如 KL7（5A）表示 7 号楼层框架梁，5 跨，一端悬挑。

43. **【答案】** A

【解析】 现代建设工程将更加注重分工的专业化、精细化和协作，一是由于建筑单体的体量大、复杂度高，其三维信息量巨大，在自动计算工程量时会消耗巨大的计算机资源，计算效率差；二是智能建筑、节能设施各类专业工程越来越复杂，其技术更新越来越快，可以通过协作来高速完成复杂工程的精细计量，如：可以通过云技术将钢筋计量、装饰工程计量、电气工程计量、智能工程计量、幕墙工程计量等分别放入“云端”，进行多方配合，协作完成，不仅可保证计量质量，提高计算速度，也能减少对本地资源的需求，显著提高计算的效率，降低成本。

44. **【答案】** D

【解析】 建筑物的建筑面积应按自然层外墙结构外围水平面积之和计算。结构层高在 2.20m 及以上的，应计算全面积；结构层高在 2.20m 以下的，应计算 1/2 面积。

45. **【答案】** B

【解析】 建筑物的室内楼梯、电梯井、提物井、管道井、通风排气竖井、烟道，应并入建筑物的自然层计算建筑面积。有顶盖的采光井应按一层计算面积，结构净高在 2.10m 及以上的，应计算全面积，结构净高在 2.10m 以下的，应计算 1/2 面积。

46. **【答案】** B

【解析】 在主体结构内的阳台，应按其结构外围水平面积计算全面积；在主体结构外的阳台，应按其结构底板水平投影面积计算 1/2 面积。A 选项错，阳台在剪力墙包围之内，则属于主体结构内。C 选项错，阳台处剪力墙与框架混合时，分两种情况：①角柱为受力结构，根基落地，则阳台为主体结构内。②角柱仅为造型，无根基，则阳台为主体结构外。D 选项错，对于框架结构，柱梁体系之内为主体结构内，柱梁体系之外为主体结构外。

47. 【答案】C

【解析】对于场馆看台下的建筑空间，结构净高在 2.10m 及以上的部位应计算全面积；结构净高在 1.20m 及以上至 2.10m 以下的部位应计算 1/2 面积；结构净高在 1.20m 以下的部位不应计算建筑面积。

48. 【答案】C

【解析】厚度>±300mm 的竖向布置挖石或山坡凿石应按挖一般石方项目编码列项。

49. 【答案】C

【答案】挖一般土方，按设计图示尺寸以体积“m^3”计算。挖土方平均厚度应按自然地面测量标高至设计地坪标高间的平均厚度确定。项目特征描述：土壤类别、挖土深度、弃土运距。

50. 【答案】D

【解析】参见答 50 表。

答 50 表 土壤分类表

土壤分类	土壤名称	开挖方法
一、二类土	粉土、砂土（粉砂、细砂、中砂、粗砂、砾砂）、粉质黏土、弱中盐渍土、软土（淤泥质土、泥炭、泥炭质土）、软塑红黏土、冲填土	用锹，少许用镐、条锄开挖。机械能全部直接铲挖满载者
三类土	黏土、碎石土（圆砾、角砾）混合土、可塑红黏土、硬塑红黏土、强盐渍土、素填土、压实填土	主要用镐、条锄，少许用锹开挖。机械需部分刨松方能铲挖满载者或可直接铲挖但不能满载者
四类土	碎石土（卵石、碎石、漂石、块石）、坚硬红黏土、超盐渍土、杂填土	全部用镐、条锄挖掘，少许用撬棍挖掘。机械须普遍刨松方能铲挖满载者

51. 【答案】B

【解析】构造柱按全高计算，嵌接墙体部分并入柱身体积。

52. 【答案】C

【解析】现浇构件钢筋、预制构件钢筋、钢筋网片、钢筋笼，按设计图示钢筋（网）长度（面积）乘单位理论质量“t”计算。项目特征描述：钢筋种类、规格。钢筋的工作内容中包括了焊接（或绑扎）连接，不需要计量，在综合单价中考虑，但机械连接需要单独列项计算工程量。

53. 【答案】D

【解析】防护铁丝门、钢质花饰大门，以“樘”计量，按设计图示数量计算；以“m^2”计量，按设计图示门框或扇以面积计算。

54. 【答案】D

【解析】梁保温工程量按设计图示断面保温层中心线展开长度乘保温层长度以面积

计算。

55.【答案】C

【解析】不带肋的预制遮阳板、雨篷板、挑檐板、栏板等，应按平板项目编码列项。预制F形板、双T形板、单肋板和带反挑檐的雨篷板、挑檐板、遮阳板等，应按带肋板项目编码列项。预制大型墙板、大型楼板、大型屋面板等，按中大型板项目编码列项。

56.【答案】D

【解析】按设计图示尺寸以楼梯（含≤500mm的楼梯井）水平投影面积计算；楼梯与楼地面连接时，算至梯口梁内侧边沿。

57.【答案】C

【解析】石材墙面按镶贴表面积计算，墙面装饰抹灰工程量不应扣除踢脚线所占面积；装饰板墙面按设计图示墙净长乘以净高以面积计算，扣除门窗洞口及单个$>0.3m^2$孔洞所占面积。

58.【答案】C

【解析】天棚抹灰按设计图示尺寸以水平投影面积计算，不扣除间壁墙、垛、柱、附墙烟囱、检查口和管道所占的面积，带梁天棚、梁两侧抹灰面积并入天棚面积内，板式楼梯底面抹灰按斜面积计算，锯齿形楼梯底板抹灰按展开面积计算。

59.【答案】C

【解析】扶手油漆在综合单价中考虑，不单独列项计算工程量。抹灰面油漆，按设计图示尺寸以面积计算。线条刷涂料，按设计图示尺寸以长度“m”计算。

60.【答案】A

【解析】铲除油漆面、铲除涂料面、铲除裱糊面以“m^2”计量，按铲除部位的面积计算；以“m”计量，按按铲除部位的延长米计算。

二、多项选择题（共20题，每题2分。每题的备选项中，有2个或2个以上符合题意，至少有1个错项。错选，本题不得分；少选，所选的每个选项得0.5分）

61.【答案】ACDE

【解析】震级与地震烈度既有区别，又相互联系。一般情况下，震级越高、震源越浅，距震中越近，地震烈度就越高。一次地震只有一个震级，但震中周围地区的破坏程度，随距震中距离的加大而逐渐减小，形成多个不同的地震烈度区，它们由大到小依次分布。但因地质条件的差异，可能出现偏大或偏小的烈度异常区。

62.【答案】BC

【解析】A选项错，脆性破裂，经常产生于高地应力地区。D选项错，碎裂结构岩体在张力和振动力作用下容易松动、解脱。E选项错，一般强烈风化、强烈构造破碎或新近堆积的土体，在重力、围岩应力和地下水作用下常产生冒落及塑性变形。

63.【答案】CE

【解析】网架结构体系：网架是由许多杆件按照一定规律组成的网状结构，是高次超静定的空间结构。网架结构可分为平板网架和曲面网架。其中，平板网架采用较多，其优点是空间受力体系，杆件主要承受轴向力，受力合理，节约材料，整体性能好，刚度大，抗震性能好。网架结构体系杆件类型较少，适于工业化生产。

64. 【答案】ABE

【解析】地下室防水做法根据材料的不同常用的有防水混凝土防水、水泥砂浆防水、卷材防水、涂料防水、防水板防水、膨润土防水等。选用何种材料防水，应根据地下室的使用功能、结构形式、环境条件等因素合理确定。一般处于侵蚀介质中的工程应采用耐腐蚀的防水混凝土、防水砂浆或卷材、涂料；结构刚度较差或受振动影响的工程应采用卷材、涂料等柔性防水材料。

65. 【答案】ACE

【解析】B 选项错，矩形柱仅适用于小型厂房。D 选项错，平腹杆双肢柱的外形简单，施工方便，腹杆上的长方孔便于布置管线，但受力性能和刚度不如斜腹杆双肢柱。

66. 【答案】ABD

【解析】桥梁工程常用沉井作为墩台的基础。沉井是一种井筒状结构物，依靠自身重量克服井壁摩擦阻力下沉至设计标高而形成基础。通常用混凝土或钢筋混凝土制成。它既是基础，又是施工时的挡土和挡土围堰结构物。当桥梁结构上部荷载较大，而表层地基土的容许承载力不足，但在一定深度下有好的持力层，扩大基础开挖工作量大，施工围堰支撑有困难，或采用桩基础受水文地质条件限制时，采用沉井基础与其他深基础相比，经济上较为合理。

67. 【答案】ABCD

【解析】对于泵送混凝土应选用硅酸盐水泥、普通硅酸盐水泥、矿渣硅酸盐水泥和粉煤灰硅酸盐水泥，不宜采用火山灰质硅酸盐水泥。道路工程一般应采用强度高、收缩小、耐磨性强、抗冻性好的水泥。

68. 【答案】ABC

【解析】悬浮密实结构：当采用连续密级配矿质混合料与沥青组成的沥青混合料时，矿料由大到小形成连续级配的密实混合料，由于粗集料的数量较少，细集料的数量较多，较大颗粒被小一档颗粒挤开，使粗集料以悬浮状态存在于细集料之间，不能直接互相嵌锁形成骨架，因此该结构具有较大的黏聚力，但内摩擦角较小，高温稳定性较差，如普通沥青混合料（AC）属于此种类型。

69. 【答案】ABCD

【解析】E 选项错，经轧制或冷弯成异形（V 形、U 形、梯形或波形）后，板材的抗弯刚度大大提高，受力合理、自重减轻。

70. 【答案】ACDE

【解析】硬泡聚氨酯防水性能优异，吸水率很低；硬泡聚氨酯燃烧性能等级不低于 B_2 级；硬泡聚氨酯耐化学腐蚀性好；硬泡聚氨酯使用方便，可现场喷涂为任意形状，板材具有良好的可加工性，使用方便。硬泡聚氨酯板材广泛应用于屋面和墙体保温。可代替传统的防水层和保温层，具有一材多用的功效。

71. 【答案】CD

【解析】对高度 24m 及以下的单、双排脚手架，宜采用刚性连墙件与建筑物可靠连接，亦可采用钢筋与顶撑配合使用的附墙连接方式。严禁使用只有钢筋的柔性连墙件。对高度 24m 以上的双排脚手架，必须采用刚性连墙件与建筑物可靠连接。连墙件必须采用可承受拉力和压力的构造。采用拉筋必须配用顶撑，顶撑应可靠地顶在混凝土圈梁、柱等结构部位。拉筋应采用两根以上直径 4mm 的钢丝拧成一股，使用时不应少于两股；亦可采用直径不小于 6mm 的钢筋。

72. 【答案】ABD

【解析】人工挖孔灌注桩采用人工挖土成孔，浇筑混凝土成桩。人工挖孔灌注桩的特点是：①单桩承载力高，结构受力明确，沉降量小；②可直接检查桩直径、垂直度和持力层情况，桩质量可靠；③施工机具设备简单，工艺操作简单，占场地小；④施工无振动、无噪声、无环境污染，对周边建筑无影响。

73. 【答案】DE

【解析】当日平均气温达到 30℃及以上时，应按高温施工要求采取措施。

（1）高温施工宜采用低水泥用量的原则，并可采用粉煤灰取代部分水泥，宜选用水化热较低的水泥。

（2）混凝土坍落度不宜小于 70mm。

（3）混凝土宜采用白色涂装的混凝土搅拌运输车运输，对混凝土输送管应进行遮阳覆盖，并应洒水降温。

（4）混凝土浇筑入模温度不应高于 35℃。

（5）混凝土浇筑宜在早间或晚间进行，且宜连续浇筑。当水分蒸发速率大于 1kg/(m^2·h) 时，应在施工作业面采取挡风、遮阳、喷雾等措施。

（6）混凝土浇筑前，施工作业面宜采取遮阳措施，并应对模板、钢筋和施工机具采用洒水等降温措施，但浇筑时模板内不得有积水。

（7）混凝土浇筑完成后，应及时进行保湿养护，侧模拆除前宜采用带模湿润养护。

74. 【答案】ABDE

【解析】移动模架逐孔施工特点：①移动模架法不需设置地面支架，不影响通航和桥下交通，施工安全、可靠；②有良好的施工环境，保证施工质量，一套模架可多次周转使用，具有在预制场生产的优点；③机械化、自动化程度高，节省劳力，降低劳动强度，上下部结构可以平行作业，缩短工期；④通常每一施工梁段的长度取用一孔梁长，接头位置一般可选在桥梁受力较小的部位；⑤移动模架设备投资大，施工准备和操作都较复杂；⑥移动模架逐孔施工宜在桥梁跨径小于 50m 的多跨长桥上使用。

75. 【答案】ABCD

【解析】冻结排桩法适用于大体积深基础开挖施工、含水量高的地基基础和软土地基基础施工以及地下水丰富的地基基础施工。

76. 【答案】ACDE

【解析】建筑面积的作用具体包括以下几个方面：确定建设规模的重要指标；确定各项技术经济指标的重要基础；进行有关分项工程量计算的依据；评价设计方案的依据；选择概算指标和编制设计概算的基础依据。

77. 【答案】DE

【解析】A 选项错，设在建筑物顶部的，有围护结构的楼梯间、水箱间、电梯机房等，结构层高在 2.20m 及以上的应计算全面积。结构层高在 2.20m 以下的，应计算 1/2

面积。B 选项错，设在建筑物顶部的，有围护结构的楼梯间、水箱间、电梯机房等，结构层高在 2.20m 及以上的应计算全面积；结构层高在 2.20m 以下的，应计算 1/2 面积。C 选项错，室外台阶、地下人防通道不计算建筑面积。

78. 【答案】ABCD

【解析】桩间挖土不扣除桩的体积，并在项目特征中加以描述。

79. 【答案】ABD

【解析】C 选项错，屋面（廊、阳台）泄（吐）水管，按设计图示数量“根（个）”计算。E 选项错，屋面天沟、檐沟，按设计图示尺寸以展开面积“m^2”计算。

80. 【答案】ABDE

C 选项错，原槽浇灌的混凝土基础、垫层不计算模板工程量。

专家权威详解

模拟题九答案与解析

一、单项选择题（共60题，每题1分，每题的备选项中，只有一个最符合题意）

1. **【答案】**A

【解析】深成岩常形成岩基等大型侵入体，岩性一般较单一，以中、粗粒结构为主，致密坚硬，孔隙率小，透水性弱，抗水性强，故其常被选为理想的建筑基础，如正长岩、闪长岩、辉长岩。

2. **【答案】**C

【解析】承压水也称为自流水，是地表以下充满两个稳定隔水层之间的重力水。承压水含水层上部的隔水层称为隔水顶板，下部的隔水层称为隔水底板。顶底板之间的距离为含水层厚度。

3. **【答案】**D

【解析】支撑是在地下工程开挖过程中用以稳定围岩的临时性措施。按照选用材料的不同，有木支撑、钢支撑及混凝土支撑等。在不太稳定的岩体中开挖，需及时支撑以防止围岩早期松动。衬砌是加固围岩的永久性结构，其作用主要是承受围岩压力及内水压力，有混凝土及钢筋混凝土衬砌，也可以用浆砌条石衬砌。

4. **【答案】**B

【解析】对不满足承载力的软弱土层，如淤泥及淤泥质土，浅层的挖除，深层的可以采用振冲等方法用砂、砂砾、碎石或块石等置换。

5. **【答案】**B

【解析】向斜核部往往是承压水储存的场所，地下工程开挖时地下水会突然涌入洞室。

6. **【答案】**A

【解析】工程选址的正确与否决定了工程建设的技术经济效果乃至工程建设的成败，是工程建设在工程技术方面最重要的决策。

7. **【答案】**B

【解析】桁架是由杆件组成的结构体系。在进行内力分析时，节点一般假定为铰节点。屋架的弦杆外形和腹杆布置对屋架内力变化规律起决定性作用。同样高跨比的屋架，当上下弦成三角形时，弦杆内力最大；当上弦节点在拱形线上时，弦杆内力最小。屋架的高跨比一般为1/8~1/6较为合理。一般屋架为平面结构，平面外刚度非常弱。在制作运输安装过程中，大跨屋架必须进行吊装验算。

8. **【答案】**D

【解析】梁板式肋形楼板由主梁、次梁（肋）、板组成。它具有传力线路明确、受力合理的特点。当房屋的开间、进深较大，楼面承受的弯矩较大时，常采用这种楼板。

9. 【答案】B

【解析】建筑遮阳是防止太阳直射光线进入室内从而导致夏季室内过热及避免产生眩光而采取的一种建筑措施。遮阳的效果用遮阳系数来衡量，建筑遮阳设计是建筑节能设计的一项重要内容。在建筑设计中，建筑物的挑檐、外廊、阳台都有一定的遮阳作用。在建筑外表面设置的遮阳板不仅可以遮挡太阳辐射，还可以起到挡雨和美观的作用。设置在建筑物外表面，长久性使用的遮阳板称为构件遮阳。窗户遮阳板根据其外形可分为水平遮阳、垂直遮阳、综合遮阳和挡板遮阳四种基本形式（答 9 图）。采用哪种形式遮阳，应根据建筑物窗口的朝向合理选择。

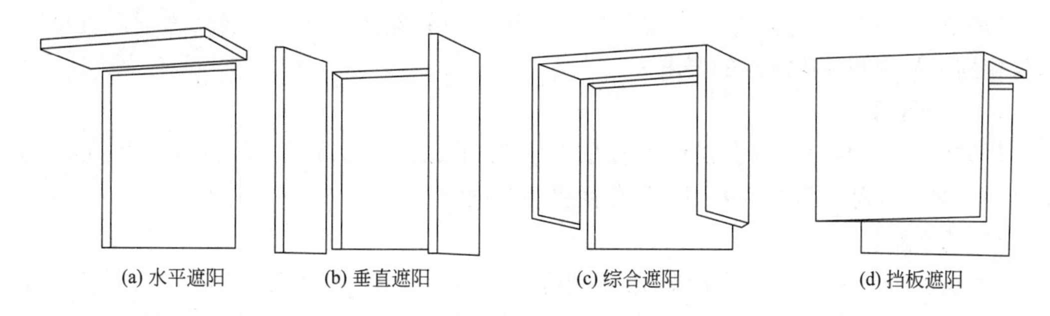

答 9 图　遮阳类型

（1）水平遮阳。水平遮阳是位于窗口上方水平状的遮阳板，它能够遮挡太阳高度角较大时从窗口上方照射下来的阳光，故水平遮阳板适合于南向及南向附近的窗口。北回归线以南低纬度地区的北向窗口也可用这种遮阳板。

（2）垂直遮阳。垂直遮阳是位于窗口两侧呈垂直状设置的遮阳板。这种遮阳板能够遮挡太阳高度角较小时从窗口两侧斜射下来的阳光，对太阳高度角较大时从窗口上方照射下来的阳光或接近日出日落时正射窗口的阳光，垂直遮阳不起遮挡作用。所以，垂直遮阳主要适用于东北、北和西北附近的窗口。

（3）综合遮阳。水平遮阳和垂直遮阳的结合就是综合遮阳。综合遮阳能够遮挡从窗口正上方和两侧斜射之阳光，主要用于南、东南及西南附近的窗口。

（4）挡板遮阳。挡板遮阳板是在窗口正前方一定距离处垂直悬挂一块挡板而形成的。由于挡板封堵于窗口前方，能够遮挡太阳高度角较小时正射窗口的阳光，主要适用于东、西向以及附近朝向的窗口，该种形式的遮阳的不足之处是容易挡住室内人的视线，对眺望和通风影响大，使用时应慎重。

上述四种形式是遮阳板的基本形式，在建筑工程中，可根据建筑物的窗口大小和立面造型的要求，把遮阳设计成更复杂、更具装饰效果的形式。

10. 【答案】B

【解析】平屋顶倒置式保温材料可采用挤塑聚苯板、泡沫玻璃保温板等。平屋顶正置式保温材料可采用膨胀聚苯板、挤塑聚苯板、硬泡聚氨酯、石膏玻璃棉板、水泥聚苯板、加气混凝土等。

11. 【答案】A

【解析】梯梁通常设两根，分别布置在踏步板的两端。梯梁与踏步板在竖向的相对位置有两种：一种为明步，即梯梁在踏步板之下，踏步外露；另一种为暗步，即梯梁在踏步板之上，形成反梁，踏步包在里面。梯梁也可以只设一根，通常有两种形式：一种是踏步板的一端设梯梁，另一端搁置在墙上；另一种是用单梁悬挑踏步板。当荷载或梯段跨度较大时，采用梁式楼梯比较经济。

12. **【答案】** B

【解析】 主干路以交通功能为主，为连接城市各主要分区的干路，是城市道路网的主要骨架。

13. **【答案】** C

【解析】 在路基土质较差、水温状况不好时，宜在基层（或底基层）之下设置垫层。垫层应满足强度和水稳定性的要求。

14. **【答案】** C

【解析】 索塔横截面根据设计要求可采用实心截面，当截面尺寸较大时采用工形或箱形截面，对于大跨度斜拉桥采用箱形截面更为合理。

15. **【答案】** C

【解析】 洞底应有适当的纵坡，其最小值为0.4%，一般不宜大于5%，特别是圆管涵的纵坡不宜过大，以免管壁受急流冲刷。当洞底纵坡大于5%时，其基础底部每隔3~5m设防滑横墙，或将基础做成阶梯形；当洞底纵坡大于10%时，涵洞洞身及基础应分段做成阶梯形，而且前后两段涵洞盖板或拱圈的搭接高度不得小于其厚度的1/4。

16. **【答案】** C

【解析】 中层地下工程是指-30~-10m深度空间内建设的地下工程，主要用于地下交通、地下污水处理厂及城市水、电、气、通信等公用设施。

17. **【答案】** B

【解析】 大库区以及批发和燃料总库，必须要考虑铁路运输。贮库不应直接沿铁路干线两侧布置，尤其是地下部分，最好布置在生活居住区的边缘地带，同铁路干线有一定的距离。

18. **【答案】** A

【解析】 热轧光圆钢筋由碳素结构钢或低合金结构钢经热轧而成，其强度较低，但具有塑性好、伸长率高、便于弯折成形、容易焊接等特点，可用于中小型混凝土结构的受力钢筋或箍筋，以及作为冷加工（冷拉、冷拔、冷轧）的原料。热轧带肋钢筋采用低合金钢热轧而成，具有较高的强度，塑性和可焊性较好。钢筋表面有纵肋和横肋，从而加强了钢筋与混凝土中间的握裹力，可用于混凝土结构受力筋以及预应力钢筋。

19. **【答案】** A

20. **【答案】** A

【解析】 砂的粗细程度是指不同粒径的砂混合在一起时的平均粗细程度。在砂用量相同的情况下，若砂子过粗，则拌制的混凝土黏聚性较差，容易产生离析、泌水现象；若砂子过细，砂子的总表面积增大，虽然拌制的混凝土黏聚性较好，不易产生离析、泌水现象，但水泥用量增大。所以，用于拌制混凝土的砂，不宜过粗，也不宜过细。

21. **【答案】** C

【解析】改善混凝土拌合物流变性能的外加剂，包括各种减水剂、引气剂和泵送剂等。

22.【答案】D

【解析】与普通混凝土小型空心砌块相比，轻骨料混凝土小型空心砌块密度较小、热工性能较好，但干缩值较大，使用时更容易产生裂缝。

23.【答案】C

【解析】真空玻璃具有光学性能良好、保温隔热、降低能耗、防结露、隔声性能好等优点。以6mm厚玻璃为原片，玻璃间隔（即空气层厚度）为9mm的普通中空玻璃，大体相当于100mm厚普通混凝土的保温效果。真空玻璃将两片平板玻璃四周密闭起来，将其间隙抽成真空并密封排气孔，两片玻璃之间的间隙仅为0.1~0.2mm，而且两片玻璃中一般至少有一片是低辐射玻璃。

24.【答案】B

【解析】彩色涂层钢板还可作为排气管道、通风管道和其他类似的有耐腐蚀要求的构件及设备，也常用作家用电器的外壳。

25.【答案】A

【解析】防火包又称耐火包或阻火包，是采用特选的纤维织物作包袋，装填膨胀性防火隔热材料制成的枕状物体，因此又称防火枕。使用时通过垒砌、填塞等方法封堵孔洞。适用于较大孔洞的防火封堵或电缆桥架防火分隔，施工操作和更换较为方便，因此尤其适合需经常更换或增减电缆、管道的场合。

26.【答案】A

【解析】根据基坑开挖的深度及挡墙系统的截面性能可设置一道或多道支点。基坑较浅，挡墙具有一定刚度时，可采用悬臂式挡墙而不设支撑点。支撑或拉锚与挡墙系统通过围檩、冠梁等连接成整体。

27.【答案】D

【解析】对于挖、填相邻，地形起伏较大，且工作地段较长的情况，可采用8字形路线。

28.【答案】D

【解析】抓铲挖掘机的挖土特点是：直上直下，自重切土。其挖掘力较小，只能开挖Ⅰ~Ⅱ级土，可以挖掘独立基坑、沉井，特别适于水下挖土。

29.【答案】B

【解析】人工挖孔灌注桩是采用人工挖土成孔，浇筑混凝土成桩。人工挖孔灌注桩的特点：①单桩承载力高，结构受力明确，沉降量小；②可直接检查桩直径、垂直度和持力层情况，桩质量可靠；③施工机具设备简单，工艺操作简单，占场地小；④施工无振动、无噪声、无环境污染，对周边建筑无影响。

30.【答案】A

【解析】B选项错，喷射混凝土的骨料最大粒径不应大于15mm。作业应分段分片依次进行，同一分段内应自下而上，一次喷射厚度不宜大于120mm。C选项错，土钉与加强钢筋宜采用焊接连接。D选项错，预应力锚杆复合土钉墙宜采用钢绞线锚杆。

31.【答案】C

【解析】后浇混凝土施工时，预制构件结合面疏松部分的混凝土应剔除并清理干净；模板应保证后浇混凝土部分形状、尺寸和位置准确，并应防止漏浆；在浇筑混凝土前应洒水润湿结合面，混凝土应振捣密实；浇筑用材料的强度等级应符合设计要求，设计无要求时，浇筑用材料的强度等级不应低于连接处构件混凝土强度设计等级的较大值；同一配合比的混凝土，每工作班且建筑面积不超过 $1000m^2$ 应制作 1 组标准养护试件，同一楼层应制作不少于 3 组标准养护试件。构件连接部位后浇混凝土及灌浆料的强度达到设计要求后，方可拆除临时固定措施。

32.【答案】B

【解析】涂膜防水层的施工应按“先高后低，先远后近”的原则进行。

33.【答案】C

【解析】聚苯板薄抹灰外墙外保温系统是以阻燃型聚苯乙烯泡沫塑料板为保温材料，用聚苯板胶粘剂（必要时加设机械锚固件）安装于外墙外表面，用耐碱玻璃纤维网格布或者镀锌钢丝网增强的聚合物砂浆作防护层，用涂料、饰面砂浆或饰面砖等进行表面装饰，具有保温功能和装饰效果的构造总称。聚苯乙烯泡沫塑料板包括模塑聚苯板（EPS板）和挤塑聚苯板（XPS 板）。采取防火构造措施后，聚苯板薄抹灰外墙外保温系统适用于各类气候区域的，按设计需要保温、隔热的新建、扩建、改建的，高度在 100m 以下的住宅建筑和 24m 以下的非幕墙建筑。为了保证聚苯板与外墙基层粘结牢固，高度在 20m 以上的建筑物，宜使用锚栓辅助固定。基层墙体可以是混凝土或砌体结构。

胶粉聚苯颗粒复合型外墙外保温系统可适用于建筑高度在 100m 以下的住宅建筑和 50m 以下的非幕墙建筑，基层墙体可以是混凝土或砌体结构。而单一胶粉聚苯颗粒外墙外保温系统不适用于严寒和寒冷地区。

聚苯板现浇混凝土外墙外保温系统，聚苯板与混凝土墙体连接成一体，在聚苯板表面薄抹抹面抗裂砂浆，同时铺设玻纤网格布，再做涂料饰面层。

34.【答案】C

【解析】桩的制作、起吊、运输和堆放：

（1）桩的制作。长度在 10m 以下的短桩，一般多在工厂预制，较长的桩，因不便于运输，通常就在打桩现场附近露天预制。

制作预制桩有并列法、间隔法、重叠法、翻模法等。现场预制桩多用重叠法预制，重叠层数不宜超过 4 层，层与层之间应涂刷隔离剂，上层桩或邻近桩的灌注，应在下层桩或邻近桩混凝土达到设计强度等级的 30%以后方可进行。

（2）起吊和运输。钢筋混凝土预制桩应在混凝土达到设计强度的 70%方可起吊；达到 100%方可运输和打桩。如提前吊运，应采取措施并经验算合格后方可进行。桩在起吊和搬运时，吊点应符合设计要求，满足吊桩弯矩最小的原则。

（3）堆放。桩堆放时，地面必须平整、坚实，不得产生不均匀沉陷。桩堆放时应设置垫木，垫木的位置与吊点位置相同，各层垫木应上下对齐，堆放层数不宜超过 4 层。不同规格的桩应分别堆放。

沉桩。沉桩的施工方法为将各种预先制作好的桩（主要是钢筋混凝土或预应力混凝土实心桩或管桩）以不同的沉入方式沉至地基内达到所需要的深度。

沉桩的方式主要有锤击沉桩（打入桩）、静力压桩（压入桩）、射水沉桩（旋入桩）和振动沉桩（振入桩）。

锤击沉桩。锤击沉桩是利用桩锤下落时的瞬时冲击机械能，克服土体对桩的阻力，使其静力平衡状态遭到破坏，导致桩体下沉，达到新的静压平衡状态，如此反复地锤击桩头，桩身也就不断地下沉。锤击沉桩是预制桩最常用的沉桩方法。

（1）适用范围。锤击沉桩法适用于桩径较小（一般桩径 0.6m 以下），地基土土质为可塑性黏土、砂性土、粉土、细砂以及松散的碎卵石类土的情况，此方法施工速度快，机械化程度高，适用范围广，现场文明程度高，但施工时有挤土、噪声和振动等公害，对城市中心和夜间施工有所限制。

（2）锤击法施工。打桩机具的选择：打桩机具主要包括桩锤、桩架和动力装置三部分。桩锤是对桩施加冲击力，将桩打入土中的主要机具；桩架是将桩吊到打桩位置，并在打桩过程中引导桩的方向，保证桩锤能沿要求的方向冲击打桩设备；动力装置包括驱动桩锤及卷扬机用的动力设备。在选择打桩机具时，应根据地基土壤的性质、工程的大小、桩的种类、施工期限、动力供应条件和现场情况确定。

桩锤应先根据施工条件确定其类型，然后再决定锤重。要求锤重应有足够的冲击能，锤重应大于等于桩重。实践证明，当锤重大于桩重的 1.5~2.0 倍时，能取得良好的效果，但桩锤亦不能过重，过重易将桩打坏；当桩重大于 2t 时，可采用比桩轻的桩锤，但亦不能小于桩重的 75%。这是因为在施工中，宜采用“重锤低击”，即锤的重量大而落距小，这样，桩锤不易产生回跃，不致损坏桩头，且桩易打入土中，效率高；反之，若“轻锤高击”，则桩锤易产生回跃，易损坏桩头，桩难以打入土中。

35. **【答案】** A

【解析】 土质路堑横向挖掘可采用人工作业，也可采用机械作业，具体方法有单层横向全宽挖掘法和多层横向全宽挖掘法。单层横向全宽挖掘法适用于挖掘浅且短的路堑。多层横向全宽挖掘法适用于挖掘深且短的路堑。

36. **【答案】** A

【解析】 砂垫层施工简便，不需特殊机具设备，占地较少。但需放慢填筑速度，严格控制加荷速率，使地基有充分时间进行排水固结。因此，适用于施工期限不紧迫、材料来源充足、运距不远的施工环境。

37. **【答案】** C

【解析】 顶推法施工的特点：①顶推法可以使用简单的设备建造长大桥梁，施工费用低，施工平稳无噪声，可在水深、山谷和高桥墩上采用，也可在曲率相同的弯桥和坡桥上使用。②主梁分段预制，连续作业，结构整体性好；由于不需要大型起重设备，所以施工节段的长度一般可取用 10~20m。③桥梁节段固定在一个场地预制，便于施工管理，改善施工条件，避免高空作业。同时，模板、设备可多次周转使用，在正常情况下，节段的预制周期为 7~10d。④顶推施工时，用钢量较高。⑤顶推法宜在等截面梁上使用，当桥梁跨度过大时，选用等截面梁会造成材料用量的不经济，也增加施工难度，因此以中等跨径的桥梁为宜，桥梁的总长也以 500~600m 为宜。⑥移动模架逐孔施工法。逐孔施工是中等跨径预应力混凝土连续梁的一种施工方法，它使用一套设备从桥梁的一端逐孔施工，直到对岸。

38. 【答案】B

【解析】转体施工适合于单跨和三跨桥梁，可在深水、峡谷中建桥采用，同时也适用于平原区以及城市跨线桥。

39. 【答案】C

【解析】天井钻机是专门用来开挖竖井或斜井的大型钻具。

40. 【答案】D

【解析】胀壳式内锚头预应力锚索，除钢绞线预应力锚索外，主要由机械胀壳式内锚头、锚杆外锚头以及灌注的粘结材料等组成，锚杆常用于中等以上的围岩中，可在较小的施工现场作业，常用于高边坡、大坝以及大跨度地下隧道洞室的抢修加固及支护。

41. 【答案】D

【解析】A 选项错，工程量是承包方生产经营管理的重要依据。B 选项错，工程量是发包方管理工程建设的重要依据。C 选项错，项目编码是指分部分项工程和措施项目清单名称的阿拉伯数字标识。工程量清单项目编码采用十二位阿拉伯数字表示，一至九位应按计量规范附录规定设置，十至十二位应根据拟建工程的工程量清单项目名称设置，同一招标工程的项目编码不得有重码。

42. 【答案】D

【解析】本题考查独立基础的平法标注。如 DJ_J01 表示序号 01 的普通阶形截面独立基础。

400/300 表示基础的竖向尺寸为 $h_1=400\text{mm}$、$h_2=300\text{mm}$，基础底板厚度或基础高度为：$h_j=400+300=700$（mm）。

43. 【答案】B

【解析】剪力墙不是一个独立的构件，而是由墙身、墙梁和墙柱共同组成的。剪力墙构件的平面表达方式有列表注写和截面注写两种。

44. 【答案】D

【解析】建筑面积还可以分为有效面积、辅助面积和结构面积。

45. 【答案】C

【解析】建筑物间的架空走廊，有顶盖和围护结构的，应按其围护结构外围水平面积计算全面积；无围护结构、有围护设施的，应按其结构底板水平投影面积计算 1/2 面积。

46. 【答案】B

【解析】地下室、半地下室应按其结构外围水平面积计算。结构层高在 2. 20m 及以上的，应计算全面积；结构层高在 2. 20m 以下的，应计算 1/2 面积。

47. 【答案】A

【解析】建筑物的室内楼梯、电梯井、提物井、管道井、通风排气竖井、烟道，应并入建筑物的自然层计算建筑面积，应计算 1/2 面积；结构净高在 2. 10m 及以上的，应计算全面积，结构净高在 2. 10m 以下的，应计算 1/2 面积。

室内楼梯包括形成井道的楼梯（即室内楼梯间）和没有形成井道的楼梯（即室内楼

梯)，即没有形成井道的室内楼梯也应该计算建筑面积。如，建筑物大堂内的楼梯、跃层(或复式)住宅的室内楼梯等应计算建筑面积。建筑物的楼梯间层数按建筑物的自然层数计算。有顶盖的采光井包括建筑物中的采光井和地下室采光井。教材中图5.2.29为地下室采光井，按一层计算面积。

48.【答案】A

【解析】石方工程包括挖一般石方、挖沟槽石方、挖基坑石方、挖管沟石方。挖一般石方、挖沟槽石方等项目工程量计算规则：

(1) 挖一般石方，按设计图示尺寸以体积“m^3”计算。

(2) 挖沟槽(基坑)石方，按设计图示尺寸沟槽(基坑)底面积乘以挖石深度以体积“m^3”计算。

(3) 挖管沟石方以“m”计量，按设计图示以管道中心线长度计算；以“m^3”计量，按设计图示截面积乘以长度以体积“m^3”计算。有管沟设计时，平均深度以沟垫层底面标高至交付施工场地标高计算；无管沟设计时，直埋管深度应按管底外表面标高至交付施工场地标高的平均高度计算。管沟石方项目适用于管道(给水排水、工业、电力、通信)、光(电)缆沟[包括：人(手)孔、接口坑]及连接井(检查井)等。

49.【答案】D

【解析】打桩工程量计算规则：

(1) 预制钢筋混凝土方桩、预制钢筋混凝土管桩，以“m”计量，按设计图示尺寸以桩长(包括桩尖)计算；以“m^3”计量，按设计图示截面积乘以桩长(包括桩尖)以实体积计算；以“根”计量，按设计图示数量计算；

(2) 钢管桩以“t”计量，按设计图示尺寸以质量计算；以“根”计量，按设计图示数量计算；

(3) 截(凿)桩头，以“m^3”计量，按设计桩截面乘以桩头长度以体积计算；以“根”计量，按设计图示数量计算。截(凿)桩头项目适用于“地基处理与边坡支护工程、桩基础工程”所列桩的桩头截(凿)。

50.【答案】C

【解析】深层搅拌桩、粉喷桩、柱锤冲扩桩、高压喷射注浆桩，按设计图示尺寸以桩长“m”计算。水泥粉煤灰碎石桩、夯实水泥土桩、石灰桩、灰土(土)挤密桩，按设计图示尺寸以桩长(包括桩尖)“m”计算。铺设土工合成材料，按设计图示尺寸以面积“m^2”计算。

51.【答案】A

【解析】泥浆护壁成孔灌注桩、沉管灌注桩、干作业成孔灌注桩，以“m”计量，按设计图示尺寸以桩长(包括桩尖)计算；以“m^3”计量，按不同截面在桩上范围内以体积计算；以根计量，按设计图示数量计算。

52.【答案】C

【解析】①梁长的确定：梁与柱连接时，梁长算至柱侧面；主梁与次梁连接时，次梁长算至主梁侧面。②圈梁与过梁相连时，应分别列项。当梁与混凝土墙连接时，梁的长度应计算到混凝土墙的侧面。③基础梁系指位于地基或垫层上，连接独立基础、条形基础或桩承台的梁。

53.【答案】D

【解析】金属结构工程的工程量计算规则中的单位多为“t”，但压型钢板楼板、墙板及金属网均以面积计算。其中，压型钢板墙板面积按设计图示尺寸以铺挂面积计算。

54.【答案】A

【解析】钢托架、钢桁架、钢架桥，按设计图示尺寸以质量“t”计算。不扣除孔眼的质量，焊条、铆钉、螺栓等不另增加质量。

55.【答案】A

【解析】现浇挑檐、天沟板、雨篷、阳台与板（包括屋面板、楼板）连接时，以外墙外边线为分界线；与圈梁（包括其他梁）连接时，以梁外边线为分界线。外边线以外为挑檐、天沟、雨篷或阳台。

56.【答案】D

【解析】本题考查的是保温、隔热、防腐工程。保温柱，按设计图示尺寸以保温层中心线展开长度乘以保温层高度以面积计算。

57.【答案】B

【解析】木质门、木质门带套、木质连窗门、木质防火门，以“樘”计量，按设计图示数量计算；以“m^2”计量，按设计图示洞口尺寸以面积计算。项目特征描述：门代号及洞口尺寸；镶嵌玻璃品种、厚度。以“樘”计量，项目特征必须描述洞口尺寸，没有洞口尺寸必须描述窗框外围尺寸；以“m^2”计量，项目特征可不描述洞口尺寸及框的外围尺寸。以“m^2”计量，无设计图示洞口尺寸，按窗框外围以面积计算。金属橱窗、飘（凸）窗以“樘”计量，项目特征必须描述框外围展开面积。

58.【答案】D

【解析】压型钢板楼板，按设计图示尺寸以铺设水平投影面积“m^2”计算。不扣除单个面积$\leq 0.3m^2$柱、垛及孔洞所占面积。

59.【答案】A

【解析】木窗帘盒，饰面夹板、塑料窗帘盒，铝合金属窗帘盒，窗帘轨，按设计图示尺寸以长度计算。

60.【答案】B

【解析】①拆除木构件应按木梁、木柱、木楼梯、木屋架、承重木楼板等分别在构件名称中描述；②以“m^3”作为计量单位时，可不描述构件的规格尺寸；以“m^2”作为计量单位时，则应描述构件的厚度；以“m”作为计量单位时，则必须描述构件的规格尺寸；③项目特征描述中构件表面的附着物种类指抹灰层、块料层、龙骨及装饰面层等。

二、多项选择题（共 20 题，每题 2 分。每题的备选项中，有 2 个或 2 个以上符合题意，至少有 1 个错项。错选，本题不得分；少选，所选的每个选项得 0.5 分）

61.【答案】BD

【解析】岩石受力作用会产生变形，在弹性变形范围内用弹性模量和泊松比两个指标表示。弹性模量是应力与应变之比，以“帕斯卡”为单位，用符号 Pa 表示。相同受力条件下，岩石的弹性模量越大，变形越小。即弹性模量越大，岩石抵抗变形的能力越高。

泊松比是横向应变与纵向应变的比。泊松比越大，表示岩石受力作用后的横向变形越大。

岩石并不是理想的弹性体，岩石变形特性的物理量也不是一个常数。通常所提供的弹性模量和泊松比，只是在一定条件下的平均值。

62. **【答案】** AB

【解析】 对塌陷或浅埋溶（土）洞宜采用挖填夯实法、跨越法、充填法、垫层法进行处理；对深埋溶（土）洞宜采用注浆法、桩基法、充填法进行处理。对落水洞及浅埋的溶沟（槽）、溶蚀（裂隙、漏斗）等，宜采用跨越法、充填法进行处理。

63. **【答案】** BCD

【解析】 木结构是由木材或主要由木材承受荷载的结构，通过各种金属连接件或榫卯进行连接和固定。传统木结构主要由天然材料组成，受材料本身条件的限制，多用在民用和中小型工业厂房的屋盖中。现代木结构具有绿色环保、节能保温、建造周期短、抗震耐久等诸多优点，是我国装配式建筑发展的方向之一。所谓现代木结构建筑是指建筑的主要结构部分由木方、集成材、木质板材所构成的结构系统。主要结构构件采用工程木材（经过现代工业手段和先进技术，加工成适合于建筑用的梁、柱等部品部件），构件采用金属连接件连接。从结构形式上一般分为重型梁柱木结构和轻型桁架木结构。

64. **【答案】** ABC

【解析】 密肋填充块楼板的密肋小，梁有现浇和预制两种。现浇密肋填充块楼板以陶土空心砖、矿渣混凝土空心块等作为肋间填充块，然后现浇密肋和面板。填充块与肋和面板相接触的部位带有凹槽，用来与现浇肋或板咬接，使楼板的整体性更好。密肋填充块楼板底面平整，隔声效果好，能充分利用不同材料的性能，节约模板且整体性好。

65. **【答案】** BD

【解析】 在相同条件下，采用钢筋混凝土基础比混凝土基础可节省大量的混凝土材料和挖土工程量。

66. **【答案】** ADE

【解析】 悬索桥又称吊桥，是最简单的一种索结构。其特点是桥梁的主要承载结构由桥塔和悬挂在塔上的高强度柔性缆索及吊索、加劲梁和锚碇结构组成。现代悬索桥一般由桥塔、主缆索、锚碇、吊索、加劲梁及索鞍等主要部分组成。

（1）桥塔。桥塔是悬索桥最重要的构件。桥塔的高度主要由桥面标高和主缆索的垂跨比 f/L 确定，通常垂跨比 f/L 为 1/12～1/9。大跨度悬索桥的桥塔主要采用钢结构和钢筋混凝土结构。其结构形式可分为桁架式、刚架式和混合式三种。刚架式桥塔通常采用箱形截面。

（2）锚碇。锚碇是主缆索的锚固构造。主缆索中的拉力通过锚碇传至基础。通常采用的锚碇有两种形式：重力式和隧洞式。

（3）主缆索。主缆索是悬索桥的主要承重构件，可采用钢丝绳钢缆或平行丝束钢缆，大跨度吊桥的主缆索多采用后者。

（4）吊索。吊索也称吊杆，是将加劲梁等恒载和桥面活载传递到主缆索的主要构件。吊索可布置成垂直形式的直吊索或倾斜形式的斜吊索，其上端通过索夹与主缆索相连，下端与加劲梁连接。吊索与主缆索连接有两种方式：鞍挂式和销接式。吊索与加劲梁连接也有两种方式：锚固式和销接固定式。

（5）加劲梁。加劲梁是承受风载和其他横向水平力的主要构件。大跨度悬索桥的加劲梁均为钢结构，通常采用桁架梁和箱形梁。预应力混凝土加劲梁仅适用于跨径500m以下的悬索桥，大多采用箱形梁。

（6）索鞍。索鞍是支撑主缆索的重要构件。索鞍可分为塔顶索鞍和锚固索鞍。塔顶索鞍设置在桥塔顶部，将主缆索荷载传至塔上；锚固索鞍（亦称散索鞍），设置在锚碇的支架处，把主缆索的钢丝绳束在水平及竖直方向分散开来，并将其引入各自的锚固位置。

（7）组合式桥。组合式桥是由几个不同的基本类型结构所组成的桥。各种各样的组合式桥根据其所组合的基本类型不同，其受力特点也不同，往往是所组合的基本类型结构的受力特点的综合表现。常见的这类桥型有梁与拱组合式桥，如系杆拱、桁架拱及多跨拱梁结构等；悬索结构与梁式结构的组合式桥，如斜拉桥等。

67. **【答案】** BE

【解析】 预应力筋张拉后，应随即进行孔道灌浆，孔道内水泥浆应饱满、密实，以防预应力筋锈蚀，同时增加结构的抗裂性和耐久性。当工程所处环境温度高于35℃或连续5d环境日平均温度低于5℃时，不宜进行灌浆施工。灌浆施工应符合下列规定：

① 宜先灌注下层孔道，后灌注上层孔道；

② 灌浆应连续进行，直至排气管排除的浆体稠度与注浆孔处相同且没有气泡后，再顺浆体流动方向将排气孔依次封闭；全部封闭后，宜继续加压0.5～0.7MPa，并稳压1～2min后封闭灌浆口；

③ 当泌水较大时，宜进行二次灌浆或泌水孔重力补浆。

因故停止灌浆时，应用压力水将孔道内已注入的水泥浆冲洗干净。

68. **【答案】** BCDE

【解析】 钢管混凝土结构用钢材的选用应符合现行国家标准《钢结构设计规范》GB 50017的有关规定。承重结构的圆钢管可采用焊接圆钢管、热轧无缝钢管，不宜选用输送流体用的螺旋焊管。矩形钢管可采用焊接钢管，也可采用冷成型矩形钢管。当采用冷成型矩形钢管时，应符合现行行业标准《建筑结构用冷弯矩形钢管》JG/T 178中Ⅰ级产品的规定。直接承受动荷载或低温环境下的外露结构，不宜采用冷弯矩形钢管。多边形钢管可采用焊接钢管，也可采用冷成型多边形钢管。

69. **【答案】** BCDE

【解析】 掺合料是指为改善砂浆和易性而加入的无机材料，如石灰膏、电石膏、黏土膏、粉煤灰、沸石粉等。掺合料对砂浆强度无直接影响。消石灰粉不能直接用于砌筑砂浆。

70. **【答案】** BD

【解析】 聚氨酯泡沫塑料按所用材料的不同分为聚醚型和聚酯型两种，又有软质和硬质之分。按照成型方法又分为喷涂型硬泡聚氨酯和硬泡聚氨酯板材。喷涂型硬泡聚氨酯按其用途分为Ⅰ型、Ⅱ型、Ⅲ型三个类型，分别适用于屋面和外墙保温层、屋面复合保温防水层、屋面保温防水层。

硬泡聚氨酯防水性能优异，吸水率很低；硬泡聚氨酯燃烧性能等级不低于B_2级；硬泡聚氨酯耐化学腐蚀性好；硬泡聚氨酯使用方便，可现场喷涂为任意形状，板材具有良好的可加工性，使用方便。硬泡聚氨酯板材广泛应用于屋面和墙体保温。可代替传统的防水层和保温层，具有一材多用的功效。

71.【答案】BCE

【解析】冲压钢脚手板、木脚手板、竹串片脚手板等，应设置在三根横向水平杆上。当脚手板长度小于 2m 时，可采用两根横向水平杆支撑，但应将脚手板两端与其可靠固定，严防倾翻。此三种脚手板的铺设应采用对接平铺或搭接铺设。脚手板对接平铺时，接头处必须设两根横向水平杆，脚手板外伸长度应取 130~150mm，两块脚手板外伸长度之和不应大于 300mm；脚手板搭接铺设时，接头必须支在横向水平杆上，搭接长度不应小于 200mm，其伸出横向水平杆的长度不应小于 100mm。

72.【答案】CE

【解析】C 选项错，因为桩身用无砂混凝土，故水泥消耗量较普通钢筋混凝土灌注桩多，其脆性比普通钢筋混凝土桩要大。E 选项错，注浆结束后，地面上水泥浆流失较少。

73.【答案】DE

【解析】堆载预压法对各类软弱地基均有效；使用材料、机具简单，施工操作方便。但堆载预压需要一定的时间，适合工期要求不紧的项目。砂垫层施工简便，不需特殊机具设备，占地较少。但需放慢填筑速度，严格控制加荷速率，使地基有充分时间进行排水固结。因此，适用于施工期限不紧迫、材料来源充足、运距不远的施工环境。

74.【答案】BCD

【解析】桥梁混凝土墩台的混凝土具有自身的特点，施工时应特别注意，其特点为：

（1）墩台混凝土特别是实体墩台均为大体积混凝土，水泥应优先选用矿渣水泥、火山灰水泥，采用普通水泥时强度等级不宜过高。

（2）当墩台截面小于或等于 $100m^2$ 时应连续灌注混凝土，以保证混凝土的完整性；当墩台截面面积大于 $100m^2$ 时，允许适当分段浇筑。分块数量，墩台水平截面积在 $200m^2$ 内不得超过 2 块；在 $300m^2$ 以内不得超过 3 块。每块面积不得小于 $50m^2$。

（3）墩台混凝土宜水平分层浇筑，每层高度宜为 1.5~2.0m。

（4）墩台混凝土分块浇筑时，接缝应与墩台截面尺寸较小的一边平行，邻层分块接缝应错开，接缝宜做成企口形。

75.【答案】CD

【解析】楼梯标注的内容有五项，具体规定如下：

① 梯板类型代号与序号，如 AT××。

② 梯板厚度，注写为 h=×××。当为带平板的梯板且梯段板厚度和平板厚度不同时，可在梯段板厚度后面括号内以字母 P 打头注写平板厚度。

例如 h=130（P150），130 表示梯段板厚度，150 表示梯板平板段的厚度。

③ 踏步段总高度和踏步级数，之间以“/”分隔。

④ 梯板支座上部纵筋、下部纵筋，之间以“；”分隔。

⑤ 梯板分布筋，以 F 打头注写分布钢筋具体值，该项也可在图中统一说明。

例如 AT1，h=120 表示梯板类型及编号、梯板板厚；1800/12 表示踏步段总高度/踏步级数；Φ10@200、Φ12@150 表示上部纵筋、下部纵筋；Fϕ8@250 表示梯板分布筋。

76. 【答案】ACE

【解析】无围护结构的观光电梯，不计算建筑面积；坡地建筑物吊脚架空层，应按其顶板水平投影计算建筑面积；仓库中的立体货架、书库中的立体书架都不算结构层，故该部分不计算建筑面积；有围护结构的舞台灯光控制室，应按其围护结构外围水平面积计算；利用地势砌筑的室外踏步，不计算建筑面积。

77. 【答案】DE

【解析】A 选项错，石地沟、明沟按设计图示尺寸以中心线长度“m”计算。B 选项错，石栏杆按设计图示尺寸以长度“m”计算。C 选项错，石坡道按设计图示尺寸以水平投影面积“m^2”计算。

78. 【答案】BCE

【解析】A 选项错，有梁板的柱高按自柱基上表面至上一层楼板上表面之间的高度计算；D 选项错，预制混凝土楼梯以“m^3”或“块”计量。

79. 【答案】BCD

【解析】A 选项错，低合金钢筋一端采用镦头插片，另一端采用螺杆锚具时，钢筋长度按孔道长度计算，螺杆另行计算。E 选项错，箍筋根数=箍筋分布长度/箍筋间距+1。

80. 【答案】CD

【解析】A、B 选项错，排水、降水按排水、降水日历天数“昼夜”计算。E 选项错，临时排水沟、排水设施安砌、维修、拆除，已包含在安全文明施工中，不包括在施工排水、降水措施项目中。